高职高专规划教材

化工腐蚀与防护

● 段林峰　邱小云　主编
● 张志宇　主审

第三版

HUAGONG FUSHI
YU FANGHU

化学工业出版社

·北京·

内 容 简 介

本书主要介绍金属腐蚀的基本原理、金属常见的腐蚀形式、影响金属腐蚀的因素、自然环境中的腐蚀、金属材料的耐蚀性能、非金属材料的耐蚀性能、常用化工防腐蚀方法及施工技术、防腐蚀案例分析及腐蚀试验方法等。

本书有配套的电子教案和课件，请发电子邮件至 cipedu@163.com 获取，或登录 www.cipedu.com.cn 免费下载。

本书适用于高职高专过程装备与控制、材料、化工、石油、冶金等相关专业的学生，同时也适用于过程装备与控制、材料等有关专业的工程技术人员。

图书在版编目（CIP）数据

化工腐蚀与防护 / 段林峰，邱小云主编. —3 版
. —北京：化学工业出版社，2021.4（2024.11重印）
高职高专规划教材
ISBN 978-7-122-38504-8

Ⅰ.①化…　Ⅱ.①段…　②邱…　Ⅲ.①腐蚀-高等职业教育-教材②防腐-高等职业教育-教材　Ⅳ.①TG17②TB4

中国版本图书馆 CIP 数据核字（2021）第 027721 号

责任编辑：高　钰　　　　　　　　　　文字编辑：陈　喆
责任校对：李　爽　　　　　　　　　　装帧设计：刘丽华

出版发行：化学工业出版社（北京市东城区青年湖南街 13 号　邮政编码 100011）
印　　刷：三河市航远印刷有限公司
装　　订：三河市宇新装订厂
787mm×1092mm　1/16　印张 14　字数 329 千字　2024 年 11 月北京第 3 版第 6 次印刷

购书咨询：010-64518888　　　　　　售后服务：010-64518899
网　　址：http://www.cip.com.cn
凡购买本书，如有缺损质量问题，本社销售中心负责调换。

定　　价：42.00 元　　　　　　　　　　　　　　　版权所有　违者必究

本书自 2013 年 8 月第二版出版发行以来，我国政治、经济、科学技术等领域都发生了巨大的变化，经济的高速发展也带来了更多的腐蚀问题。

近年来，世界各国对腐蚀与防护问题愈加重视，成立了国际腐蚀控制工程全生命周期标准化技术委员会（ISO/TC156/SC1），提出了腐蚀与防护的新理念和体系：腐蚀控制工程全生命周期，指导制定了系列防腐蚀标准，对推动腐蚀与防护工作的开展起到重要的作用。

世界各国都致力于海洋开发，船舶、跨海大桥、海上风电等发展迅速，而海洋环境的腐蚀性远大于内陆环境，海洋环境下对金属的腐蚀与防护有着更高的要求。

随着社会工业化程度的提升，环境压力逐渐成为社会各界关注的重要议题，因此开发新的防腐材料、防腐工艺和防腐技术以适应环保要求也是目前迫切需要解决的问题。

本次修订体现了党的二十大精神，以生态文明建设高质量发展为指导，重点是：

① 绪论中第六节全面腐蚀控制更改为目前新的国际通用的防腐体系：腐蚀控制工程全生命周期，介绍腐蚀控制工程全生命周期的理念和实施运作。

② 第六章第二节的重防腐涂料部分增加了近些年应用较广的新型重防腐涂料：聚硅氧烷、氟碳涂料、聚脲、石墨烯涂料、纳米涂料等。

③ 第六章第二节增加水性防腐蚀涂料，为减少传统涂料 VOC 排放导致的环境污染，现在各国都致力于水性涂料的开发，水性防腐涂料将在防腐工程中发挥更为重要的作用。

④ 第七章增加第五节防腐工程施工中的自动化和智能化，自动化与智能化施工是工程施工的发展方向，本节介绍了自动化和智能化在防腐工程中的实际应用。

⑤ 附录三常用标准号部分，删除了上版中废止的标准，增加了替代标准，更新了标准版本，使所用标准均为现行标准。

本书的重点仍为三部分：第一个重点为第一～四章，介绍了金属腐蚀的基本原理、影响因素、腐蚀形式及常见的环境腐蚀，可帮助我们分析引起腐蚀的原因，找到腐蚀的规律，从而找到防止腐蚀的方法和途径；第二个重点为第五章、第六章即材料的耐蚀性能，为合理选材奠定基础；第三个重点为第七～九章，介绍了防腐蚀工程中常用的防腐蚀方法及施工技术、成功和失败案例、腐蚀监测技术及试验方法，指导正确的施工、总结成功经验和失败教训及进行科学试验，同时对防腐蚀施工中的自动化和智能化做了一些介绍。

　　本书的内容已制作成用于多媒体教学的 PPT 课件，并将免费提供给采用本书作为教材的院校使用。如有需要，请发电子邮件至 cipedu@163.com 获取，或登录 www.cipedu.com.cn 免费下载。

　　参加本书编写的有段林峰（绪论、第一章、第八章、第九章及部分附录等），邱小云（第二章、第六章、第七章、部分附录），袁强（第三章），刘星（第四章），张剑峰（第五章），全书由段林峰、邱小云主编，张志宇主审。

　　承蒙张志宇老师为本书做了认真的审阅，对此我们表示衷心的感谢。

　　由于编者水平有限，不足之处在所难免，欢迎读者提出宝贵意见和建议。

编者

第一版前言

化工腐蚀与防护在化工过程中具有十分重要的意义，根据2000年不完全统计，我国当年因腐蚀造成的损失为5000多亿元人民币，约占当年国内生产总值（GDP）的6%，这个庞大的数字比当年所有自然灾害的总和还要大得多。在化工过程中，防腐蚀不是可有可无的，也不是愿不愿意的问题，而是要下大力气、花大代价要搞好的事情，否则必将对生产过程带来非常大的影响，对设备造成严重危害，更危险的是它造成的事故往往是灾难性的，最终算到经济账上，因腐蚀造成的损失比起防止这些腐蚀所要花去的费用要大得多。

高职高专是近几年新发展起来的高等职业教育，高职高专培养的学生应该能文能武，既懂理论又会实践，这样的学生最受企业欢迎。作为过程装备与控制专业的首轮教材，我们在编写本书过程中尽量贯彻上述指导思想，本着理论上力求精练，语言叙述通俗易懂，应用上符合实际，达到可操作程度，将近几年已发展成熟的防腐蚀新技术、新材料反映出来，同时也将防腐蚀成功和失败案例独立成章（第八章），以供读者参考。

本书的重点为三部分：第一个重点为第一章、第二章、第三章及第四章，介绍了金属腐蚀的基本原理、影响因素、腐蚀形式及常见的环境腐蚀，它可帮助我们分析引起腐蚀的原因，找到腐蚀的规律，从而指导防止腐蚀方法和途径；第二个重点为第五章、第六章，即金属材料及非金属材料的耐蚀性能；第三个重点为第七章、第八章及第九章，介绍了现在防腐蚀工程中常用的防腐蚀方法及施工技术、成功和失败案例、腐蚀监测技术及试验方法。如果这本书能帮助读者比较正确地分析金属腐蚀的原因，合理地选用材料以及找到比较经济的防腐蚀方法，那就达到了这本教材的目的。

2003年10月，在长沙召开的过程装备与控制专业提纲审定会议上通过了本书的编写大纲。并于2004年5月在武汉召开的全国化工高职高专过程装备与控制专业教材审稿会上获得通过，以后主编与主审又经反复审核，本书才得以定稿。

根据教育部规划，高职高专将逐步地由三年制向二年制过渡，为了适应这种变化，本书予以充分考虑，并在书中有了反映，即对于二年制学生，目录中带有"＊"的节、点可不在课堂上讲授，供学生课后阅读或作为参考资料使用。

参加本书编写的有张志宇（绪论、第一章及附录中试验指导书），袁强（第二、第三章），刘星（第四章），张剑峰（第五、第六章），段林峰（第七、第九章），邱小云（第八章）。全书由张志宇主编，丁丕洽主审。

承蒙丁丕洽老师为本书做了认真的审阅，在此我们向丁丕洽老师表示衷心感谢。

由于时间仓促，编者水平有限，不足和错误之处在所难免，欢迎读者和任课老师提出宝贵意见和建议，以便再版时完善。

编者
2004 年 10 月

第二版前言

本书自 2005 年 2 月第一版出版发行以来，我国的政治、经济、科学技术等领域都发生了巨大的变化，GDP 从当年的不足 14 万亿元一跃而发展到 47 万余亿元，中国已成为世界第二大经济体。当然在经济迅速发展的同时，腐蚀也在发生，据不完全统计，2012 年我国因腐蚀造成的损失约为 1.9 万亿元，若能利用现有防腐技术，至少可使腐蚀减少 1/3，可少损失近 6500 亿，而 2012 年我国自然灾害造成的损失约为 4200 亿元。由此可见，腐蚀造成的损失是十分巨大的，防腐的潜力也是很大的。

随着科学技术的发展，新的防腐材料、技术尤其是绿色防腐理念得到了长足的进步，绿色防腐理念与中共十八大提出的建设美好家园不谋而合，掌握现代防腐技术将为创建美好家园做出重大贡献。

鉴于此，有必要对第一版进行修订。

本次修订的重点为：

① 章节调整，调整原则为有利于教学，将第一版的第二章与第三章对调，即第一版的第二章"影响金属腐蚀的因素"调为第三章，第一版的第三章"金属常见的腐蚀形式"调为第二章。

② 增加第八章"防腐蚀案例分析"的案例量，以实际已使用 5 年至今完好，储存 50％NaOH 的 5000m³ 碳钢储罐内壁涂层防护为例，从防腐设计（腐蚀机理分析、选材、涂层厚度设计）、防腐蚀作业（防腐蚀规范准备、人材机管理、作业技术）到质量检验系统详尽地做了介绍，该案例尽量采用新规范、新技术及质量评估方法，具有非常强的可操作性。

③ 新增了大量图片，使枯燥的叙述文字变得直观、生动，提高视觉冲击力，易于教学，提高学生学习的积极性。

本书的重点仍为三部分，第一个重点为第一章、第二章、第三章及第四章，介绍了金属腐蚀的基本原理、常见的腐蚀形式、影响因素及自然环境腐蚀，它可帮助我们分析引起腐蚀的原因，找到腐蚀的规律，从而指导防止腐蚀方法和途径；第二个重点为第五章、第六章即金属材料及非金属材料的耐蚀性能，为合理选材奠定基础；第三个重点为第七章、第八章及

第九章，介绍了防腐蚀工程中常用的防腐蚀方法及施工技术、成功和失败案例、腐蚀监测技术及试验方法，指导正确的施工、总结成功经验和失败的教训以及进行科学试验。如果这本书能帮助读者比较正确地分析金属腐蚀的原因，合理地选用材料以及找到比较经济的防腐蚀方法，那就达到了编写这本书的目的了。

参加本书编写的有张志宇（绪论、第一章、第八章、第九章及附录等），邱小云（第六章、第七章），袁强（第二章、第三章），刘星（第四章），张剑峰（第五章）。全书由张志宇、邱小云统稿，段林峰主审。

承蒙段林峰老师为本书做了认真的审阅，对此我们向段林峰老师表示衷心感谢。

由于编者水平有限，加之学时受限，不足之处在所难免，欢迎读者和任课老师提出宝贵意见和建议，使之更加完善。

编者
2013 年 4 月

目录

第五章　金属材料的耐蚀性能 / 076

第六章　非金属材料的耐蚀性能 / 099

第七章 常用化工防腐蚀方法及施工技术 / 130

绪　　论

　　人们所接触的现代社会是那样的美好，市区内高楼林立、车辆如梭，开发区厂房整洁、宽敞明亮，高速公路四通八达、遍及全国。如北京鸟巢，杭州湾跨海大桥等。其实这仅仅是你所能看到的这个世界美好的一面——人类改造自然的成果。在另一面，一无形的杀手正不分昼夜地破坏着这美好的一切，这一无形杀手就是腐蚀。

　　腐蚀是自然界和日常生产生活中常见的现象，腐蚀给人类制造了太多的麻烦和恐怖，随便举几个例子可见一斑。

　　1967年12月，位于美国西弗吉尼亚州和俄亥俄州之间的俄亥俄桥突然塌入河中，见图0-1，死亡46人。事后检查，是钢梁因为应力腐蚀破裂和腐蚀疲劳而产生裂缝所致。

图 0-1　俄亥俄桥断裂现象

　　1970年，日本大阪地下铁道的瓦斯管道因腐蚀破坏而折断，造成瓦斯爆炸，乘客当场死亡75人。

　　1971年5月和1972年1月，四川省某天然气输送管线因发生硫化氢应力腐蚀而两次爆炸，引起特大火灾，仅其中一次就死亡24人。

　　1985年8月12日，日本一架波音747客机由于发生应力腐蚀破裂而坠毁，一次死亡

500 多人。

1997 年 6 月 27 日，北京某化工厂 18 个乙烯原料储罐因硫化物腐蚀发生火灾，直接经济损失达 2 亿多元。

……

腐蚀学科就是与腐蚀作斗争的一门科学，正如研究所有自然规律一样，要想驾驭腐蚀，必须先研究腐蚀的规律，然后找出防止腐蚀的办法。

第一节　定　义

日常生活中经常看到这样的现象，经加工后白亮的钢铁放在大气中生锈后变为褐色的氧化铁（化学成分主要是 Fe_2O_3），紫铜生锈后生成铜绿［化学成分主要是 $CuCO_3 \cdot Cu(OH)_2$］，人们通常将这种现象称为腐蚀。

其实腐蚀并不单纯地指金属的锈蚀。有些金属腐蚀后生成腐蚀产物肉眼易于观察到，如铁锈、铜绿，但有些金属的腐蚀形态肉眼观察不到（如不锈钢的晶间腐蚀）。另外，腐蚀不仅仅是金属材料会发生，非金属材料也会发生（如橡胶、塑料的老化、龟裂、溶解、溶胀等现象）。所以说腐蚀就是金属生锈是不全面的。

材料失效有三种形式，即机械破坏、磨损和腐蚀。

腐蚀可以单独作用，也可以与机械破坏和磨损共同作用发生破坏。换句话说，纯粹的机械破坏和磨损不多见，常可以在机械破坏和磨损中找到腐蚀的影子。

机械破坏，从表面看来似乎仅是纯粹的物理破坏，但是在相当多的情况下，尤其在湿环境下常包括由于环境介质与应力联合作用下引起的应力腐蚀破裂。磨损中也有相当一部分是摩擦与腐蚀共同作用造成的，例如一些流动的河水中使用的金属结构，受到泥沙冲击发生磨损，同时也受到氧的腐蚀。这就是说材料的大多数破坏形式都有腐蚀产生的作用。

非金属材料往往具有独特的耐蚀性能，因此在工程中的应用越来越广，人们对非金属材料耐蚀性能的研究也越来越为重视。

因此把腐蚀定义为：材料（通常是金属）或材料的性质由于与它所处环境的反应而恶化。其中包含了三个方面的研究内容，即材料或材料的性质、环境及反应的种类。

1. 材料或材料的性质

材料包括金属材料、非金属材料，是腐蚀发生的内因。如在稀硫酸中，铅很耐蚀，而钢铁腐蚀剧烈，说明不同材料间的腐蚀行为差异是很大的。金属材料通常指纯金属及其合金，工程结构材料中纯金属是很少用的，绝大多数为合金。非金属材料又可分为有机非金属材料与无机非金属材料，种类繁多，性能各异，但它们大多具有良好的耐蚀性能，甚至有独特的耐蚀性，非金属材料在防腐蚀中起着相当重要的作用，当然要加以研究和利用。

材料的性质也是要研究的。有许多种腐蚀的结果，不是整体材料被腐蚀了，而是使材料的性质发生了变化，使原来塑性很好的材料变脆了（如金属发生应力腐蚀后），或使原来弹、塑性很好的材料变脆变硬（如橡胶的老化等），腐蚀的结果是材料的质量变化不大，而性质发生了恶化。

2. 环境

环境是腐蚀的外部条件，任何材料在使用过程中总是处于特定的环境中。对腐蚀起作用的环境因素主要有如下几个方面。

① 介质：介质的成分、浓度对腐蚀有很大影响，有时介质中有很多种物质，要找出对腐蚀起作用的成分（常见的如 H^+、OH^-、溶解氧、Cl^-、Fe^{3+}、Cu^{2+}、SO_4^{2-}、NO_3^- 等）以及这些成分的浓度。这些物质随着浓度的变化，其腐蚀行为有可能发生相当大的改变，或加剧腐蚀或使腐蚀速率下降。

② 温度：对腐蚀而言，温度是一个非常重要的因素，随着温度的增加，反应的活化能增加，多数情况下温度的增加会加速腐蚀。工程材料都有一个极限使用温度，许多材料的极限使用温度大大低于它的蠕变温度，就是根据腐蚀制定的。

③ 流速：合适的流速对防腐是有好处的，对某些软的材料（如铅），流速过高易引起冲刷腐蚀；对易钝化材料，较高流速可加速氧的输送，使管道或设备处于钝化状态。

④ 压力：压力产生应力。许多金属材料在特定介质中，在应力高于某个值时就会产生应力腐蚀破裂。若设备在制造安装过程中就存有应力，则会使发生应力腐蚀所允许的操作压力下降。化工装备过程中的操作压力就是应力的主要来源，控制压力在允许的范围内可以有效地控制应力腐蚀的发生。

3. 反应的种类

腐蚀是材料与环境发生反应的结果。金属材料与环境通常发生化学或电化学反应，非金属材料与环境则会发生溶胀、溶解、老化等反应。

第二节　危　害

腐蚀危害到国民经济的各个部门，腐蚀不但造成巨大的经济损失，而且严重地阻碍科学技术的发展，同时对人的生命、国家财产及环境构成极大威胁，对能源造成巨大浪费。

一、对国民经济的影响

世界上不管是发达国家还是发展中国家都遭受腐蚀之苦，只是程度不同而已。

世界上每年被腐蚀的钢铁占当年钢产量的 1/3，其中 2/3 可以通过回炉再生，而另 1/3 则被完全腐蚀，即每年被完全腐蚀的钢铁约占当年钢产量的 10%，就中国而言，2012 年全国钢产量 7 亿多吨，当年被完全腐蚀掉的钢铁达 7000 多万吨，大概相当于 1.5 个宝钢的年产量（4374 万吨）。

据中国科学院调查，我国 2000 年国内生产总值（GDP）为 83000 亿元人民币，腐蚀造成的损失为 5000 多亿元人民币（相当于 600 多亿美元），约占我国国内生产总值（GDP）的 6%。美国 1998 年的腐蚀损失为 2757 亿美元，占美国当年 GDP 的 2.76%。世界上各国因腐蚀造成的损失占 GDP 的比值是不一样的，发达国家占的比值在 3% 左右，发展中国家占的比值在 6% 左右，平均比值约为 4%。

2012 年，我国 GDP 为 47.16 万亿人民币（相当于 7.43 万亿美元），腐蚀造成的损失保守估计（按平均值 4%计算），约为 1.89 万亿元人民币，这个数据是非常惊人的。

腐蚀与自然灾害相比，腐蚀损失比当年遭受的自然灾害（火灾、地震、台风、洪涝、海啸等）的总和要大得多。2012 年，我国自然灾害损失为 4200 亿元人民币，约为腐蚀损失的 20%。2012 年美国 GDP 为 15.92 万亿美元，腐蚀损失占 GDP 的比值仍按 1998 年的 2.76%计，其腐蚀损失为 4394 亿美元。根据慕尼黑再保险公司研究报告显示，2012 年美国自然灾害（包括地震、台风、火灾、水灾等）损失总计为 1072 亿美元，约为腐蚀损失的 24%，由此可见，腐蚀造成的损失比起自然灾害要大很多。

二、严重阻碍科学技术的发展

新工艺总是受到业主的欢迎，它可以提升产品质量、降低能耗、减少污染及极大地提高劳动生产率。但许多新工艺研制出来后，因为腐蚀问题得不到解决而迟迟不能大规模工业化生产，如由氨与二氧化碳合成尿素工艺早在 1915 年就试验成功，一直未能工业化生产，直到 1953 年，在发明了设备的耐蚀材料（316L 不锈钢）后，才得以大规模生产。

美国的阿波罗登月飞船储存 N_2O_4 的高压容器曾发生应力腐蚀破裂，直到科学家们找到了解决的办法——加入 0.6%NO 之后才得以解决。

三、对生命、设备及环境的危害

腐蚀的发生是悄悄进行的，一刻也不会停止，即使灾害即将发生往往也毫无征兆。多数石油化工设备是在高温高压下运行，里面的介质易燃、易爆、有毒，一旦腐蚀产生穿孔、开裂，常常引发火灾、爆炸、人员伤亡及环境污染，这些损失比起设备的价值通常要大得多，有时无法统计清楚。例如，一个热力发电厂由于锅炉管子腐蚀爆裂，更换一根管子价格不会太高，但因停电引起大片工厂停产的损失是十分严重的。

第三节　内容和任务

一、内容

腐蚀学科是一门边缘科学，它既古老又年轻。

说它古老，可从大量考古发掘中得到验证。1965 年，湖北省在一次考古发掘中，从一座楚墓中出土了两柄越王剑，埋在地下两千多年依然光彩夺目，后经检验发现此剑经过防腐蚀的硫化无机涂层处理，这种技术在今天来说仍非常先进。1974 年，在陕西临潼发掘出来的秦始皇时代的青铜宝剑和大量箭镞，经鉴定表面有一层致密的氧化铬涂层。这说明了早在两千多年前中国就创造了与现代铬酸盐相似的钝化处理防护技术，这是中国文明史上的一大奇迹。闻名于世的中国大漆在商代已大量使用。在古代的希腊、印度等国也有不少高超的防腐技术，印度德里铁塔，建造至今已有一千五百多年，没有生锈，也是其中的一例。

说它年轻，是因为腐蚀发展成为一门独立的学科是从 20 世纪 30 年代才开始的。特别是 20 世纪 70 年代以来，随着工业生产高速发展，腐蚀控制新技术大量涌现，促进了现代工业的迅猛发展。然而直到今天，仍有大量的腐蚀机理还未搞清，许多腐蚀问题未得到很好解决，这都是需要当代腐蚀科技工作者为之奋斗的。

　　腐蚀与防护这门学科是以金属学与物理化学这两门学科为基础，同时还与冶金学、工程力学、机械工程学和生物学等有关学科发生密切关系。近年来，腐蚀与防护科学领域不断扩大，与许多学科交叉渗透，形成一个"大学科"领域。只有多学科协同攻关才能收到显著的效果。由此可见，腐蚀与防护实质上是一门综合性很强的边缘科学。

二、任务

　　首要任务是诊断，即根据学到的知识能够分析、判断腐蚀发生的原因，并能提出符合实际的防护措施。熟悉重要的防腐技术，并根据施工和验收规范对施工质量进行验收。

　　第二个任务是要大力宣传全面腐蚀控制（Total Corrosion Control，TCC）理念，在不增加太多投入的情况下，充分利用现有的成熟技术和新材料，加强管理，使中国防腐蚀工作达到中等发达国家的先进水平。

第四节　本　　质

　　在自然界中大多数金属常以矿石形式（即金属化合物的形式）存在，而腐蚀则是一种使金属回复到自然状态的过程。例如，铁在自然界中大多为赤铁矿（主要成分为 Fe_2O_3），而铁的腐蚀产物——铁锈主要成分也是 Fe_2O_3，可见，铁的腐蚀过程正是回复到它的自然状态——矿石的过程。

　　金属化合物通过冶炼还原出金属的过程大多是吸热过程。因此需要提供大量热能才能完成这种转变过程。而当在腐蚀环境中，金属变为化合物时却能释放能量，其释放的热量正好与冶炼过程中吸收的热量相等。可用下式概括金属腐蚀过程和冶金过程，从式（0-1）可看出，腐蚀是冶金的逆过程。

$$金属单质＋O_2 \underset{冶金}{\overset{腐蚀}{\rightleftharpoons}} 金属化合物＋热量 \tag{0-1}$$

　　铁为什么会腐蚀呢？因为单质状态的铁比它的化合物状态具有更高的能量。在自然条件下，金属铁自发地转变为能量更低的化合物状态，从不稳定的高能态变为稳定的低能态。腐蚀过程就像水从高处向低处流动一样，是自发进行的。

　　金属腐蚀的本质就是金属由能量高的单质状态自发地向能量低的化合物状态转变的过程。

　　从能量观点来看，金属腐蚀的倾向也可以从矿石中冶炼金属时所消耗能量的大小来判断：冶炼时，消耗能量大的金属较易腐蚀，例如铁、铅、锌等；消耗能量小的金属，腐蚀倾向就小，像金这样的金属在自然界中以单质状态（砂金）存在，它就不易被腐蚀。

第五节　类　　型

　　由于金属腐蚀的现象与机理较复杂，涉及的范围又广，因此腐蚀的分类方法较多。

一、按照腐蚀反应的机理分类

1. 化学腐蚀

化学腐蚀指金属与非电解质溶液发生化学作用而引起的破坏，反应特点是只有氧化-还原反应，无电流产生。化学腐蚀通常为干腐蚀，腐蚀速率相对较小，如铁在干燥的大气中、铝在无水乙醇中的腐蚀。实际上单纯化学腐蚀是很少的，上述介质常因含有水分而使金属的腐蚀由化学腐蚀转变为电化学腐蚀。

2. 电化学腐蚀

电化学腐蚀指金属与电解质溶液因发生电化学作用而产生的破坏。反应过程中均包括阳极反应和阴极反应两个过程，在腐蚀过程中有电流流动（电子和离子的运动）。

电化学腐蚀是最普遍、最常见的腐蚀，有时单独造成腐蚀，有时和力、生物共同作用产生腐蚀。当某种金属在特定的电解质溶液中同时又受到拉应力作用时，将可能发生应力腐蚀破裂，例如奥氏体不锈钢在含氯化物水溶液的高温环境中会发生这种类型的腐蚀。金属在交变应力和电解质的共同作用下会产生腐蚀疲劳，例如酸泵泵轴的腐蚀。金属若同时受到电解质和机械磨损的共同作用，则可发生磨蚀，例如管道弯头处和热交换器管束进口端因受液体湍流作用而发生冲击腐蚀，高速旋转的泵的叶轮由于在高速流体作用下产生空泡腐蚀等。

微生物的存在能促进金属的电化学腐蚀。例如土壤中的硫酸盐还原菌可把 SO_4^{2-} 还原成 H_2S，从而大大加快了土壤中碳钢管道的腐蚀速度。

二、按照腐蚀的环境分类

可分为大气腐蚀、水和蒸汽腐蚀、土壤腐蚀、化学介质（酸、碱、盐）腐蚀等。

三、按照腐蚀的形态分类

1. 全面腐蚀

腐蚀分布在整个金属表面上，它可以是均匀的，也可以是不均匀的，但总的来说，腐蚀的分布和深度相对较均匀。碳钢在强酸中发生的腐蚀就属于均匀腐蚀，这是一种质量损失较大而危险性相对较小的腐蚀，可按腐蚀前后重量变化或腐蚀深度变化来计算腐蚀率，并可在设计时将此因素考虑在内。

2. 局部腐蚀

腐蚀主要集中在金属表面某些极其小的区域，由于这种腐蚀的分布、深度很不均匀，常在整个设备较好的情况下，发生局部穿孔或破裂而引起严重事故，所以危险性很大。常见的局部腐蚀有以下一些形式，见图 0-2。

① 应力腐蚀破裂：在局部腐蚀中出现得最多，造成的损失也最大。例如，碳钢、低合金钢处在熔碱、硫化氢或海水中，奥氏体不锈钢（18-8 型）在热氯化物水溶液中（NaCl、$MgCl_2$ 等溶液）会发生此种破坏。裂纹特征在显微观察下呈枯树枝状，断口呈脆性断裂，见图 0-2(a)。

② 点蚀（小孔腐蚀）：破坏主要集中在某些活性点上并向金属内部深处发展，通常腐蚀深度大于孔径，严重的可使设备穿孔。不锈钢和铝合金在含 Cl^- 的水溶液中常发生此种破坏

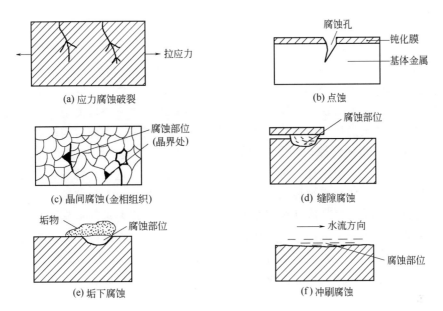

图 0-2　局部腐蚀的几种形式

形式，见图 0-2(b)。

③ 晶间腐蚀：腐蚀发生在晶界上，并沿晶界向纵深处发展，见图 0-2(c)，从金属外观看不出明显变化，而被腐蚀的区域强度丧失。通常晶间腐蚀出现于奥氏体不锈钢、铁素体不锈钢和铝合金的构件中。

④ 电偶腐蚀：不同金属在同一电解质中互相接触所发生的腐蚀。例如，热交换器的不锈钢管和碳钢管板连接处，碳钢将加速腐蚀。

⑤ 缝隙腐蚀：在电解质溶液中，腐蚀发生在具有一定宽度的缝隙内，如法兰连接面、焊缝等处。多数金属材料会发生此种腐蚀。见图 0-2(d)，如发生在沉积物下面，则为垢下（沉积物）腐蚀，见图 0-2(e)。

其他局部腐蚀还有冲刷腐蚀［见图 0-2(f)］、选择性腐蚀（例如黄铜脱锌）、氢脆、空泡腐蚀等。

第六节　腐蚀控制工程全生命周期

一、腐蚀控制工程全生命周期的理念

以腐蚀控制工程全生命周期为对象，对影响腐蚀控制工程全生命周期实现抗拒相应的腐蚀源，在确保人身健康和生命财产安全、国家安全和生态环境安全的基础上，谋求经济、长周期和绿色环境保护的最佳效益的全过程链条上所有因素，如目标、腐蚀源、材料、技术、开发、设计、制造、施工与安装、装卸贮存和运输、调试、验收、运行、测试检验、维护保养、维修、延寿、报废、文件和记录、资源、评估等，按照整体性、系统性、相互协调优化性的原则制定出相应的控制要求或规定的标准。

二、腐蚀控制工程全生命周期的实施运作

首先应以各因素为对象，在符合各因素目标值相应要求中，统筹、协调腐蚀控制领域中相应所有攻关、研发的专业科研成果、专业技术、专业标准，初步协调、优选出相应最好的；再经相应横向性统筹、协调优化；最后再进行全局性、整体性、综合性的统筹、协调优化出最佳方案；最佳方案必须再分别经相应程序的认定形成最终最佳方案，最终最佳方案必须达到使全过程链条上的模块与模块、环节与环节、节点与节点、因素与因素、局部与全局等在相互交织中达到相互支撑，相互协调，相互优化等，这就把腐蚀破坏的隐蔽性、渐进性、突发性变为可见性、可控性、可调性，把腐蚀造成的各种危害，特别是重大安全、环保事故杜绝在发生之前，实现腐蚀控制工程的总目标。对于某一个工程项目、装置、设施中的腐蚀控制，即使是一个针眼的腐蚀控制都要依据顶层主导通用要求的科学控制标准进行以情精准施策，制定出可操作、可施工的具体措施、方案、要求或标准等，以此为依据贯彻、执行、落实于目标、腐蚀源、材料、技术、开发、设计、制造、施工与安装、装卸贮存和运输、调试、验收、运行、测试检验、维护保养、维修、延寿、报废、文件和记录、资源、评估等所有因素中。

第 一 章

金属腐蚀的基本原理

现代工程结构材料主要还是以金属为主。本章主要讨论金属腐蚀的基本原理。

金属腐蚀从机理上可分为化学腐蚀和电化学腐蚀。在化工过程中,设备通常在酸、碱、盐及湿的大气条件下使用,这些湿环境多为电解质溶液,所以金属发生的腐蚀为电化学腐蚀。有时设备在无水的有机溶剂及干燥的气氛中使用,会发生化学腐蚀。化学腐蚀的腐蚀速度通常要比电化学腐蚀小得多,本章的重点放在电化学腐蚀的基本概念的讨论上,对化学腐蚀只作简单介绍。

第一节 金属电化学腐蚀的电化学反应过程

金属在电解质溶液中发生的腐蚀称为电化学腐蚀。这里所说的电解质溶液,简单说就是能导电的溶液,它是金属产生电化学腐蚀的基本条件。几乎所有的水溶液,包括雨水、淡水、海水和酸、碱、盐的水溶液,甚至从空气中冷凝的水蒸气都可以成为构成腐蚀环境的电解质溶液。

一、电化学反应式

(一)用化学方程式表示的电化学腐蚀反应

金属在电解质溶液中发生的电化学腐蚀通常可以简单地看成是一个氧化还原反应过程,可用化学反应式表示。

1. 金属在酸中的腐蚀

如锌、铝等活泼金属在稀盐酸或稀硫酸中会被腐蚀并放出氢气,其化学反应式为

$$Zn + 2HCl \longrightarrow ZnCl_2 + H_2 \uparrow \tag{1-1}$$

$$Zn + H_2SO_4 \longrightarrow ZnSO_4 + H_2 \uparrow \tag{1-2}$$

$$2Al + 6HCl \longrightarrow 2AlCl_3 + 3H_2 \uparrow \tag{1-3}$$

2. 金属在中性或碱性溶液中的腐蚀

如铁在水中或潮湿的大气中的生锈,其反应式为

$$4Fe + 6H_2O + 3O_2 \longrightarrow 4Fe(OH)_3 \downarrow \tag{1-4}$$

$$\xrightarrow{\text{脱水}} 2Fe_2O_3(铁锈) + 6H_2O$$

3. 金属在盐溶液中的腐蚀

如锌、铁等在三氯化铁及硫酸铜溶液中均会被腐蚀，其反应式为

$$Zn+2FeCl_3 \longrightarrow 2FeCl_2+ZnCl_2 \tag{1-5}$$

$$Fe+CuSO_4 \longrightarrow FeSO_4+Cu\downarrow \tag{1-6}$$

（二）用离子方程式表示的电化学腐蚀反应

上述化学反应式虽然表示了金属的腐蚀反应，但未能反映其电化学反应的特征。因此，需要用电化学反应式来描述金属电化学腐蚀的实质。如锌在盐酸中的腐蚀，由于盐酸、氯化锌均是强电解质，所以式（1-1）可写成离子形式，即

$$Zn+2H^++2Cl^- \longrightarrow Zn^{2+}+2Cl^-+H_2\uparrow \tag{1-7}$$

在这里，Cl^- 反应前后化合价没有发生变化，实际上没有参加反应，因此式（1-7）可简化为

$$Zn+2H^+ \longrightarrow Zn^{2+}+H_2\uparrow \tag{1-8}$$

式（1-8）表明，锌在盐酸中发生的腐蚀，实际上是锌与氢离子发生的反应。锌失去电子被氧化成锌离子，同时在腐蚀过程中，氢离子得到电子，还原成氢气。所以式（1-8）就可分为独立的氧化反应和独立的还原反应。

氧化反应（阳极反应）　　　　　　$$Zn \longrightarrow Zn^{2+}+2e \tag{1-9}$$

还原反应（阴极反应）　　　　$$2H^++2e \longrightarrow H_2\uparrow \tag{1-10}$$

式（1-8）清晰地描述了锌在盐酸中发生电化学腐蚀的电化学反应。显然该式比式（1-1）更能揭示锌在盐酸中腐蚀的实质。

通常把氧化反应（即放出电子的反应）通称为阳极反应［如式(1-9)］，把还原反应（即接受电子的反应）通称为阴极反应［如式(1-10)］。由此可见，金属电化学腐蚀反应是由至少一个阳极反应和一个阴极反应构成的电化学反应。

二、实质

图 1-1 为锌在无空气的盐酸中腐蚀时发生的电化学反应过程示意图。

图 1-1 表明，浸在盐酸中的锌表面的某一区域被氧化成锌离子进入溶液并放出电子，通过金属传递到锌表面的另一区域被氢离子接受，并还原成氢气。锌溶解的这一区域称为阳极，遭受腐蚀。而产生氢气的这一区域称为阴极。因此，腐蚀电化学反应实质上是一个发生在金属和溶液界面上的多相界面反应。从阳极传递电子到阴极，再由阴极进入电解质溶液。这样一个通过电子传递的电极过程就是电化学腐蚀过程。

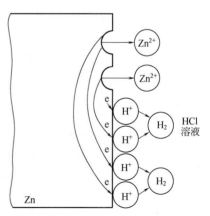

图 1-1　锌在无空气的盐酸中
腐蚀时发生的电化学反应过程示意图

电化学腐蚀过程中的阳极反应和阴极反应是同时发生的，但不在同一地点进行，这是电化学腐蚀与化学腐蚀的主要区别之一。电化学腐蚀过程中的任意一个反应停止了，另一个反应（或整个反应）也跟着停止。

电化学腐蚀过程中的阳极反应，总是金属被氧化成金属离子并放出电子。可用下列通式

表示，即

$$M \longrightarrow M^{n+} + ne \qquad (1\text{-}11)$$

式中　M——被腐蚀的金属；

　　　M^{n+}——被腐蚀金属的离子；

　　　n——金属放出的自由电子数；

　　　e——电子。

式(1-11)适用于所有金属腐蚀反应的阳极过程。

电化学腐蚀过程中的阴极反应，总是由溶液中能够接受电子的物质（称为去极剂或氧化剂）吸收从阳极流来的电子。可用下列通式表示，即

$$D + ne \longrightarrow [D \cdot ne] \qquad (1\text{-}12)$$

式中　D——去极剂（或氧化剂）；

　　$[D \cdot ne]$——去极剂接受电子后生成的物质；

　　　n——去极剂吸收的电子数；

　　　e——电子。

在腐蚀过程中，去极剂所进行的反应均为阴极反应。常见的去极剂有三类。

① 第一类去极剂是氢离子，还原生成氢气，所以这种反应又称为析氢反应，见式(1-10)。

② 第二类去极剂是溶解在溶液中的氧，在中性或碱性条件下还原生成 OH^-，在酸性条件下生成水，这种反应常称为吸氧反应或耗氧反应。

中性或碱性溶液中

$$O_2 + 2H_2O + 4e \longrightarrow 4OH^- \qquad (1\text{-}13)$$

酸性溶液中

$$O_2 + 4H^+ + 4e \longrightarrow 2H_2O \qquad (1\text{-}14)$$

③ 第三类去极剂是氧化性的金属离子，这类反应往往产生于局部区域，虽然较少见，但能引起严重的局部腐蚀。这类反应一般有两种情况。

一种是金属离子直接还原成金属，称为沉积反应，如锌在硫酸铜中的反应

$$Zn + Cu^{2+} \longrightarrow Zn^{2+} + Cu \downarrow$$

阴极反应

$$Cu^{2+} + 2e \longrightarrow Cu \downarrow \qquad (1\text{-}15)$$

另一种是还原成较低价态的金属离子，如锌在三氯化铁溶液中的反应

$$Zn + 2Fe^{3+} \longrightarrow Zn^{2+} + 2Fe^{2+}$$

阴极反应

$$Fe^{3+} + e \longrightarrow Fe^{2+} \qquad (1\text{-}16)$$

上述三类去极剂的五种还原反应［见式(1-10)、式(1-13)～式(1-16)］为最常见的阴极反应，在这些反应中有一个共同的特点，就是它们都消耗电子。

所有电化学腐蚀反应都是一个或几个阳极反应与一个或几个阴极反应的综合反应。如上述铁在水中或潮湿的大气中的生锈，就是由式(1-11)与式(1-13)的综合反应，列式为

阳极反应　　　　　　　　　$2Fe \longrightarrow 2Fe^{2+} + 4e$

阴极反应

$$\frac{O_2+2H_2O+4e \longrightarrow 4OH^-}{2Fe+O_2+2H_2O \longrightarrow 2Fe^{2+}+4OH^-}$$

$$\downarrow$$

$$2Fe(OH)_2 \downarrow$$

在实际腐蚀过程中，往往会同时发生一种以上的阳极反应和一种以上的阴极反应，如铁-铬合金腐蚀时，铬和铁都被氧化，并以各自的离子形式进入溶液。同样地，在金属表面也可以发生一种以上的阴极反应，如含有溶解氧的酸性溶液，既有析氢的阴极反应（$2H^++2e \longrightarrow H_2$），又有吸氧的阴极反应（$O_2+4H^++4e \longrightarrow 2H_2O$）。因此含有溶解氧的酸溶液比不含溶解氧的酸溶液的腐蚀性要强得多。三价铁离子也有这样的效应，工业盐酸中常含有杂质 $FeCl_3$，在这样的酸中，因为有两个阴极反应，即析氢反应（$2H^++2e \longrightarrow H_2$）和三价铁离子的还原反应（$Fe^{3+}+e \longrightarrow Fe^{2+}$），所以金属的腐蚀也严重得多。

第二节　金属电化学腐蚀倾向的判断

金属的电化学腐蚀，从本质上来说是由金属本身固有的性质与环境介质条件决定的，即决定于金属化合物与金属单质之间的能量差值。这种能量的差值与金属的电极电位有着定量的关系。因为能量差值难以测量，而电极电位很易测出，因此，只要测出金属的电极电位就可以判断出金属的腐蚀倾向。

一、电极电位与物质能量之间的关系

绪论里已经论述，金属腐蚀的本质是由于金属单质与其腐蚀产物（金属化合物）之间存在着能量差，即单质的能量高于化合物的能量。由于

$$金属单质+环境 \longrightarrow 金属化合物+热量$$

则能量差为

$$\Delta G = G_{M^{n+}} - G_M \tag{1-17}$$

式中　ΔG——金属化合物与金属单质之间的能量（自由能）差；

$G_{M^{n+}}$——金属化合物的能量（自由能）；

G_M——金属单质的能量（自由能）。

若 $\Delta G < 0$，说明金属单质处于较高的能量状态，即不稳定状态，则金属能被腐蚀，它能自发地向能量低的稳定状态（化合物状态）转变。ΔG 越负，金属腐蚀的倾向越大。

反之，若 $\Delta G \geqslant 0$，则金属不能被腐蚀。

事实上，金属化合物与金属单质之间的能量差（ΔG）是很难测量的，但它与另一个参数电极电位（E）之间存在着定量的关系，即

$$E \propto \frac{\Delta G}{nF} \tag{1-18}$$

式中　E——电极电位，V；

n——参与反应的电子数；

　　F——法拉第常数，26.8A·h/mol≈96500C/mol。

　　由式（1-18）可以看出，ΔG 与 E 成正比，即 ΔG 越小，E 也越低，反之亦然，所以可以用电极电位（E）这个参数来讨论金属的腐蚀倾向。

二、电极电位（E）

1. 电极

在电化学中，金属与电解质溶液构成的体系称为电极体系，简称电极。

2. 电位

根据静电学理论，某一位置的电位，就其物理意义而言，可定义为将单位正电荷由无穷远处移至该点，因反抗电场力所做的电功。

3. 电极电位

电极系统中金属与溶液之间的电位差称为该电极的电极电位，即

$$E = E_{金属} - E_{溶液} \tag{1-19}$$

式中　$E_{金属}$——金属的电极电位，V；

　　　$E_{溶液}$——溶液的电极电位，V。

4. 电极电位的形成——双电层结构

金属浸入溶液中，在金属和溶液界面可能发生带电粒子的转移，电荷从一相通过界面进入另一相内，结果在两相中都会出现剩余电荷，并或多或少地集中在界面两侧，形成一边带正电一边带负电的"双电层"。例如，金属 M 浸在含有自身离子 M^{n+} 的溶液中，金属表面的金属离子 M^{n+} 有向溶液迁移的倾向；溶液中的金属离子 M^{n+} 也有从金属表面获得电子而沉积在金属表面的倾向。若金属表面的金属离子向溶液迁移的倾向大于溶液中金属离子向金属表面沉积的倾向，则金属表面的金属离子能够进入溶液（活泼金属构成的电极多数如此）。本来金属是电中性的，现由于金属离子进入溶液而把电子留在金属上，所以这时金属带负电；然而，在金属离子进入溶液时也破坏了溶液的电中性，使溶液带正电。由于静电引力，溶液中过剩的金属离子紧靠金属表面，形成了金属表面带负电，金属表面附近的溶液带正电的离子双电层，见图 1-2(a)。锌、铁等较活泼的金属在其自身盐的溶液中可建立这种类型的双电层。相反，若溶液中的金属离子向金属表面沉积的倾向大于金属表面的金属离子向溶液迁移的倾向，则溶液中的金属离子将沉积在金属表面上，使金属表面带正电，而溶液带负电，建立了另一种离子双电层，见图 1-2(b)。铜、铂等不活泼的金属在其自身盐的溶液中可建立这种类型的双电层。

以上两种离子双电层的形成都是由于作为带电粒子的金属离子在两相界面迁移所引起的。而由于某些离子、极性分子或原子金属表面上的吸附还可形成另一种类型的双电层，称为吸附双电层。如金属在含有 Cl^- 的介质中，由于 Cl^- 吸附在表面后，因静电作用又吸引了溶液中的等量的正电荷从而建立了如图 1-2(c) 所示的双电层。极性分子吸附在界面上作定向排列，也能形成吸附双电层，如图 1-2(d) 所示。

无论哪一类型双电层的建立，都将使金属导电体与溶液之间产生电位差，即形成电极电位。

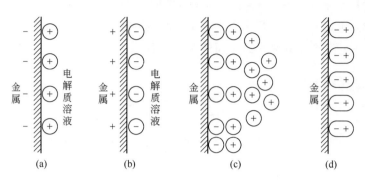

图 1-2　金属/溶液界面的双电层

三、平衡电极电位与能斯特（Nernst）方程式

1. 平衡电极与平衡电极电位（E_e）

当金属电极浸入含有自身离子的盐溶液中，由于金属离子在两相间的迁移，将导致金属/电解质溶液界面上双电层的建立。对应的电极过程为

$$M^{n+} + ne \Longrightarrow [M^{n+} \cdot ne] \qquad (1\text{-}20)$$

溶液中的　　　　　金属晶格中

金属离子　　　　　的金属离子

当这一电极过程达到平衡时，电荷从金属向溶液迁移的速度和从溶液向金属迁移的速度相等。同时，物质从金属向溶液迁移的速度和从溶液向金属迁移的速度也相等，即不但电荷是平衡的，而且物质也是平衡的。此时，在金属和溶液界面建立一个稳定的双电层，亦即不随时间变化的电极电位，称为金属的平衡电极电位（E_e），也可称为可逆电位。宏观上平衡电极是一个没有净反应的电极，反应速度为零。

2. 标准电极与标准电极电位 E^0

如果上述平衡是建立在标准状态——纯金属、纯气体（气体分压为 $1.01325 \times 10^5 \, Pa$），298K，浓度为单位活度（1mol/L），则该电极为标准电极，该标准电极的电极电位称为标准电极电位（E^0）。

3. 参比电极

由于电极电位的绝对值无法直接测出，因此只能用相比较的方法测出相对的电极电位，而实际应用中只要知道电极电位的相对值就够了。比较测定法就像测定地势高度，用海平面的高度作为参照标准一样，目前测定电极电位采用标准氢电极作为标准参比电极。标准氢电极是把镀有一层铂黑的铂片放在氢离子为单位活度的盐酸溶液中，不断通入压力为 $1.01325 \times 10^5 \, Pa$ 的氢气，氢气被铂片吸附，并与盐酸中的氢离子建立平衡，即

$$H_2 \Longrightarrow 2H^+ + 2e \qquad (1\text{-}21)$$

这时，吸附氢气达到饱和的铂和氢离子为单位活度的盐酸溶液间所产生的电位差称为标准氢电极的电极电位。国际上规定在任何温度下标准氢电极的电极电位为零，即 $E^0_{H^+/H_2} = 0.000 \, V$。在这里，铂是惰性电极，只起导电作用，本身不参加反应。

标准氢电极在实际的测定中往往由于条件的限制，不便直接采用，而用别的电极作为参

比电极，如甘汞电极（汞-氯化汞电极）、银-氯化银电极、铜-硫酸铜电极等。用这些参比电极测得的电位值要进行换算，即用待测电极相对这一参比电极的电位，加上这一参比电极相对于标准氢电极的电位，即可得到待测电极相对于标准氢电极的电位值。表 1-1 列出了一些常用参比电极相对于标准氢电极的电极电位值。

表 1-1　25℃时几种参比电极的电极电位

参 比 电 极	电极电位/V	参 比 电 极	电极电位/V
饱和 KCl 溶液中的甘汞电极	+0.24	饱和 KCl 溶液中的 Ag/AgCl 电极	+0.20
1mol/L KCl 溶液中的甘汞电极	+0.28	1mol/L KCl 溶液中的 Ag/AgCl 电极	+0.24
0.1mol/L KCl 溶液中的甘汞电极	+0.34		

例如，某电极相对于饱和甘汞电极的电位为 +0.50V，换算成相对于标准氢电极的电位则应为 +0.50+0.24=0.74V。

4. 电极电位测量装置与标准电极电位表

（1）电极电位测量装置

测定电极电位的装置如图 1-3 所示。将被测电极与标准氢电极组成原电池，用高阻抗的电位差计测出该电池的电动势，即可求得该金属电极的电极电位。

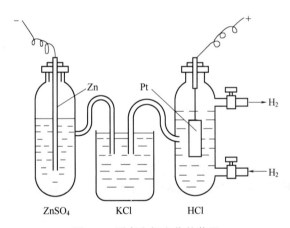

图 1-3　测定电极电位的装置

如测定标准锌电极的电极电位是将纯锌浸入锌离子为单位活度的溶液中，与标准氢电极组成原电池，测得该电池的电动势为 0.76V，因为相对于氢电极而言，锌为负极，而标准氢电极的电位为零，所以标准锌电极的电极电位为 -0.76V。

（2）标准电极电位表

表 1-2 列出了一些常用电极的标准电极电位值。此表是按照电极电位值由小到大的顺序排列的，所以称为标准电极电位表。此表的测量装置是一个以标准氢电极为参比电极的原电池，测出的数值为电池的电动势，所以按照电动势从小到大排列的这张表又称为电动顺序表，简称电动序。

表 1-2　金属在 25℃ 时的标准电极电位　　　　　　　　　　　　　　　　V

$K \Longrightarrow K^+ + e$	-2.92	$Fe \Longrightarrow Fe^{2+} + 2e$	-0.44	$O_2 + 2H_2O + 4e \Longrightarrow 4OH^-$	0.40
$Na \Longrightarrow Na^+ + e$	-2.71	$Cd \Longrightarrow Cd^{2+} + 2e$	-0.40	$Fe^{3+} + e \Longrightarrow Fe^{2+}$	0.77
$Mg \Longrightarrow Mg^{2+} + 2e$	-2.37	$Co \Longrightarrow Co^{2+} + 2e$	-0.28	$2Hg \Longrightarrow Hg^{2+} + 2e$	0.79
$Al \Longrightarrow Al^{3+} + 3e$	-1.66	$Ni \Longrightarrow Ni^{2+} + 2e$	-0.25	$Ag \Longrightarrow Ag^+ + e$	0.80
$Ti \Longrightarrow Ti^{2+} + 2e$	-1.63	$Sn \Longrightarrow Sn^{2+} + 2e$	-0.14	$Pd \Longrightarrow Pd^{2+} + 2e$	0.99
$V \Longrightarrow V^{3+} + 3e$	-0.88	$Pb \Longrightarrow Pb^{2+} + 2e$	-0.13	$Pt \Longrightarrow Pt^{2+} + 2e$	1.19
$Zn \Longrightarrow Zn^{2+} + 2e$	-0.76	$2H^+ + 2e \Longrightarrow H_2$	0.00(参用比)	$O_2 + 4H^+ + 4e \Longrightarrow 2H_2O$	1.23
$Cr \Longrightarrow Cr^{3+} + 3e$	-0.74	$Cu \Longrightarrow Cu^{2+} + 2e$	0.34	$Au \Longrightarrow Au^{3+} + 3e$	1.50

5. 能斯特（Nernst）方程式

当一个电极体系的平衡不是建立在标准状态下，要确定该电极的平衡电位除了用图 1-3 所示装置直接测得外，还可以利用能斯特（Nernst）方程式进行计算求得，即

$$E_e = E^0 + \frac{RT}{nF} \ln \frac{a_{氧化态}}{a_{还原态}} \tag{1-22}$$

式中　E_e——平衡电极电位，V；

　　　E^0——标准电极电位，V；

　　　F——法拉第常数，96500C/mol；

　　　R——气体反应常数，8.314J/(mol·K)；

　　　T——热力学温度，K；

　　　n——参加电极反应的电子数；

　$a_{氧化态}$——氧化态物质的平均活度；

　$a_{还原态}$——还原态物质的平均活度。

物质的平均活度，也就是指物质的有效浓度。

当体系处在常温下（$T = 298K$，即 25℃），经对数换底后的能斯特方程式(1-22)可简化为式(1-23)

$$E_e = E^0 + \frac{0.059}{n} \lg \frac{a_{氧化态}}{a_{还原态}} \tag{1-23}$$

物质的平均活度是随各种物态而异：

① 对固态金属来说，$a_{还原态} = a_M = 1$，如在电极 $Fe \Longrightarrow Fe^{2+} + 2e$ 中，$a_{Fe} = 1$；

② 对于液态 H_2O，$a_{H_2O} = 1$，如在电极 $O_2 + 2H_2O + 4e \Longrightarrow 4OH^-$ 中，$a_{H_2O} = 1$；

③ 对于液态离子，平均活度近似地用浓度（mol/L）来表示，如在电极 $Fe \Longrightarrow Fe^{2+} + 2e$ 中，$a_{Fe^{2+}} \approx C_{Fe^{2+}}$；

④ 对于有气态物质参与的，则平均活度近似地用气体分压来表示，如 $O_2 + 2H_2O + 4e \Longrightarrow 4OH^-$ 中，$a_{O_2} = p_{O_2}$，在常温常压下，$a_{O_2} = \dfrac{0.21 \times 10^5}{1.01 \times 10^5} = 0.21$。

根据上述平均活度，可以将能斯特方程简化为以下几种。

① 对于金属与离子组成的电极

$$M^{n+} + ne \Longleftrightarrow [M^{n+} \cdot ne] \tag{1-24}$$

溶液中的　　　　金属晶格中
金属离子　　　　的金属离子

$a_M = 1$，所以

$$E_{e,M^{n+}/M} = E^0_{M^{n+}/M} + \frac{0.059}{n} lg C_{M^{n+}} \tag{1-25}$$

式中　$C_{M^{n+}}$——金属离子的浓度，mol/L。

② 对于有气态物质和 H_2O 参与的电极，如在中性介质中氧与 OH^- 的平衡电极反应过程为

$$O_2 + 2H_2O + 4e \Longleftrightarrow 4OH^-$$

在常压下（即 $1.01325 \times 10^5 Pa$），当氧的分压为 $0.21278 \times 10^5 Pa$，则其平均活度为

$$a_{O_2} = \frac{0.21278 \times 10^5}{1.01325 \times 10^5} = 0.21$$

则在常温常压下，氧的电极电位的能斯特方程式可表达为

$$E_{e,O_2/OH^-} = 0.40 + 0.015 lg \frac{p_{O_2} \times (a_{H_2O})^2}{(C_{OH^-})^4} = 0.39 - 0.015 lg(C_{OH^-})^4 \tag{1-26}$$

注意：能斯特方程式在计算时，反应物和生成物前面的系数在计算时作为指数代入对应的活度中计算，如该电极中 O_2 的系数为 1，H_2O 的系数为 2，OH^- 的系数为 4，则 a_{H_2O} 的指数为 2，a_{OH^-} 的指数为 4，a_{O_2} 的指数为 1 可以不写出来。

在中性介质中，$E^0_{O_2/OH^-} = 0.40V$，$C_{OH^-} = 10^{-7} mol/L$，$a_{H_2O} = 1$，则

$$E_{e,O_2/OH^-} = 0.39 - 0.015 lg(10^{-7})^4 = 0.81 \text{（V）}$$

即在中性或碱性介质中氧的平衡电极电位是 0.81V。

$E_{e,O_2/OH^-}$ 表示 $O_2 + 2H_2O + 4e \Longleftrightarrow 4OH^-$ 这个电极反应的平衡电极电位，下标 O_2/OH^- 中的斜杠"/"表示电极的表面（两相界面），说明反应是在电极表面上进行的；斜杠"/"左边表示为电极反应中的氧化态物质 O_2，斜杠"/"右边表示为电极反应中的还原态物质 OH^-。其他电极反应的表示方法也是按此书写。

6. 腐蚀倾向的判断

（1）非平衡电极与非平衡电极电位

这里需要指出的是，在实际腐蚀问题中，经常遇到的是非平衡电极，电极上同时存在两个或两个以上不同物质参加的电化学反应，电极上不可能出现物质与电荷都达到平衡的情况，此时的电极为非平衡电极，非平衡电极的电位可能是稳定的，也可能是不稳定的，电荷的平衡是形成稳定电位的必要条件。

如锌在盐酸中的腐蚀，至少包含下列两个不同的电极反应。

阳极反应　　　　　　　　　　$Zn \longrightarrow Zn^{2+} + 2e$ 　　　　　　　　　　　(1-27)

阴极反应　　　　　　　$2H^+ + 2e \longrightarrow H_2 \uparrow$ 　　　　　　　　　　　(1-28)

在这种反应中，失电子是一个电极过程完成的，而获得电子靠的是另一个电极过程。当阴、阳极反应以相同的速度进行时，电荷达到平衡，这时所获得的电位称为稳定电位。非平衡电位不服从能斯特方程式，只能用实测的方法获得。表 1-3 列出了一些金属在三种介质中的非平衡电极电位。

表 1-3　一些金属在三种介质中的非平衡电极电位　　　　　　　　　　　V

金属	3%NaCl 溶液	0.05mol/L Na$_2$SO$_4$	0.05mol/L Na$_2$SO$_4$+H$_2$S	金属	3%NaCl 溶液	0.05mol/L Na$_2$SO$_4$	0.05mol/L Na$_2$SO$_4$+H$_2$S
镁	−1.6	−1.36	−1.65	镍	−0.02	+0.04	−0.21
铝	−0.6	−0.47	−0.23	铅	−0.26	−0.26	−0.29
锰	−0.91	—	—	锡	−0.25	−0.17	−0.14
锌	−0.83	−0.81	−0.84	锑	−0.09	—	—
铬	+0.23	—	—	铋	−0.18	—	—
铁	−0.50	−0.50	−0.50	铜	+0.05	+0.24	−0.51
镉	−0.52	—	—	银	+0.20	+0.31	−0.27
钴	−0.45						

（2）利用标准电极电位判断金属的腐蚀倾向

在一个电极体系中，若同时进行着两个电极反应，通常电位较负的电极反应往氧化方向进行，电位较正的电极反应则往还原方向进行。对照表 1-2 应用这一规则可以初步预测金属的腐蚀倾向。凡金属的电极电位比氢更负时，它在酸溶液中会腐蚀，如锌和铁在酸中均会遭受腐蚀。

$$Zn + H_2SO_4(稀) \longrightarrow ZnSO_4 + H_2 \uparrow \quad (E_{H^+/H_2}^0 比 E_{Zn^{2+}/Zn}^0 更正) \tag{1-29}$$

铜和银的电位比氢正，所以在酸溶液中不腐蚀，但当酸中有溶解氧存在时，就可能产生氧化还原反应，铜和银将自发腐蚀。

$$Cu + H_2SO_4(稀) \longrightarrow 不反应 \quad (E_{Cu^{2+}/Cu}^0 比 E_{H^+/H_2}^0 更正) \tag{1-30}$$

$$2Cu + 2H_2SO_4(稀) + O_2 \longrightarrow 2CuSO_4 + 2H_2O \quad (E_{O_2/H_2O}^0 比 E_{Cu^{2+}/Cu}^0 更正) \tag{1-31}$$

表 1-2 中最下端的金属如金是非常不活泼的，除非有极强的氧化剂存在，否则它们不会腐蚀。

$$Au + H_2SO_4(稀) + O_2 \longrightarrow 不反应 \quad (E_{Au^{3+}/Au}^0 比 E_{O_2/H_2O}^0 更正) \tag{1-32}$$

（3）利用能斯特（Nernst）方程式判断金属的腐蚀倾向

运用电动序表只能粗略地预测腐蚀体系的反应方向，如果反应条件偏离平衡很远（如浓度、温度、压力变化很大），用电动序表来判断可能会得出相反结论。能斯特方程反映了浓度、温度、压力对电极电位的影响，所以比较准确，其判断方法则与用标准电极电位判断金属腐蚀倾向方法相同。

必须强调的是，在实际的腐蚀体系中，遇到平衡电极体系的例子是极少的，大多数的腐蚀是在非平衡的电极体系中进行的，这样就不能用金属的标准电极电位和平衡电极电位而应采用金属在该介质中的实际电位作为判断的依据。另外，金属的标准电极电位和平衡电极电位是在金属表面裸露的状态下测得的，如果金属表面有覆盖膜存在则不能运用标准电极电位表预测其腐蚀倾向。

虽然标准电极电位表在预测金属腐蚀倾向方面存在以上限制，但用它来初步判断金属的腐蚀倾向是相当方便和有用的。

第三节 腐蚀电池

一、必要条件

1. 原电池（丹尼尔电池）构成

我们知道，如果将两个不同的电极用盐桥和导线连接起来就可以构成原电池。例如把锌和硫酸锌水溶液、铜和硫酸铜水溶液这两个电极连接起来，就可成为铜锌原电池（丹尼尔电池），如图1-4所示。在此电池中，若 $ZnSO_4$ 水溶液中 Zn^{2+} 活度 $a_{Zn^{2+}}=1$，$CuSO_4$ 水溶液中 Cu^{2+} 活度 $a_{Cu^{2+}}=1$，温度为298K，则可计算该原电池的电动势为

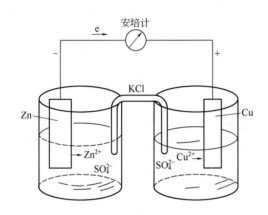

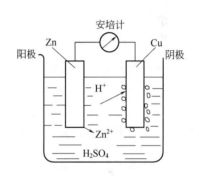

图1-4 铜锌原电池装置示意图　　　　图1-5 腐蚀电池示意图

$$E^0 = E^0_{Cu^{2+}/Cu} - E^0_{Zn^{2+}/Zn} = +0.34 - (-0.76) = 1.10 \text{ (V)}$$

在这一原电池的反应过程中，锌溶解到硫酸锌溶液中而被腐蚀，电子通过外部导线流向铜而产生电流，同时铜离子在铜上析出。电流的方向是从铜极到锌极，而电子流动的方向正好与此相反。因此铜极是正极，而锌极是负极。

原电池可用下面的形式表达。

正极的反应　　　　　　　　　　$Cu^{2+} + 2e \longrightarrow Cu\downarrow$

负极的反应　　　　　　　　　　$Zn \longrightarrow Zn^{2+} + 2e$

电池反应　　　　　　　　　　　$Cu^{2+} + Zn \longrightarrow Cu\downarrow + Zn^{2+}$　　　　　　(1-33)

电池可表达为　　　　（负极）$Zn \mid ZnSO_4 \parallel CuSO_4 \mid Cu$（正极）

"$\parallel$"表示盐桥，"$\mid$"表示电极中两相界面，负极上的反应写在"$\parallel$"的左边，正极上的反应写在"$\parallel$"的右边。

2. 腐蚀电池构成

腐蚀电池的构成并不限于电极金属浸入含有该金属离子的水溶液中。如果将锌与铜浸到稀硫酸中，见图1-5，铜和锌之间也存在电动势，两极间也产生电位差。这种腐蚀电池中负极（阳极）仍然为锌，正极（阴极）为铜，但是在铜上进行的是 H^+ 的还原

反应。

腐蚀电池的电化学反应过程如下。

阳极（Zn 极）上的反应

$$2Zn \longrightarrow 2Zn^{2+} + 4e \text{（阳极反应）}$$
$$2H^+ + 2e \longrightarrow H_2 \uparrow \text{（阴极反应）}$$

阴极（Cu 极）上的反应

$$2H^+ + 2e \longrightarrow H_2 \uparrow \text{（阴极反应）}$$

腐蚀电池的总反应

$$2Zn + 4H^+ \longrightarrow 2Zn^{2+} + 2H_2 \uparrow \tag{1-34}$$

腐蚀电池可表示为下面的形式，即

$$\text{（阳极）Zn} \mid H_2SO_4 \mid \text{Cu（阴极）}$$

腐蚀电池中，电极不用正极、负极的说法，而规定电极电位正的电极为阴极（如上例中的 Cu 电极），而电极电位负的电极为阳极（如上例中的 Zn 电极）。从上述讨论中可看出，腐蚀电池使阳极的溶解加快了，而阴极的还原也加快了。在整个电池中总的氧化反应速度和总的阴极还原反应速度都比构成电池前要大，这就使得处于电池阳极的金属腐蚀加大，而处于阴极的金属腐蚀减小或停止。

3. 腐蚀电池与原电池的比较

相同点：都有阴（正）、阳（负）极，都有电子通道和离子通道。

不同点：原电池未短路，电化学能可以做有用功；腐蚀电池是短路电池，腐蚀电池不可做有用功，反应的电化学能都以热的形式散发了。

4. 构成腐蚀电池的必要条件

① 要有两个电极（阴、阳极），且存在电位差。阴极、阳极之间产生的电位差是腐蚀电池工作的推动力。

产生电位差的原因很多，不同金属在同一环境中互相接触会产生电位差，例如上述 Cu 与 Zn 在 H_2SO_4 溶液中可构成电偶腐蚀电池；同一金属在不同浓度的电解质溶液中也可产生电位差而构成浓差腐蚀电池；同一金属表面接触的环境不同，例如物理不均匀性等均可产生电位差，这将在腐蚀电池类型中介绍。

② 要有电解质溶液存在，使金属和电解质之间能传递离子，这里所说的电解质只要稍微有一点离子化就够了，即使是纯水也有少许离解引起电传导。如果是强电解溶液，则腐蚀将大大加速。同时，在电解质溶液中应存在氧化剂即去极剂。如果电解质溶液中没有使金属腐蚀的氧化性物质（去极剂），则即使构成腐蚀电池也不会产生腐蚀，所以说去极剂的存在才是腐蚀发生的最根本的原因。

③ 在腐蚀电池的阴、阳极之间，要有连续传递电子的回路。

由此可知，一个腐蚀电池必须包括阳极、阴极、电解质溶液和电路四个不可分割的部分。

二、工作过程及作用

1. 腐蚀电池的工作过程

腐蚀电池的工作过程主要由下列三个基本过程组成。图 1-6 为腐蚀电池工作示意图。

① 阳极过程：金属溶解，以离子的形式进入溶液，并把当量的电子留在金属上，即

$$M \longrightarrow M^{n+} + ne$$

② 阴极过程：从阳极流过来的电子被电解质溶液中能够吸收电子的氧化剂即去极剂（D）所接受，即

$$D + ne \longrightarrow [D \cdot ne]$$

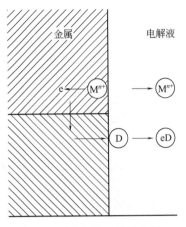

在阴极接受电子的还原过程连续进行的情况下，阳极过程可不断地继续下去，使金属受到腐蚀。

③ 电流的流动：电流在金属中是依靠电子从阳极流向阴极，而在溶液中是依靠离子的迁移，这样就使电池系统中的电路构成通路。

腐蚀电池工作所包含的上述三个基本过程，相互独立又彼此依存，缺一不可。只要其中一个过程受到阻滞不能进行，

图 1-6 腐蚀电池工作示意图

其他两个过程也将受到阻碍而不能进行。整个腐蚀电池的工作停止，金属电化学腐蚀过程当然也停止。

2. 腐蚀电池的作用

① 有利的作用：可以有意识地让阳极材料腐蚀（牺牲）去换取阴极材料得到保护（如镁、锌常用作牺牲阳极来保护钢铁设备或管道的腐蚀）。

② 有害的作用：腐蚀电池的阳极总是处于较高的溶解状态。

三、类型

根据腐蚀电池中电极大小不同，可分为宏观腐蚀电池与微观腐蚀电池两大类型。

1. 宏观腐蚀电池

宏观腐蚀电池即凭肉眼可以区分出阴极、阳极的"大电池"，常见的有以下两种类型。

（1）电偶电池

同一电解质溶液中，两种具有不同电极电位的金属或合金通过电连接形成的腐蚀电池称为电偶电池。电位较负的金属遭受腐蚀，而电位较正的金属则得到保护。例如，通有冷却水的碳钢-黄铜冷凝器及船舶中的钢壳与其铜合金推进器等均构成这类腐蚀电池。此外，化工设备上不同金属的组合中（如螺栓、螺母、焊接材料等和主体设备连接，也常出现接触腐蚀）。

在这里促使形成电偶电池的最主要因素是异种金属，两种金属的电极电位相差越大电偶腐蚀越严重。另外，电池中阴极、阳极的面积比和电介质的电导率等因素对电偶腐蚀也产生一定影响。

（2）浓差电池

同一金属的不同部位所接触的介质具有不同浓度，引起了电极电位的不同而形成的腐蚀电池称为浓差电池，常见的有以下两种。

① 金属离子浓差电池：同一种金属浸在不同金属离子浓度的溶液中构成的腐蚀电池。现以下面的试验说明，见图 1-7。

把两块面积和表面状态均相同的铜片分别浸在浓度不同的 $CuSO_4$ 溶液中，用半透膜隔开，离子可彼此通过而溶液不会混合，则两边都形成如下平衡，即

$$Cu \xrightleftharpoons{\quad} Cu^{2+} + 2e$$

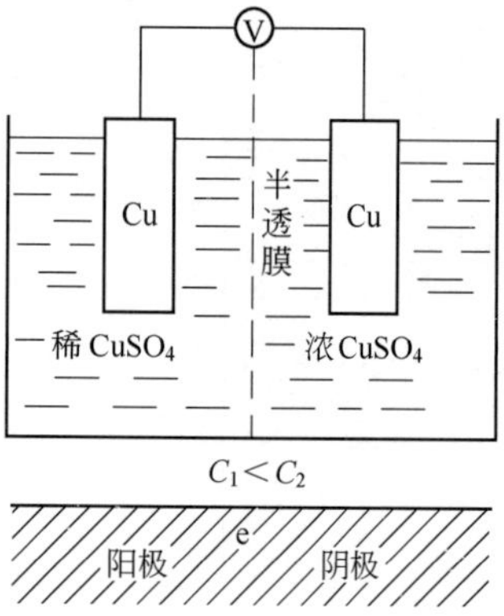

不过在浓溶液中，Cu^{2+} 沉积倾向大于在稀溶液中 Cu^{2+} 沉积倾向，而稀溶液中 Cu 溶解倾向则大于浓溶液中 Cu 溶解倾向，即 Cu 在稀溶液中较易失去电子，Cu 在浓溶液中较难失去电子。

由能斯特方程式(1-25) $E_{e,Cu^{2+}/Cu} = +0.34 + \dfrac{0.059}{2}\lg C_{Cu^{2+}}$ 可知：溶液中金属离子浓度越稀，电极电位越低，浓度越大，则电极电位越高，电子由金属离子的低浓度区（阳极区）流向高浓度区（阴极区）。

在生产过程中，例如铜或铜合金设备在流动介质中，流速较大的一端 Cu^{2+} 较易被带走，出现低浓度区域，这个部位电位较负而成为阳极，而在滞留区则 Cu^{2+} 聚积，成为阴极。

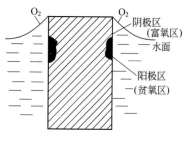

图 1-7   金属离子浓差
电池示意图

在一些设备的缝隙和疏松沉积物下部，因与外部溶液的去极剂浓度有差别，往往会形成浓差腐蚀的阳极区域而遭受腐蚀。

② 氧浓差电池：由于金属与含氧量不同的溶液相接触而引起的电位差所构成的腐蚀电池。氧浓差电池又称充气不均电池。这种腐蚀电池是造成金属缝隙腐蚀的主要因素，在自然界和工业生产中普遍存在，造成的危害很大。

金属浸入含有溶解氧的中性溶液中形成氧电极，其阴极反应过程为

$$O_2 + 2H_2O + 4e \xrightleftharpoons{\quad} 4OH^- \tag{1-35}$$

由能斯特方程式(1-26) $E_{e,O_2/OH^-} = 0.39 - 0.015\lg(C_{OH^-})^4$ 可知，当氧的分压越高，其电极电位就越高，因此，如果介质中溶解氧含量不同，就会因氧浓度的差别产生电位差；介质中溶解氧浓度越大，氧电极电位越高，而在氧浓度较小处则电极电位较低，成为腐蚀电池的阳极，这部分金属将受到腐蚀，最常见的有水线腐蚀和缝隙腐蚀。

桥桩、船体、储罐等在静止的中性水溶液中受到严重腐蚀的部位常在靠近水线下面，受腐蚀部位形成明显的沟或槽。这种腐蚀称为水线腐蚀，见图 1-8。

这是由于水的表层含有较高浓度的氧，而氧的扩散速度缓慢，水的下层氧浓度则较低，表层的氧如果被消耗，将可及时从大气中得到补充，但水下层的氧被消耗后由于氧不易到达而补充困难，因而产生了氧的浓度差。表层为富氧区，水下为贫氧区，导致弯月面处成为阴极区，弯月面下部则成为阳极区而遭受腐蚀。

图 1-8   水线腐蚀示意图

氧的浓差电池也可在缝隙处和疏松的沉积物下面发生而引起缝隙腐蚀及垢下腐蚀。

通常，电位较负的金属（如铁等）易受氧浓差电池腐蚀，而电位较正的金属（如铜等）易受金属离子浓差电池腐蚀。

2. 微观腐蚀电池

在金属表面上由于存在许多极微小的电极而形成的电池称为"微电池"。微电池腐蚀是由于金属表面的电化学不均匀性所引起的腐蚀；不均匀性的原因主要有以下几个方面。

① 金属化学成分的不均匀形成的腐蚀电池：工业上使用的金属常含一些杂质，因而当金属与电解质溶液接触时，这些杂质与基体金属构成了许多短路了的微电池系统，其中电极电位低的组分遭受腐蚀。

例如锌中含有杂质元素铁、锑、铜等，由于它们的电位较高，成为微电池中的阴极，而锌本身则为阳极，因而加速了锌在 H_2SO_4 中的溶解（腐蚀），见图 1-9。显然，锌中含阴极组分的杂质越少，阴极面积越小，整个反应速度就越慢，锌的腐蚀也越小；因此，不含杂质的锌在酸中较稳定。

碳钢和铸铁是工业上最常用的材料，由于它们的金相组织中含有 Fe_3C 及石墨，当与电解质溶液接触时，由于 Fe_3C 及石墨的电位比铁正，构成了无数个微阴极，从而加速了铁的腐蚀。

② 金属组织结构的不均匀形成的腐蚀电池：例如在工业纯铝的组织中，晶粒电位比晶界电位正，因而晶界成为微电池中的阳极，见图 1-10，腐蚀首先从晶界开始。

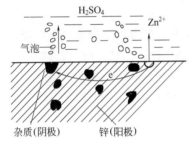

图 1-9　锌与杂质形成微电池示意图

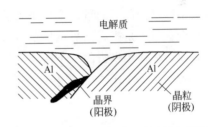

图 1-10　金属铝的晶粒与晶界形成微电池示意图

③ 金属物理状态的不均匀形成的腐蚀电池：金属在机械加工过程中造成金属各部分变形及内应力的不均匀性，一般情况下是变形较大和应力集中的部位成为阳极，见图 1-11。例如在铁板弯曲处及铆钉头部发生腐蚀即属于这个原因。

此外，金属表面温度差异、光照不均匀等也会影响各部分电位发生差异而遭受腐蚀。

④ 金属表面膜的不完整形成的腐蚀电池：金属表面上生成的膜如果不完整，有孔隙或有破损，则孔隙下或破损处相对于表面膜来说，在接触电解质时具有较负的电极电位，成为微电池的阳极，腐蚀由此开始，见图 1-12。

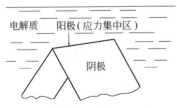

图 1-11　金属形变及内应力不均匀
形成微电池示意图

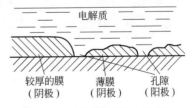

图 1-12　金属表面膜的不完整
形成微电池示意图

实际上要使整个金属表面上的物理和化学性质、金属各部位所接触的介质的物理和化学性质完全相同，使金属表面各部分的电极电位完全相等是不可能的。由于上述各种因素，使金属表面的物理和化学性质存在差别而使金属表面各部位的电位不相等，这统称为电化学不均匀，它是形成微电池的基本原因。

第四节　金属电化学腐蚀的电极动力学

上面已从热力学观点讨论了金属发生电化学腐蚀的原因，介绍了判断腐蚀倾向的方法，但在生产实际中，人们不仅关心金属设备和材料的腐蚀倾向，更关心腐蚀过程进行中的速度及影响速度的因素。在这一节中，将从电极动力学观点讨论腐蚀速度的问题。

一、腐蚀速度与极化作用

1. 腐蚀速度

金属的腐蚀速度可以用重量法来表示，也可以用年腐蚀深度表示。

（1）重量法

重量法是以腐蚀前后的重量变化来表示，分为失重法和增重法两种。失重是指腐蚀后试样的重量减少；增重是指腐蚀后试样重量增加，有些金属腐蚀后腐蚀产物（膜）紧密地附着在试样的表面，往往难以去除或不需要去除。

① 失重法：当腐蚀产物能很好地除去而不损伤主体金属时用这个方法较为恰当，其表达式为

$$v^- = \frac{m_0 - m_1}{St} \tag{1-36}$$

式中　v^-——金属失重腐蚀速度，g/（m² · h）；

　　　m_0——腐蚀前金属的重量（质量），g；

　　　m_1——腐蚀后金属的重量（质量），g；

　　　S——暴露在腐蚀介质中的表面积，m²；

　　　t——试样的腐蚀时间，h。

② 增重法：当腐蚀产物全部覆盖在金属上且不易除去时可用此法，其表达式为

$$v^+ = \frac{m_2 - m_0}{St} \tag{1-37}$$

式中　v^+——金属增重腐蚀速度，g/（m² · h）；

　　　m_2——腐蚀后带有腐蚀产物的试样重量（质量），g。

（2）深度法

深度法是以腐蚀后金属厚度的减少来表示腐蚀速度。对于密度不同的金属，尽管重量指标相同，但腐蚀深度则不同，对于重量法表示的相同腐蚀速度，密度大的金属被腐蚀的深度比密度小的金属为浅，因而用腐蚀深度来评价腐蚀速度更为合适。从材料腐蚀破坏对工程性能（强度、断裂等）的影响看，确切地掌握腐蚀破坏的深度更有其重要意义。

当全面腐蚀时，腐蚀深度可通过腐蚀的重量变化，经过换算得到

$$v_L = \frac{24 \times 365}{1000} \times \frac{v^-}{\rho} = 8.76 \frac{v^-}{\rho} \tag{1-38}$$

式中　v_L——腐蚀深度，mm/a；

　　　ρ——金属的密度，g/cm^3。

全面腐蚀的金属，常以年腐蚀深度来评定耐蚀性的等级，现将金属耐蚀性三级标准列于表 1-4。

表 1-4　金属耐蚀性的三级标准

级　　别	腐蚀速度/(mm/a)	耐蚀性评定
1	<0.1	耐蚀
2	0.1~1.0	可用
3	>1.0	不可用

（3）电流密度法

由于金属电化学腐蚀的阳极溶解反应为

$$M \longrightarrow M^{n+} + ne \tag{1-11}$$

该式明确表达了金属的溶解与电流的密切关系，金属腐蚀的过程伴有电流产生。腐蚀时的电流越大，金属的腐蚀速度越快。因而电化学腐蚀速度也可用电化学方法测定电流密度来表示。电流密度就是通过单位面积上的电流强度。

电化学腐蚀过程，是由于金属与电解质溶液进行电化学反应的结果，见式(1-11)，可根据法拉第定律，计算腐蚀速度与电流密度之间的关系，其表达式为

$$v^- = \frac{A}{nF} i_a \times 10^4 \tag{1-39}$$

式中　v^-——金属的腐蚀速度，g/(m^2·h)；

　　　i_a——阳极溶解电流密度，A/cm^2；

　　　A——金属的摩尔质量，g/mol；

　　　n——金属的价数；

　　　F——法拉第常数，$F = 26.8$A·h/mol。

必须注意不论用哪种方法，它们都只能表示全面腐蚀速度。

由腐蚀电流密度来表示金属的腐蚀速度使用较方便，在试验室或现场，可以用电子腐蚀仪快速地测出电流强度，从而可以计算出瞬时腐蚀速度。

2. 极化与去极化

电化学腐蚀过程中，影响腐蚀速度的因素有很多，最主要的因素为极化与去极化。

下面来观察一个丹尼尔电池（见图 1-4），两电极接通后其放电电流随时间而变化。外电路接通前，外电阻为无穷大，外电流为零；在外电路接通的瞬间观察到一个很大的起始电流 $I_{始}$，根据欧姆定律

$$I_{始} = \frac{E_{e,Cu^{2+}/Cu} - E_{e,Zn^{2+}/Zn}}{R}$$

随后电流又很快地减小到一个稳定的电流值 $I_{稳}$。为什么电池开始作用后其电流会减小呢？由欧姆定律可知影响因素是电池两极间的电位差和电池内外电路的总电阻。因为电池接通后其内外电路的电阻不会随时间而发生显著变化，所以电流强度的减小只能是由于电池两极间的电位差发生变化的结果。试验测量证明确实如此。

图 1-13 所示为电极极化的电位-时间曲线，表示电池电路接通后，两极电位变化的情况。从图上可以看出，当电路接通后，阴极（铜）的电位变得越来越负，阳极（锌）的电位变得越来越正，两极间的电位差变得越来越小。最后，当电流减小到稳定值 $I_稳$ 时，两极间的电位差减小到 $E_{Cu^{2+}/Cu} - E_{Zn^{2+}/Zn}$，而 $E_{Cu^{2+}/Cu}$ 和 $E_{Zn^{2+}/Zn}$ 分别是对应于稳定电流值时阴极和阳极的有效电位。由于 $E_{Cu^{2+}/Cu} - E_{Zn^{2+}/Zn}$ 比 $E_{e,Cu^{2+}/Cu} - E_{e,Zn^{2+}/Zn}$ 小很多，所以，在 R 不变的情况下有

$$I_稳 = \frac{E_{Cu^{2+}/Cu} - E_{Zn^{2+}/Zn}}{R} \tag{1-40}$$

$I_稳$ 必然要比 $I_始$ 小很多。

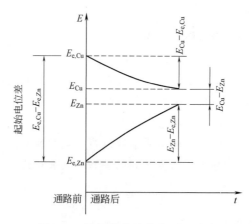

图 1-13 电极极化的电位-时间曲线

由于通过电流而引起原电池两极间电位差减小，并引起电池工作电流强度降低的现象，称为原电池的极化现象。

当通过电流时阳极电位向正的方向移动的现象，称为阳极极化。

当通过电流时阴极电位向负的方向移动的现象，称为阴极极化。

在原电池放电时，从外电路看，电流是从阴极流出，然后再进入阳极，前者称为阴极极化电流，后者称为阳极极化电流。显然，在同一个原电池中，阴极极化电流与阳极极化电流大小相等、方向相反。

消除或减弱阳极和阴极的极化作用的电极过程称为去极化作用或去极化过程。相应地有阳极的去极化过程和阴极的去极化过程。

能消除或减弱极化的现象称为去极化；引起去极化发生的物质称为去极剂。

极化现象的本质在于，电子的迁移（当阳极极化时电子离开电极，当阴极极化时电子流入电极）比其电极反应及其有关的连续步骤完成得快。

如图 1-14 所示，如果在进行阳极反应时金属离子进入溶液的速度落后于电子从阳极流入外电路的速度，那么在阳极上就会积累起过剩的正电荷而使阳极电位向正的方向移动；在阴极反应过程中，如果反应物（氧化态物质，如各种去极剂）来不及与流入阴极的外来电子相结合，则电子将在阴极积累而使阴极电位向负的方向移动。

3. 极化作用

由上面讨论可知，极化的作用总是使得反应的速度下降，对于防腐蚀而言，极化是有利

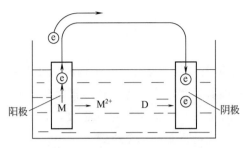

图 1-14　腐蚀电池极化示意图

的。金属的钝化就是阳极极化的一个典型应用。

4. 去极化作用

去极化的作用与极化正好相反，增加去极化会使腐蚀速度增加，钝态金属在去极化作用下会由钝态进入活化状态，使腐蚀速率极大增加。

5. 极化曲线

为了使电极电位随通过的电流的变化情况更清晰准确，经常利用电位-电流直角坐标图或电位-电流密度直角坐标图来表达。例如，图 1-4 中的原电池在接通电路后，铜电极和锌电极的电极电位随电流的变化可以绘制成图 1-15 的形式。如果铜电极和锌电极浸在溶液中的面积相等，则图中的横坐标可采用电流密度 i。为使讨论方便起见，习惯上阴极电流密度在坐标中取其绝对值。从图中可以看出，随着电流密度的增加，阳极电位向正的方向移动，而阴极电位向负的方向移动。

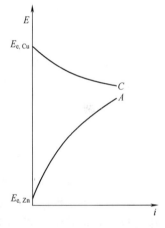

图 1-15　极化曲线示意图

表示电极电位与极化电流或极化电流密度之间关系的曲线称为极化曲线。显然相应的有阳极极化曲线（图中 $E_{e,Zn}A$ 段）和阴极极化曲线（图中 $E_{e,Cu}C$ 段）。

从极化曲线的形状可以看出电极极化的程度，从而判断电极反应过程的难易。例如，若极化曲线较陡，则表明电极的极化程度较大，电极反应过程的阻力也较大；而极化曲线较平坦，则表明电极的极化程度较小，电极反应过程的阻力也较小，因而反应就容易进行。

极化曲线对于解释金属腐蚀的基本规律有重要意义。用试验方法测绘极化曲线并加以分析研究，是揭示金属腐蚀机理和探讨控制腐蚀措施的基本方法之一。

6. 平衡电极极化与过电位

一个电极处于平衡可逆状态时，其反应可用式(1-41) 表示，即

$$M \underset{\overleftarrow{i_c}}{\overset{\overrightarrow{i_a}}{\rightleftharpoons}} M^{n+} + ne \tag{1-41}$$

式中，金属离子化速度即氧化反应速度用 $\overrightarrow{i_a}$ 表示，金属离子沉积速度即还原反应速度用 $\overleftarrow{i_c}$ 表示。当上述电极反应处于平衡时，其电极电位即为该电极反应的平衡电极电位，此

时宏观反应虽然为零，无净反应发生，但在微观上，氧化还原反应始终在进行，只是该电极的氧化反应速度与还原反应速度相等，即

$$\vec{i}_a = |\overleftarrow{i}_c| = i^0 \tag{1-42}$$

i^0 称为电极反应的交换电流密度，为电极在平衡时氧化和还原反应的交换速度。它的大小反映了电极建立平衡的难易程度，i^0 大表示该电极易建立平衡，反之则不易建立平衡。任何一个电极处于平衡状态时都有自己的交换电流密度，且 i^0 的大小与电极材料及介质的浓度等因素有关。i^0 是电极反应的重要动力学参数之一。

这里应注意的是：当电极反应处于平衡状态时，虽然在两相界面上微观的物质交换和电流交换仍在进行，但因正向和逆向的反应速度相等，所以电极体系不会出现宏观的物质变化，没有净反应发生，也没有净电流出现。因此，当金属与含有其离子的溶液构成的电极体系处在平衡状态时，这种金属是不会腐蚀的，即平衡的金属电极是不发生腐蚀的电极。例如，由纯金属锌和硫酸锌溶液及由纯金属铜和硫酸铜溶液所构成的平衡锌电极及平衡铜电极，当它们分别孤立地存在时，金属锌与金属铜的质量及表面状态都将保持不变。孤立的平衡电极，当它们单独存在时，既不表现为阳极也不表现为阴极，或者说是没有极化的电极。

当有净电流通过平衡电极时，其正向反应和逆向反应的速度不再相等，其电极电位将偏离平衡电位。这个净电流可以是外部电源供给的，也可以是包含该电极的原电池产生的。

与 $\vec{i}_a$ 和 $\overleftarrow{i}_c$ 不同，净电流是可以用接在外电路中的测量仪表直接测量的，故又称为外电流。显然，流经任何一个平衡电极的外（净）电流应是 $\vec{i}_a$ 和 $\overleftarrow{i}_c$ 的差值，规定对任何一个电极反应，当 $\vec{i}_a > \overleftarrow{i}_c$ 时，外电流密度称为净阳极电流密度或阳极极化电流密度，该电极进行的是阳极反应；当 $\vec{i}_a < \overleftarrow{i}_c$ 时，外电流密度称为净阴极电流密度或阴极极化电流密度，该电极进行的是阴极反应。

对平衡电极来说，当通过外电流时其电极电位偏离平衡电位的现象，称为平衡电极的极化。外电流为阳极极化电流时，其电极电位向正的方向移动，称为阳极极化；外电流为阴极极化电流时，其电极电位向负的方向移动，称为阴极极化。为了明确表示出由于极化使其电极电位偏离平衡电位的程度，把某一极化电流密度下的实际电极电位 E 与其平衡电位 E_e 之差称为该电极反应的过电位，以 η 表示，即

$$\eta = E - E_e \tag{1-43}$$

式中　η——进电位，V；

　　　E——极化电位，V；

　　　E_e——平衡电位，V。

过电位实质上是在外电流作用下，电极极化后电极偏离平衡状态的程度。因此过电位是极化电流密度的函数。给出一个极化电流就能得到一个与之对应的过电位。电极在阳极极化电流 i_a 作用下，电极发生阳极极化，$\eta_a > 0$；电极在阴极极化电流 i_c 作用下，电极发生阴极极化，$\eta_c < 0$；当 $\eta = 0$ 时，说明未有极化电流通过电极，即 $i = 0$，$E = E_e$，电极为平衡状态。

二、极化原因及类型

1. 极化原因

一个电极反应进行时，在最简单的情况下也至少包含下列三个主要的互相连续的步骤：

① 溶液中的去极剂向电极表面运动——液相传质步骤。

② 去极剂在电极表面进行得电子或失电子的反应而生成产物——电子转移步骤或电化学步骤。

③ 产物离开电极表面向溶液内部迁移的过程——液相传质步骤；或产物形成气相，或在电极表面形成固体覆盖层——新相生成步骤。

任何一个电极反应的进行都要经过这一系列互相连续的步骤。在稳态条件下，连续进行的各串联步骤的速度都相同，等于整个电极反应过程的速度。因此，如果这些串联步骤中有一个步骤所受到的阻力最大，其速度就要比其他步骤慢得多，则其他各个步骤的速度及整个电极反应的速度都应当与这个最慢步骤的速度相等，而且整个电极反应所表现的动力学特征与这个最慢步骤的动力学特征相同。这个阻力最大的、决定整个电极反应过程速度的最慢的步骤称为电极反应过程的速度控制步骤，简称控制步骤。

2. 极化类型

根据控制步骤的不同，可将极化分为两类，即电化学极化和浓差极化。

如果电极反应中电子转移步骤即电化学步骤速度最慢，成为整个电极反应过程的控制步骤，由此导致的极化称为电化学极化，又称活化极化。

如果电子转移步骤很快，而反应物从溶液相中向电极表面运动或产物自电极表面向溶液相内部运动的液相传质步骤最慢，以致成为整个电极反应过程的控制步骤，则与此相应的极化就称为浓差极化，又称浓度极化。

此外，如果产物在电极表面形成固体覆盖层使整个体系电阻增大，导致阳极电位陡升，产生了阳极极化，这种极化称为电阻极化，其中较为常见的是金属钝化。

三、电化学极化规律

如果一个体系的浓差极化可以忽略不计且极化的过电位大于 $\pm 50\mathrm{mV}$，则电化学极化的过电位与引起极化的电流密度之间关系符合塔菲尔方程，即

$$\eta = \pm \beta \lg \frac{i}{i^0} \tag{1-44}$$

式中　　η——过电位，V（当 i 为阳极极化电流密度 i_a 时，取"＋"号，$\eta_a > 0$，当 i 为阴极极化电流密度 i_c 时，取"－"号，$\eta_c < 0$）；

i^0——交换电流密度，A/cm²（i^0 在一定的体系下为一定值，但随着电极材料、溶液的组成变化而变化）；

i——引起极化的电流密度，A/cm²；

β——塔菲尔常数。

根据上式可知，电化学极化过电位与引起极化的电流密度的对数呈线性关系，即过电位与电流密度的对数值成正比。若以电流密度的对数为横坐标，则其极化曲线为一直线，其斜率为 β。图 1-16 表示一个氢电极的电化学极化曲线（包括阴极过程和阳极过程）。

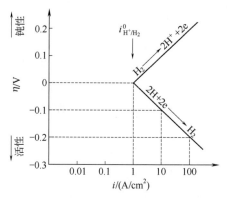

图 1-16　一个氢电极的电化学极化曲线

从图 1-16 中可以看出，过电位每变动 0.1V，电流密度即反应速度变化 10 倍，由此可知，电化学反应速度对电极电位的微小变化很敏感；同时还看到比平衡电位更正的电位下，只产生氧化反应；比平衡电位更负的电位下只产生还原反应，即两线交点处过电位为零，此时氧化速度等于还原速度，没有净氧化反应也没有净还原反应，电极处于平衡状态，其电流密度为 i^0，电位为平衡电极电位 E_e。

四、浓差极化规律

浓差极化是由于电极表面上的反应物浓度和整体溶液中反应物浓度随着电极反应过程的进行而产生差异，因而引起的电极电位的变化，一般是因扩散困难而引起的浓差极化。通常发生在浓度较小的中性或稀酸中，最常见的是阴极过程中稀酸溶液的 H^+ 还原反应和中性溶液中溶解氧的还原反应。例如在中性水（含盐水）中氧溶解度很低，金属的腐蚀速度就由氧的扩散决定。

阴极过程中如果不存在电化学极化，只有浓差极化控制，则浓差极化过电位 η_c 和电流密度的关系可用下式表达，即

$$\eta_c = 2.3 \frac{RT}{nF} \lg\left(1 - \frac{i_c}{i_L}\right) \tag{1-45}$$

式中　η_c——浓差极化过电位，V；

　　　i_L——极限扩散电流密度，A/cm^2；

　　　i_c——阴极极化电流密度，A/cm^2。

极限扩散电流密度是指在某特定条件下可能达到的最大还原速度（这一参数受浓度、温度、流速等诸多因素的影响），也即意味着在这种条件下去极剂向电极表面的扩散速度已达到最大限度，不能再增加了。加大流速、提高浓度及增高温度都会使 i_L 变大。

浓差极化曲线见图 1-17。

对于一个阴极过程，在一个电极上常同时产生电化学极化和浓差极化，一般在低反应速度下，常以电化学极化为主，高反应速度下，则以浓差极化为主。电极的总极化为电化学极化和浓差极化之和，在还原过程中，当还原速度接近极限扩散电流密度时，浓差极化即成为控制因素。图 1-18 所示为两种极化的混合极化曲线。图中 η_t 为总过电位，即电化学极化过电位与浓差极化过电位之和。

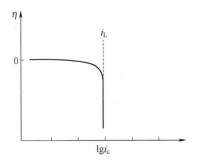

图 1-17 浓差极化曲线（还原过程）

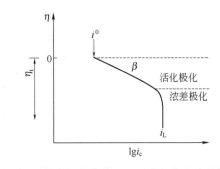

图 1-18 混合极化曲线——活化极化和浓差极化

五、混合电位理论及应用

1. 理论

上面着重讨论了单一电极体系的平衡和极化情况，单一电极体系是指一个电极表面只进行一个电极反应的体系。而金属腐蚀时，即使在最简单的情况下，金属表面也至少同时进行着两个不同的电极反应，一个是金属发生腐蚀的阳极反应，另一个是溶液中的去极剂在金属表面进行的阴极还原反应。两反应在电化学反应过程中的极化作用可以用混合电位理论来解释。这一理论基于两项简单的假设：

① 任何电化学反应都能分成两个或更多的局部氧化（阳极）反应和局部还原（阴极）反应；

② 在一个电化学反应过程中，不可能有电荷的净积累，即 $I_a - |I_c| = 0$。

由此得出结论：当一个孤立的金属试件发生电化学腐蚀时，总氧化速度与总还原速度相等，即

$$\sum i_a = \sum |i_c| \tag{1-46}$$

混合电位理论与前面所讨论的动力学方程式(1-44)、式(1-45) 构成了现代电极动力学的理论基础。

2. 应用

一切在电解质溶液中腐蚀的金属都存在两个（或两个以上）电极反应，即至少一个氧化反应和一个还原反应。现在用纯锌浸在稀硫酸中，锌被迅速腐蚀来说明，见图 1-19(a)。图 1-20 所示为纯锌在酸溶液中的电极动力学行为。

Zn 在硫酸中的腐蚀可用等效图来表示。

倘若将一纯净的金属锌片浸入稀的硫酸溶液中［见图 1-19(a)］，可看到在锌片逐渐被溶解的同时，有相当数量的氢气泡不断从锌片上面析出。此结果说明，在一片均相的锌电极上同时有两个电极反应在进行，即

$$Zn \longrightarrow Zn^{2+} + 2e（阳极反应）$$

$$2H^+ + 2e \longrightarrow H_2 \uparrow（阴极反应）$$

为了便于讨论，把图 1-19(a) 看成是由两块纯锌片组成的一个电池装置，见图 1-19(b)。

假定最初两个电极不导通，相当于图 1-19(a) 的情况，开关处于断路状态，且设 $Zn \longrightarrow Zn^{2+} + 2e$ 反应只在左边电极进行，而 $2H^+ + 2e \longrightarrow H_2$ 反应只在右边电极上进行，则可用下

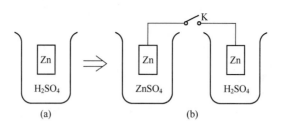

图 1-19　Zn 在稀硫酸中腐蚀等效图

面的方式来描述：对于左边电极，电极反应式为

$$Zn \rightleftharpoons Zn^{2+} + 2e$$

平衡态时的坐标为 $(i^0_{Zn^{2+}/Zn}, E_{e,Zn^{2+}/Zn})$，如图 1-20 中的 A 点。对于右边电极，电极反应式为

$$2H^+ + 2e \rightleftharpoons H_2$$

平衡态时的坐标为（$i^0_{H^+/H_2(Zn)}$, $E_{e,H^+/H_2}$），如图 1-20 中的 B 点；当开关接通，对这两个电极分别进行阴、阳极极化时，则可得到 4 条极化曲线，因它们都遵循电化学极化规律，这 4 条极化曲线都为直线。

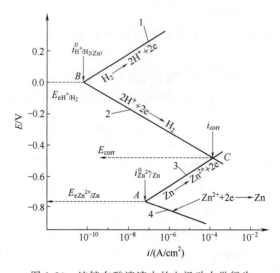

图 1-20　纯锌在酸溶液中的电极动力学行为

实际情况相当于开关处于导通状态。且设左边电极只进行 $Zn \rightleftharpoons Zn^{2+} + 2e$ 阳极反应，阳极极化曲线即为曲线 3，右边电极只进行 $2H^+ + 2e \rightleftharpoons H_2$ 阴极反应，阴极极化曲线即为曲线 2，左、右两个电极互相极化。由于电极面积相等，根据混合电位理论，该腐蚀体系内无净电荷积累，即 $I_a = I_c$，$i_a = i_c$，在曲线 2、曲线 3 上，满足这样的点只有 C 点。因 C 点电位是两个电极互相混合极化后形成的，C 点称为混合点，对应的电位为混合电位，用 $E_{混合}$ 表示，对应的电流密度为混合电流密度用 $i_{混合}$ 表示；Zn 在该体系中腐蚀是自发进行的，所以 C 点又称自腐蚀点或腐蚀点，对应的电位为自腐蚀电位或腐蚀电位，用 E_{corr} 表示，对应的电流密度为自腐蚀（或腐蚀）电流密度，用 i_{corr} 表示。

因此，$E_{混合} = E_{corr}$，$i_{混合} = i_{corr}$，对应的 C 点坐标可有两种表示，$C(i_{混合}, E_{混合})$、

$C(i_{corr}, E_{corr})$，习惯上采用第二种表示法。

根据混合电位理论，求解腐蚀速度将变得比较简单，只要能作出金属的阳极极化曲线和去极剂的阴极极化曲线，就能找到 C 点。

由于锌的沉积只在比 $-0.76V$ 更负的电位下发生，而氢的氧化则仅发生在比 $0.00V$ 更正的电位下，而这里 E_{corr} 处于 $0.00 \sim -0.76V$ 之间，因此锌的沉积（$Zn^{2+} + 2e \longrightarrow Zn$）和氢的氧化（$H_2 \longrightarrow 2H^+ + 2e$）不会发生。所以图 1-20 中曲线 1、曲线 4 可省去。

如果把铁放在酸中腐蚀时，也可得到与图 1-20 类似的图解，在这一特定体系中将发生铁的溶解（$Fe \longrightarrow Fe^{2+} + 2e$）和氢的析出（$2H^+ + 2e \longrightarrow H_2$），其稳态发生在上述两条极化曲线的交点处。虽然 $E^0_{Fe^{2+}/Fe}$ 为 $-0.44V$，$E^0_{Zn^{2+}/Zn}$ 为 $-0.76V$，当暴露在相同浓度的盐酸中时，纯铁的腐蚀速度却大于纯锌，这是锌表面氢析出反应的交换电流密度很低的缘故，由此可见腐蚀速度的大小还与动力学参数 i^0 有关。

六、金属的钝化

1. 钝化现象

不少金属在标准电极电位序中处在氢的前面，它们的标准电极电位很低，在腐蚀环境中应该很易被腐蚀。例如铝（$E^0_{Al^{3+}/Al} = -1.66V$），但事实上铝在潮湿大气或中性的水中却十分耐蚀，其原因正是由于铝的表面极易同水中的氧形成一层表面膜，而阻止了进一步腐蚀，这就是钝化现象。

金属的钝化现象可以从下列试验中观察到。

把一小块铁浸入 70% 的室温硝酸中，没有反应发生，然后往杯中加水，将硝酸浓度稀释至 35% 观察铁的表面没有变化，见图 1-21（a）、（b），取一根有锐角的玻璃棒划伤硝酸中的铁的表面，被划分的铁表面立即发生剧烈反应，放出棕色的 NO_2 气体，铁迅速溶解如图 1-21（c）所示。另取一块铁片直接浸入 35% 的室温硝酸中，也发生剧烈的反应，见图 1-21（c）。

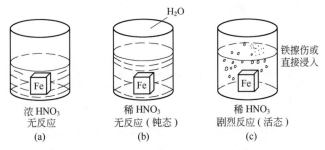

图 1-21　法拉第的铁钝化试验示意

以上就是有名的法拉第证明铁的钝化试验。

试验表明，70% 的硝酸可使铁表面形成保护膜，使它在后来不溶于 35% 的硝酸中，但当表面膜一旦被擦伤，立即失去保护作用，金属失去钝性。此外，如果铁不经 70% 的硝酸处理，则会受到 35% 硝酸的强烈腐蚀。

当金属发生钝化现象之后，它的腐蚀速度几乎可降低为原来的 $1/10^6 \sim 1/10^3$，然而钝化状态一般相当不稳定，像上述试验中擦伤一下膜就受到损坏。因此，钝态虽然提供了一种极好的减轻腐蚀的机会，但由于钝态较易转变为活态，所以必须慎重使用。

2. 钝化定义

对钝化的定义有较多的说法。一般认为：某些活泼金属或其合金，由于它们的阳极过程受到阻滞，因而在很多环境中的电化学性能接近于贵金属，这种性能称为金属的钝性。金属具有钝性的现象就称为钝化。例如铝经钝化后电极电位迅速升高，接近铂、金等贵金属。

铬、镍、钼、钛、锆、不锈钢、铝、镁等金属或合金，在一定环境中，由于钝化膜的形成，使这个体系由原来没有钝化膜时的较负的腐蚀电位（即活化电位）向正方向移动而形成钝化。所以这类金属往往有两个腐蚀电位（例如在电偶序中的不锈钢就有一个较负的活性电位及一个较正的钝态电位）。因此，这类金属称为活性-钝性金属。

同一个金属有两个不同的腐蚀电位是一个很有实际意义的问题。如果把一块不锈钢和一块碳钢同时放在热的稀硫酸中，刚放入时，由于不锈钢有完整的氧化膜，测得其电位比碳钢正得多。随后，将碳钢与不锈钢连接，此时形成了不锈钢为阴极、碳钢为阳极的宏电池。因而在不锈钢表面有氢析出，氢将与氧化膜中的氧起反应，破坏了不锈钢的钝性，使不锈钢活化，结果不锈钢和碳钢之间电位差将降为零。如果用另一块仍然保持钝性的不锈钢换出那块碳钢，则可测得保持钝性的不锈钢与活化了的不锈钢之间的电位差与原来的碳钢与钝化的不锈钢之间的电位差大致相等。钝化的不锈钢是阴极，活化的不锈钢是阳极。再加硝酸到硫酸中，可以使得活化了的不锈钢再度钝化，两块不锈钢都呈钝性状态，它们之间的电位差又降到零。

当不锈钢表面上存在某些氧到达不了的局部区域，而其余表面仍然保持钝性时，这些局部区域的表面钝性将被破坏，活性和钝性的不锈钢表面将产生电位差，形成电偶腐蚀电池，电池导致阳极表面严重腐蚀。这种活性-钝性电池是不锈钢在某些环境中发生点蚀和缝隙腐蚀的原因之一。

3. 钝化特性

钝化的特性可通过金属的阳极极化曲线来说明。图 1-22 为金属钝化过程典型的阳极极化曲线，又称为 S 形曲线。整个曲线可分为四个特性区。

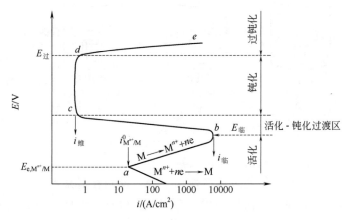

图 1-22 金属钝化过程典型阳极极化曲线

① 活化区：曲线 ab 段。电流随电位升高而增大，到 b 点附近达最大值 $i_临$。这时金属处于活化状态，金属受到腐蚀，这个区域称为活化区。这时金属以低价形式溶解成金属离子，即

$$M \longrightarrow M^{n+} + ne \tag{1-11}$$

② 过渡区：曲线 bc 段。电位升至 $E_临$ 以后，电流超过最大值 $i_临$ 后立即急剧下降处于不稳定状态，很难测得各点的稳定数值，通常把这个小区称为活化-钝化过渡区。

③ 钝化区：曲线 cd 段。在这个区域，金属进入稳定钝化状态，金属表面形成了钝化膜，阻碍了金属溶解，电流急剧下降至一个基本稳定的最小值 $i_维$，在一个比较宽的电位区内，电流密度几乎不变。这一区域称为钝化区。这时金属表面上生成一层耐蚀性好的钝化膜。此时金属的溶解速度就是 $i_维$（维持钝态的电流密度），膜不断溶解又不断生成新的膜。故 $i_维$ 就是维持稳定钝态所必需的电流密度。

④ 过钝化区：曲线 de 段。在电位达到很高的情况下（即超过 d 点），电流随电位的升高再度增大，这个区域称为过钝化区。这时，金属的钝化膜被破坏，其原因是氧化膜进一步被氧化成更高价的可溶性氧化物，使腐蚀重新加剧。

上述钝化曲线上的几个转折点，为钝化特性点，它们所对应的电位和电流密度称为钝化特性参数。

对应于曲线 b 点上的电位 $E_临$，是金属开始钝化时的电极电位，称为临界电位。$E_临$ 越小表示金属越易钝化。b 点对应的电流密度 $i_临$ 是使金属在一定介质中产生钝化所需的最小电流密度，称为临界电流密度。必须超过 $i_临$ 金属才能在介质中进入钝态。$i_临$ 越小则金属越易钝化。

对应于 c 点上的电流密度 $i_维$ 是使金属维持钝化状态所需的电流密度，称为维钝电流密度。$i_维$ 也就是表示金属处于钝化状态时仍在进行着速度较小的腐蚀。$i_维$ 越小，表示这种金属钝化后的腐蚀速度越慢。

$E_临$、$i_临$、$i_维$ 是三个重要的特性参数。

在曲线上从 c 点到 d 点的电极电位称为钝化区电位范围。这一区域越宽，表示钝化越容易维持或控制。

4. 活性-钝性金属的耐蚀性

典型的 S 形阳极极化曲线不仅可以用来解释活性-钝性金属的阳极溶解行为，而且还提供了一个给钝性下定义的简便方法，那就是：呈现典型 S 形阳极极化曲线的金属或合金就是钝性金属或合金。

但是，图 1-22 仅仅表示了一条阳极极化曲线，而实际上一个腐蚀体系是阳极过程与阴极过程同时进行的，所以实际上一个腐蚀体系的腐蚀速度应是这一体系的阴极行为和阳极行为联合作用的结果。

如图 1-23 所示，一个单一的还原反应（如析氢过程）可能具有三种不同的交换电流密度。

第一种情况它有一个稳定的交点 A，位于活化区，具有高的腐蚀速度，这是钛在无空气的稀硫酸或盐酸中迅速溶解不能钝化的情况。第二种情况可能有三个交点 B、C、D，在三个点上总氧化速度与总还原速度相等，虽然都能满足混合电位理论的要求，但 C 点处于电位不稳定状态，体系不能在这点存在，其余两点是稳定的，B 点在活化区出现高的腐蚀速

度，D 点在钝化区具有低的腐蚀速度，在浓硝酸中钝化后的铁即属于此种情况，当钝化膜未破坏时处在 D 点可耐稀硝酸的腐蚀，一旦钝化膜被破坏，则由钝态转变为活态，即 D 点转变到 B 点。第三种情况只有一个稳定的交点 F，位于钝化区，对于这种体系金属或合金将自发钝化并保持钝态，这个体系不会活化并表现出很低的腐蚀速度，如不锈钢在含氧化剂（溶解氧）的酸溶液中以及铁在浓硝酸中。

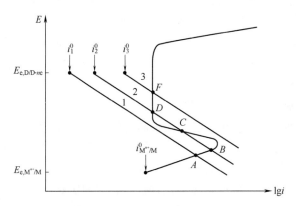

图 1-23　阴极交换电流密度对活性-钝性金属的影响

根据以上对活性-钝性金属耐蚀性的讨论可知，使金属的电位保持在钝化区的方法一般有以下两种。

① 阳极钝化法：就是用外加电流使金属阳极极化而获得钝态的方法，也叫电化学钝化法。例如碳钢在稀硫酸中，可利用恒电位仪通入电流，保持所需的电位及电流密度，阳极保护法就是这种方法。

② 化学钝化法：就是用化学方法使金属由活性状态变为钝态的方法。例如，将金属放在一些强氧化剂（如浓硝酸、浓硫酸、重铬酸盐、铬酸盐等溶液）中处理，可生成保护性氧化膜。能引起金属钝化的物质称为钝化剂。缓蚀剂中的阳极型缓蚀剂就是利用钝化的原理。氧气也是一种钝化剂，如铝、铬等在空气或溶液中氧的作用下即可钝化，称为自钝化，具有自钝化作用的金属，其钝化膜受到破坏时，常常可以自己修复，因而具有很好的耐蚀性。

第五节　金属化学腐蚀

金属在电解质溶液中的腐蚀即电化学腐蚀过程，而金属在非电解质中的腐蚀则属于化学腐蚀过程。

一、高温氧化

1. 金属高温氧化的可能性

金属氧化的化学反应为

$$M + \frac{1}{2}O_2 \Longrightarrow MO \tag{1-47}$$

高温下干燥气体腐蚀是在金属与介质的界面上可能形成金属氧化物（MO），这种 MO

是以膜的形式存在的。其腐蚀速度则主要决定于氧的分压（p_{O_2}）、金属氧化物的分解压（p_{MO}）以及腐蚀产物氧化膜的性质。从热力学观点来看，高温下金属氧化生成膜的可能性决定于在一定温度下该金属氧化物的分解压力。如果介质中氧的分压小于或等于金属氧化物的分解压力（$p_{O_2} \leqslant p_{MO}$），金属不会腐蚀。如果介质中氧的分压大于金属氧化物的分解压力（$p_{O_2} > p_{MO}$），则将生成金属氧化膜。

空气中 p_{O_2} 约为 $2.1278 \times 10^4 Pa$，因而当 $p_{MO} < 2.1278 \times 10^4 Pa$ 时，金属就可能在空气中氧化。为此，如果知道各温度下金属氧化物的分解压力，就可以确定在一定的氧分压中能否生成金属氧化物。

金属的 p_{MO} 一般都是随温度上升而增高的，见表 1-5。例如银在 300K 时，在热力学上是可以被氧化的，但达到 400K 或更高温度时，Ag_2O 的分解压力超过了空气中氧的分压，因而不再被氧化。再如铜达到 2000K 时也变成不可氧化的金属了。但像铁这样的金属即使在很高的温度下，氧化物的分压也仍然远小于氧的分压，所以仍能进行氧化反应，如果能减小氧的分压或使之处于还原性气氛中，金属就不能进行氧化反应。表 1-5 列出了几种金属氧化物在各种温度下的分解压力。

表 1-5　几种金属氧化物在各种温度下的分解压力

温度 /K	各种金属氧化物按下式分解时的分解压力/Pa					
	$2Ag_2O \rightleftharpoons 4Ag+O_2$	$2Cu_2O \rightleftharpoons 4Cu+O_2$	$2PbO \rightleftharpoons 2Pb+O_2$	$2NiO \rightleftharpoons 2Ni+O_2$	$2ZnO \rightleftharpoons 2Zn+O_2$	$2FeO \rightleftharpoons 2Fe+O_2$
300	8.5					
400	7.0×10^4					
500	2.5×10^7	5.7×10^{-26}	3.1×10^{-33}	1.8×10^{-41}	1.3×10^{-63}	
600	3.6×10^7	8.1×10^{-19}	9.5×10^{-26}	1.3×10^{-32}	4.7×10^{-51}	5.2×10^{-37}
800		3.7×10^{-11}	2.3×10^{-16}	1.7×10^{-21}	2.4×10^{-35}	9.2×10^{-25}
1000		1.5×10^{-6}	1.1×10^{-10}	8.5×10^{-15}	7.2×10^{-26}	2.0×10^{-17}
1200		2.0×10^{-3}	7.1×10^{-7}	2.6×10^{-10}	1.5×10^{-19}	1.6×10^{-14}
1400		0.36	3.8×10^{-4}	4.5×10^{-7}	5.5×10^{-15}	5.9×10^{-9}
1600		18.2	4.5×10^{-2}	1.2×10^{-4}	1.4×10^{-11}	2.8×10^{-6}
1800		385.0	1.8	9.7×10^{-3}	6.9×10^{-9}	3.3×10^{-4}
2000		4.5×10^4	37.5	0.94	9.6×10^{-7}	1.6×10^{-2}

2. 金属表面膜的特性

如果某种金属，它的 $p_{MO} < p_{O_2}$，则该金属会被氧化。氧化过程中产生腐蚀产物，能够完整牢固地覆盖在金属表面且能抵抗介质的破坏，则金属表面膜具有保护性能，可使腐蚀速度下降，反之则不能保护金属，具体地说，当金属表面膜具备下列 4 个条件时，才可以保护金属。

① 膜要完整并均匀地覆盖在金属的全部表面，这就要求金属表面上所生成的氧化物的体积大于它所消耗的金属的体积，即

$$V_{MO} > V_M$$

式中　V_{MO}——消耗的金属所生成的表面氧化物的体积；

　　　V_M——被消耗金属的体积。

因此，当 $V_{MO}/V_M > 1$ 时，氧化膜才能完整地覆盖金属表面而具有保护性。一般认为金

属表面膜具有较好保护作用的条件为

$$1 < V_{MO}/V_M < 2.5 \sim 3 \tag{1-48}$$

但这一条件是金属可能生成完整膜的必要条件，并不是决定膜保护性的唯一条件。

② 膜在介质中是稳定的。

③ 膜与基体金属结合力要强，不易剥落，要有一定的塑性及强度；与此同时，膜和金属之间的界面性质有着重要作用，粗糙界面对裂纹的扩展可起到一定的阻碍作用，因而粗糙界面的氧化膜层的结合力较好。

④ 膜应具有与基体金属接近的热膨胀系数。

3. 钢铁在空气中的高温氧化 （见图 1-24）

图 1-24　钢铁在空气中的高温氧化

钢铁在空气中加热时，在 570℃ 以下氧化较慢，这时表面主要形成的氧化膜层结构仍较致密，因而原子在这种氧化膜层中扩散速度小，使钢铁进一步氧化受阻，同时这一表面膜层也不易剥落，可以起到一定的保护作用。但当温度高于 570℃ 以后，氧化速度迅速加快，形成的氧化膜层结构也变得疏松，不能起保护作用，这时氧原子容易穿过膜层而扩散到基体金属表面，从而使钢铁继续氧化，温度越高，氧化越剧烈。

高温下钢铁表面的氧化膜称为氧化铁皮，是由不同的氧化物组成的，结构复杂。其厚度及膜层的组成与温度、时间、大气成分及碳钢的组成有关。

二、气体腐蚀

1. 钢的脱碳与渗碳

当碳钢在高于 700℃ 时，除了生成氧化铁皮以外，同时发生钢组织中的渗碳体（Fe_3C）的减少现象，这是由于 Fe_3C 与介质中的 O_2、CO_2 及 H_2O 等作用的结果。其反应式为

$$Fe_3C + O_2 \longrightarrow 3Fe + CO_2 \tag{1-49}$$

$$Fe_3C + CO_2 \longrightarrow 3Fe + 2CO \tag{1-50}$$

$$Fe_3C + H_2O \longrightarrow 3Fe + CO + H_2 \tag{1-51}$$

脱碳作用中析出的气体破坏了钢表面膜的完整性，使耐蚀性降低，同时随着碳钢表面含碳量的减少，造成表面硬度、疲劳强度的降低。

与脱碳情况相反，如果碳钢在含有 CO、CH_4 等高温还原性气体长期作用下，将使其表面产生渗碳现象，可促进裂纹的形成，这与化学热处理的渗碳工艺提高表面层硬度不同，渗碳破坏是在完全没有预期的加热温度、保温时间等工艺参数的情况下发生的。

当钢中渗入铝等合金元素时，可降低碳原子的扩散速度而减少脱碳现象。

2. 铸铁肿胀

长期处在 300～400℃ 的普通灰铸铁会发生构件的肿胀现象，这是由于在这个高温区间，空气中的氧容易沿铸铁的晶界和石墨夹杂物行进，渗入铸铁内部，与硅作用生成 SiO_2，使体积变大；再有渗碳体的不断分解生成石墨，其比体积较 Fe_3C 大 3.5 倍，所以使铸铁构件体积增加，肿胀，导致力学性能显著降低，甚至产生翘曲变形。

在铸铁中加入 5%～10% 的硅可防止肿胀现象，但加入量必须大于 5%，否则将使肿胀现象更为严重。

3. 钢的氢侵蚀

在高温高压的氢气中，碳钢和氢发生作用而产生氢侵蚀，例如在合成氨和石油裂解加氢设备中，可发生下列反应，即

$$Fe_3C + 2H_2 \xrightarrow{\text{高温、高压}} 3Fe + CH_4 \tag{1-52}$$

实质上，这也是脱碳过程，反应如发生在表面，则导致表面脱碳，使材料强度降低，如果反应是由于氢扩散到碳钢内部而发生的，则反应过程中生成的 CH_4 气体聚积在晶界，在钢内形成局部高压和应力集中导致钢的破裂。

防止氢侵蚀的途径可以在钢中加入一定量的合金元素（如铬、钼、钨、钛、钒等稳定碳化物的合金元素）以提高抗氢侵蚀能力，奥氏体不锈钢即具有较高的抗氢侵蚀能力；也可降低钢中含碳量，采用微碳纯铁（含碳量 0.01%～0.015%），这种钢具有良好的耐蚀性与组织稳定性，从而减缓了氢侵蚀。关于抗氢侵蚀的钢种将在后面有关章节中讨论。

4. 钢的高温氮化

在合成氨工业中除了氢侵蚀外，还有钢的高温氮化问题。对于碳钢，氮可以在铁的表面形成氮化物，当氮化物在高温下分解，分解后的氮向内部扩散，较均匀地分布在钢材内而不使表面硬化。氮化的结果使钢材的塑性和韧性显著降低，变得硬而脆，对薄壁筒体影响很大。

当钢中含有铬、钼、铝等元素后，能形成比较稳定的氮化物而使表面硬化。分子氮虽然较为稳定，不会产生严重的腐蚀问题，但在高温下由于氨分解产生的活性氮则情况有所不同，它迅速与碳钢形成氮化物，在氨合成塔内，由于氢、氮、氨三者共存，同时又处于高温高压的条件下，所以腐蚀严重。

在目前情况下，比较起来，氨合成塔内件还是采用 18-8 型不锈钢较为经济合适。

5. 高温硫化腐蚀

高温硫化腐蚀比氧的高温氧化腐蚀严重得多，主要是硫化物膜层易于破裂、剥落，无保护作用，有些情况下不能形成连续的膜层。金属硫化物的熔点常低于相应的氧化物的熔点。

例如铁的熔点为 $1539℃$，铁的氧化物的熔融温度大致接近于这一温度，但铁的硫化物共晶体的熔融温度只有 $985℃$，大大低于铁的熔点，因此限制了它的工作温度。

高温硫的腐蚀介质，常见的有 SO_2、SO_3、H_2S 和有机硫等。SO_2、SO_3 通常形成氧化物-硫化物混合物，它比 H_2S 或有机硫（在多数情况下分解出 H_2S）产生的硫化物的保护性要大很多。

由于硫化作用与氧化作用的基本机理相近似，同样的合金元素也能产生有效的耐蚀性能。例如铬在硫化作用中的行为与在氧化作用中的模式基本相同，当铬含量足够时，基本上都形成铬的硫化物而使基体金属免遭腐蚀。如在含铬的钢中添加铝则可改进合金的耐硫化性能；渗铝及渗铬也可有效防止高温硫的腐蚀。实际生产中喷铝钢用于硫酸生产中的 SO_2 转化器，使用温度可达 $450\sim620℃$，而耐高温 SO_2 腐蚀的效果很好。在这样的环境中，碳钢设备腐蚀严重，尤其是顶盖更厉害，喷铝后经使用六年半喷铝层仍基本完好，而未喷铝部分的钢板减薄 $2mm$，在其他与高温含硫接触部分，喷铝效果也都不差。

6. 高温氯和氯化氢腐蚀

很多金属和合金在高温氯中所生成的金属氯化物具有很高的蒸气压或较易熔化。当超过一定的临界温度时，金属氯化物将具有挥发性，使金属表面进一步遭受腐蚀。

在某些情况下，当温度较高时水蒸气能阻止氯对一些金属的腐蚀，这是由于在这些金属表面上生成了氧化物保护层的缘故。氧化物的蒸气压力小，因而能对氯的腐蚀起一定的保护作用。

干的氯化氢对金属的高温腐蚀，也是由于生成挥发性的氯化物，情况与高温氯的腐蚀基本相同；当有水蒸气存在时，由于金属表面生成氧化物保护层，腐蚀作用减弱。但如果温度低于 $110℃$ 时，氯化氢与水汽混合物冷凝成盐酸，则将产生严重的酸性腐蚀，这就不属于高温气体腐蚀的范畴了。

三、金属在非电解质溶液中的腐蚀

金属在非电解液中的腐蚀主要是指金属与非电解液直接发生化学反应所产生的腐蚀，这种腐蚀一般都很轻微，但若非电解液中含有水分，情况就会完全不同了，此时腐蚀的性质属于电化学腐蚀范畴，金属腐蚀会明显加速；一般液体燃料中含硫化物（如硫醇、元素硫等），会对一些金属产生化学腐蚀。

思考题

1. 腐蚀电化学反应的实质是什么？举例说明。

2. 什么叫电极电位？什么叫平衡电极电位？建立一个平衡电极电位应满足哪些条件？

3. 什么叫标准电极电位？如何测定？用锌的例子说明。

4. 什么叫非平衡电位？与平衡电位有何区别？

5. 如何根据金属的平衡电极电位判断腐蚀电池的反应倾向？举例说明。

6. 腐蚀电池是如何构成的？有哪些必要条件？连接在一起的锌片和铜片，含有氧的 H_2O 溶液体系，能否用能斯特方程式计算各个电极的电位，为什么？

7. 浓差腐蚀是如何引起的？试以氧为例说明。解释为什么缺氧区遭到腐蚀。

8. 什么叫极化作用？什么叫去极化作用？极化作用对金属电化学腐蚀速度有什么影响？

9. 什么是混合电位？在一个电极上只发生一个阳极反应和一个阴极反应的腐蚀体系中，阴、阳极极化曲线交点的纵坐标、横坐标各代表什么意义？

10.什么是活化-钝化金属？举例说明。是否金属处于钝化状态下就不腐蚀？如果腐蚀，腐蚀速度多大？

习　题

1. 写出下列环境中的腐蚀电化学反应式：

   （1）Fe 在盐酸中；（2）Cu 在含有溶解氧的硫酸溶液中。

2. 金属平衡电极电位的大小与金属离子浓度的关系用什么公式表达？求 $Fe/FeCl_2$ 电极，$C_{Fe^{2+}}$ 为 0.1mol/L 及 0.01mol/L 的 $E_{e,Fe^{2+}/Fe}^0$。

3. 计算 298K、氧的分压为 1.01325×10^5 Pa 时，pH=0，pH=7，pH=14 的电解质溶液中 O_2/OH^- 电极的电极电位。

4. 已知电极反应，$Fe^{3+} + e \Longleftrightarrow Fe^{2+}$，求 $C_{Fe^{3+}} = 1mol/L$、$C_{Fe^{2+}} = 0.01mol/L$ 时的 $E_{e,Fe^{3+}/Fe^{2+}}$，将计算结果与 $E_{Fe^{3+}/Fe^{2+}}^0$ 比较，这两种离子的浓度改变时，将对电极反应的氧化还原性有何影响？

5. 将锌片置于 pH=2、0.01mol/L $ZnCl_2$ 溶液中，该锌片能否腐蚀？为什么？

6. 写出标准状态下，$Sn^{2+}|Sn$ 和 $Pb^{2+}|Pb$ 两电极组成原电池的电池反应。若温度为 298K 时，Pb^{2+}/Pb 电极中 $C_{Pb^{2+}} = 0.1mol/L$，$Sn^{2+}|Sn$ 电极中 $C_{Sn^{2+}} = 1mol/L$，问这时电极反应有何不同？

7. $E_{Cu^{2+}/Cu}^0$ 比 E_{H^+/H_2}^0 正，为什么铜在潮湿大气中也会腐蚀？

8. 在腐蚀电池 Fe｜NaCl 溶液（充气的）｜Pt 中，试述：

   （1）阴极、阳极各是哪一个？

   （2）电子的流向和外电流的方向？

   （3）写出铁和铂电极上进行的电极反应式，并写出电池反应式。

   （4）将 Fe 和 Pt 绝缘，将发生什么变化？

   （5）将 NaCl 溶液换成含氧的盐酸溶液，Pt 电极上的电极反应数量将发生什么变化？

9. 对一个已知电极，怎样根据已绘出的阴极、阳极极化曲线求金属的腐蚀速度？

10.衡量金属钝化性能好坏的电化学参数是什么？其物理意义如何？

第 二 章

金属常见的腐蚀形式

绪论中曾提到过，金属腐蚀若按金属被破坏的形式分类，可分为全面腐蚀与局部腐蚀。

第一节　全面腐蚀与局部腐蚀

如果腐蚀是在整个金属表面上进行的，称为全面腐蚀。全面腐蚀可以是均匀的，也可以是不均匀的，但总的来说，腐蚀分布相对较均匀（如铁碳合金在酸中的腐蚀）。第一章中所讨论的金属腐蚀的概念几乎都是针对全面腐蚀而言的。金属发生全面腐蚀时，通常金属的腐蚀量较大，给防腐带来了非常大的工程量。不过通常这种腐蚀的腐蚀速度较稳定，设备寿命的预期性较好，对设备的检测也较容易，一般不会发生突发事故。全面腐蚀电池的阴极、阳极都是微电极，一般只能测出混合电位，微阳极或微阴极电位难以测量。阴极、阳极面积大致相等，反应速度较为稳定。某厂钢结构厂房的全面腐蚀见图 2-1。

图 2-1　某厂钢结构厂房的全面腐蚀

与全面腐蚀相反，如果腐蚀只集中在金属表面局部区域上进行，其余大部分区域腐蚀轻微或几乎不腐蚀，这种破坏现象便称为局部腐蚀。局部是相对于全面而言的，局部的尺寸可从原子尺寸的大小到较大的范围（$10^{-7} \sim 1\text{mm}$），甚至达到工程构件的大小（约 1000mm）。

常见的局部腐蚀有电偶腐蚀、点蚀、缝隙腐蚀、晶间腐蚀及应力腐蚀破裂等。

局部腐蚀是金属构件与设备腐蚀损伤的一种重要形式。这类腐蚀，虽然金属损失的量并不是很大，但是由于严重的局部腐蚀常会导致设备的突发性破坏，而且这种破坏又难以预测，往往会造成巨大的经济损失，有时甚至引起灾难性事故。根据日本三菱化工机械公司对10年中化工装置损坏事例进行调查的结果表明，全面腐蚀及高温腐蚀只占13.4%，而点蚀占21.6%，应力腐蚀破裂占45.6%，腐蚀疲劳占8.5%，晶间腐蚀占4.9%，氢脆占3.0%，也就是说局部腐蚀所占的比例竟高达80%以上。由此可见局部腐蚀的严重性。

本章主要讨论常见的几种局部腐蚀的概念、机理和控制方法。

第二节　电偶腐蚀

一、概念

当两种具有不同电位的金属相互接触（或通过电子导体连接），并与电解质溶液相接触时，电位较负的金属腐蚀速度变大，而电位较正的金属，其腐蚀速度减缓。这种腐蚀现象称为电偶腐蚀，亦称异金属接触腐蚀。促使形成腐蚀电池的最主要因素是不同的金属，两种金属的电极电位相差越大，阳极的面积越小，电偶电池中处于阳极的金属腐蚀越严重。不锈钢管与碳钢管板构成的电偶电池的腐蚀见图2-2。

实际生产中常会见到这样的电偶电池，例如碳钢管路与不锈钢阀门（或不锈钢泵等）连接，在电解质溶液中构成电偶腐蚀，最后可导致连接处附近的钢制件腐蚀，严重时会穿孔。

图2-2　不锈钢管与碳钢管板
构成的电偶电池的腐蚀

二、电偶序

不同金属在同一介质中相接触，哪种金属受腐蚀，哪种金属受保护，这要对两种金属电极的性质作出判断，电位较负的金属当然是阳极，加速腐蚀，而电位较正的金属为阴极，受到保护。但是这里所涉及的电位不能用标准电极电位作为判断依据，因为金属所处的实际环境不可能是标准的，而应该用它们在特定介质中的腐蚀电位（即稳定电位）作为判断依据。具体来说，可用金属材料的电偶序来作出电偶腐蚀倾向的判断。电偶序，就是根据金属（或合金）在一定条件下测得的稳定电位的相对大小而排列的顺序。表2-1列出了测定的一些金属和合金在海水中的电偶序。

这里特别要指出的是，电偶序要与标准电动序相区分开来，电动序与电偶序在形式上有相似之处，但它们的含义是不同的；电动序是纯金属在平衡可逆的标准条件下测得的电极电位排列顺序，其用途是用来判断金属腐蚀的倾向，而电偶序则是按非平衡可逆体系的稳定电位来排列的，其用途则是用来判断在一定介质中两种金属耦合时产生电偶腐蚀的可能性，如能产生则可判断哪一个是阳极，哪一个是阴极。

表 2-1　若干金属和合金在海水中的电偶序

镁	电位负，阳极
镁合金	
锌	
镀锌钢	
铝　1100（含 Al 99％以上）	
铝　2024（含 Cu 4.5％，Mg 1.5％，Mn 0.6％的铝合金）	
软钢	
熟铁	
铸铁	
13％ Cr 不锈钢 410 型（活性的）	
18-8 型不锈钢 304 型（活性的）	
18-12-3 型不锈钢 316 型（活性的）	
铅锡钎料	
铅	
锡	
熟铜（Muntz Metal）（Cu 61％，Zn 39％）	
锰青铜	
海军黄铜（Naval Brass）（Cu 60.5％，Zn 38.7％，Sn 0.75％）	
镍（活性的）	
76Ni-16Cr-7Fe（活性的）	
60Ni-30Mo-6Fe-1Mn	
海军黄铜（Admiralty Brass）（Cu 71％，Zn 28％，Sn 0.094％～1.0％，Sb 或 As 0～0.06％）	
铅黄铜	
铜	
硅青铜	
70-30 Cu-Ni	
G-青铜	
银钎料	
镍（钝态的）	
76Ni-16Cr-7Fe（钝态的）	
13％Cr 不锈钢 410 型（钝态的）	
钛	
18-8 型不锈钢 304 型（钝态的）	
18-12-3 型不锈钢 316 型（钝态的）	
银	
石墨	
金	
铂	电位正，阴极

在使用电偶序时应注意以下事项。

① 电偶序是根据在某一介质中测得的不同金属的稳定电位按顺序排列的一张表，稳定电位仍然是热力学参数，利用电偶序仅能判断金属在偶对中的电极性质和腐蚀倾向，但无法解决腐蚀速度问题。

② 在表中常把几种金属或合金归并为一组，同一组内的金属或合金电位数值相差不大，通常无显著的电偶效应，一般可联合使用。

③ 在表上方的金属或合金其电位低于下方的金属或合金，当两种耦合的金属位置距离越远，表示其电位差值越大，作为阳极金属（电位较负）的腐蚀程度将显著增加。例如，锌-铂体系中，锌的腐蚀程度较严重。但也有违反以上规律的，有的两种金属的电位虽然相差很大，但耦合后的阳极金属腐蚀程度并不严重，这涉及腐蚀速度问题，如 18-8 型不锈钢（钝

态）和铜，两者在电偶序中位置相差不大，当它们分别和铝在海水中接触，由于不锈钢表面有一层钝化膜，增大了电阻，对铝的腐蚀加速很小，但铜和铝接触后使铝的腐蚀严重。

除以上所述金属的电位差影响电偶腐蚀外，腐蚀介质的导电性也是一个重要因素。两种不同金属在导电性差的介质中电阻较大，电偶腐蚀电流不易分散而集中在阳极上，破坏就更严重。

三、影响因素

1. 环境

金属的电偶腐蚀在很大程度上与所处环境的腐蚀性有关。通常，一对接触着的金属在给定环境中较不耐蚀的金属是阳极。但是在不同环境中电位有时出现逆转现象。表 2-2 列出了钢和锌在水溶液中的质量变化情况。

表 2-2　钢-锌电偶对及其非电偶对在水溶液中质量变化的情况　　　　　　　　g

环　　　境	非 电 偶 对		电 偶 对	
	锌	钢	锌	钢
0.05mol/L MgSO$_4$	0.00	−0.04	−0.05	+0.02
0.05mol/L Na$_2$SO$_4$	−0.17	−0.15	−0.48	+0.01
0.05mol/L NaCl	−0.15	−0.15	−0.44	+0.01
0.005mol/L NaCl	−0.06	−0.10	−0.13	+0.02

由表 2-2 可见，锌和钢在水溶液中均能被腐蚀，但当它们构成电偶对时，则锌被腐蚀而钢受到保护。但在某些生活用水中，当温度大于 82℃（180℉）时，情况恰好相反，钢变为阳极，此时锌上的腐蚀产物相对于钢是阴极。

在大气中也能发生电偶腐蚀，其严重程度与大气中的湿度有关。

2. 面积效应

在电偶腐蚀中还有一个重要因素，即存在面积效应。面积效应就是指电偶腐蚀电池中阴极和阳极面积之比对阳极腐蚀速度的影响。现以两个实际结构的例子加以说明。

图 2-3(a) 所示为铜螺栓连接碳钢板，这是属于大阳极-小阴极的结构。由于阳极面积大，阳极溶解速度相对小，不至于在短期内引起连接结构的破坏，因而相对较为安全。

图 2-3(b) 所示为碳钢螺栓连接铜板，这是属于大阴极-小阳极的结构，由于这种结构可使阳极腐蚀电流急剧增加，连接结构很快遭到破坏。

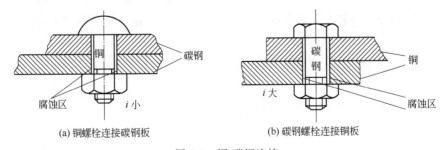

(a) 铜螺栓连接碳钢板　　　　　　(b) 碳钢螺栓连接铜板

图 2-3　铜-碳钢连接

阳极的腐蚀速度与阴、阳极面积比呈线性关系，见图 2-4。

在生产中，由于忽视电偶腐蚀及其面积效应问题而造成严重损失的例子很多。如某化工厂为使设备延长使用期，把原来用碳钢制造的反应器塔板改用不锈钢制造，但却用碳钢螺栓来紧固不锈钢板，结果使用不到一年螺栓全部断裂，塔板被冲垮。

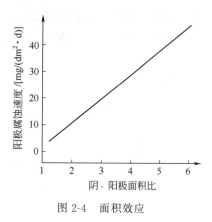

图 2-4　面积效应

3. 介质导电性

腐蚀性电解质的电导率对电偶腐蚀也有很大的影响。如果介质的电导率高（如海水），则较活泼金属的腐蚀可能扩展到距接触点较远的部位，即有效阳极面积增大，因此腐蚀并不严重。但在软水及大气条件下，腐蚀往往发生在接触点附近，局部遭受严重腐蚀的危险性较大。

在电解质溶液中，如果无维持阴极过程的溶解氧或氢离子或其他氧化剂，也不可能发生电偶腐蚀。因此在封闭的热水体系中，铜与钢的连接可能不产生严重的腐蚀。

四、防止

根据不同情况，防止电偶腐蚀的措施主要有以下几种。

① 设计时尽量采用电偶序中相近的金属相连接，并尽量避免大阴极-小阳极的组合。

② 施工中可考虑在不同金属的连接处加以绝缘，如在法兰连接处用绝缘材料作为垫圈。

③ 在使用涂层时必须十分谨慎，必须把涂料涂敷在阴极性金属上，这样可以显著减小阴极面积。如果只涂敷在阳极性金属上，由于涂层的多孔性，必然会形成大阴极-小阳极结构。

④ 在允许的条件下，向介质中加缓蚀剂，可以减缓介质的腐蚀性。

⑤ 在设计时，要考虑到易于腐蚀的阳极性部件在维修时易于更换或修理。

第三节　点　　蚀

一、概念

点蚀（又称孔蚀、小孔腐蚀等）是在金属上产生小孔的一种极为局部的腐蚀形态，而其他地方几乎不腐蚀或腐蚀轻微。这类孔的直径有大有小，但在大多数情况下都比较小。18-8型不锈钢反应釜内壁的点蚀见图 2-5。

蚀孔由于孔径较小，洞口表面常有腐蚀产物遮盖，所以检查蚀孔时必须去除腐蚀产物，否则是很困难的。

点蚀时的金属损失量很小，即使设备发生穿孔破坏，其设备的失重也很小，也难以用测量壁厚的减薄量来预测设备寿命。

蚀孔的产生有个诱导期，诱导期的长短受着材料、温度、介质成分等因素的影响，即使在同样条件下蚀孔的出现也有早有迟，有时甚至需要几个月或几年。

点蚀由于它的特殊的动力学过程，反应是在自催化作用下加速进行的，点蚀一旦发生，孔内溶解速度相当大。所以点蚀的危害性很大，经常突然之间导致事故的发生，是破坏性和

图 2-5　某厂 18-8 型不锈钢反应釜内壁的点蚀照片

隐患较大的局部腐蚀形态之一。

　　蚀孔通常沿重力方向生长。设备中水平表面见得最多，少数发生在垂直表面，只有极少数在水平表面的底部上见到。

　　点蚀经常发生在具有自钝化性能的金属或合金上，并且在含氯离子的介质中更易发生，如不锈钢、铝和铝合金等在海水中发生的点蚀。碳钢在表面有氧化皮或锈层有孔隙的情况下，在含氯离子水中也会出现点蚀。

二、机理

　　点蚀为什么要有一个诱导期？为什么仅在极其局部的区域内发生？这和点蚀核的形成及材料表面状况有密切关系。

　　处于钝态的金属虽然其腐蚀速度比处于活态时小得多，但仍有一定的反应能力。钝化膜在不断溶解和修复。若整个表面膜的修复能力大于溶解能力，金属就不会发生严重腐蚀，也不会出现点蚀。

　　当介质中含有活性阴离子（常见的如 Cl^-）以及氧化性强的金属离子（如 Cu^{2+}、Fe^{3+}等）时，溶解就有可能占优势。当钝化膜局部有缺陷（如金属膜被拉伤、露头位错等），内部有硫化物杂质，晶界上有碳化物沉积等时，就有可能导致这些点上的钝化膜穿透，基体金属裸露于介质中，新露出的基体金属与邻近的完好膜之间构成局部电池，基体金属为阳极，膜完好区域为阴极，阳极区溶解，结果在新露出的基体金属上生成小蚀坑，这些小蚀坑称为孔蚀核，也即是蚀孔生成的活性中心。如果介质的氧化性较强，新露出的活性中心还有可能被再钝化。但在一定条件下，蚀孔将继续长大。随着腐蚀的进行，孔口介质的 pH 值逐渐升高，水中的可溶性盐，如 $Ca(HCO_3)_2$ 将转化为 $CaCO_3$ 沉淀在孔口，结果锈与垢层一起在孔口沉积形成一个闭塞电池，见图 2-6。在孔内形成一个聚集氯离子的保护性穴位。由于氯离子滞留在孔内，与溶解的金属离子发生作用，造成穴内的酸度增加，使得腐蚀速度不断增大。这种反应过程的酸化作用称为自催化酸化作用，正是自催化酸化作用使得蚀坑不断发展。至此，点蚀的诱导期结束，进入高速溶解阶段。

现在以不锈钢在氯化钠溶液中的点蚀为例来说明自催化酸化作用，如图 2-6 所示。

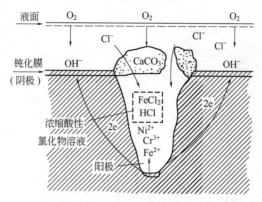

图 2-6 　18-8 型不锈钢在充气 NaCl 溶液中点蚀的闭塞电池示意

蚀孔内的金属表面处于活态，电位较负；蚀孔外的金属表面处于钝态，电位较正。于是孔内外构成了一个活态-钝态腐蚀电池。电池具有大阴极-小阳极的结构，孔内阳极溶解电流密度较大，孔内金属大量溶解下来，蚀孔不断加深。孔外处于钝态的金属表面同时受到阴极保护，将继续维持钝态。

孔内主要发生阳极溶解，其反应为

$$Fe \longrightarrow Fe^{2+} + 2e$$
$$Cr \longrightarrow Cr^{3+} + 3e$$
$$Ni \longrightarrow Ni^{2+} + 2e$$

孔外的阴极反应为

$$\frac{1}{2}O_2 + H_2O + 2e \longrightarrow 2OH^-$$

由图可见，阴、阳极彼此分离，构成宏观腐蚀电池。

随着孔内金属离子浓度的增加，孔内产生过多的正电荷。为了维持溶液的电中性，氯离子向孔内迁移。氯离子迁入后与金属离子生成金属氯化物，如 $Fe^{2+} + 2Cl^- \longrightarrow FeCl_2$。金属氯化物水解后生成金属氢氧化物与盐酸，如 $FeCl_2 + 2H_2O \longrightarrow Fe(OH)_2 + 2HCl$。酸性的增加又导致了金属的更大溶解趋势。$Fe(OH)_2$ 在孔口处再次氧化为 $Fe(OH)_3$ 而呈疏松的沉积，无多大保护作用。这样氯离子不断迁移，形成的 $FeCl_2$ 不断水解，孔内 pH 值越来越低，环境不断恶化。这种由闭塞电池引起孔内酸化从而加速腐蚀的作用，称为"自催化酸化作用"。

三、影响因素

影响点蚀的因素主要有三方面，即材料、溶液成分、流速和温度。

1. 材料

具有自钝化特性的金属或合金易发生点蚀，亦即对点蚀具有敏感性。当钝化膜局部有缺陷时，点蚀核将在这些点上优先形成。材料的表面粗糙度和清洁度对耐点蚀能力有显著影响，光滑和清洁的表面不易发生点蚀。

2. 溶液成分

多数点蚀破坏是由氯化物和含氯离子引起的，而大多数水和水溶液都不同程度地含有氯化物。试验证明：在阳极极化条件下，介质只要含有一定量的氯离子便可使金属发生点蚀。所以氯离子又可称为点蚀的"激发剂"，而且随着氯离子浓度的增加，点蚀更易发生。

在氯化物中，以含有氧化性金属离子的氯化物为强烈的点蚀促进剂，如 $CuCl_2$、$FeCl_3$、$HgCl_2$ 等，即使很耐点蚀的合金也能由它们引起点蚀。

3. 流速和温度

点蚀通常发生在静滞的溶液中。有流速或提高流速常可减轻或不发生点蚀。当流速为层流时，加大流速一方面有助于溶解氧向金属表面的输送，使钝化膜容易形成和修复；另一方面可以减少沉积物及氯离子在金属表面的沉积和吸附，从而减少点蚀发生的机会。但当流速过高处于湍流时，会对钝化膜起冲刷破坏作用，引起磨损腐蚀。介质温度升高，会使在低温下不发生点蚀的材料发生点蚀。

四、防止

1. 从材料角度出发

可选用耐点蚀合金作为设备、部件的制造材料。钼有助于不锈钢耐抗点蚀能力的增强，采用低碳、超低碳及硫化物杂质低的高纯不锈钢，耐点蚀性能会得到显著改善。

在设备的制造、运输、安装过程中，保护好材料表面，不要划破或擦伤表面膜，注意焊渣等飞溅物不要落在设备表面上，更不能在设备表面上引弧。对某些材料，增加壁厚可大大延长蚀孔穿透时间。

2. 从环境、工艺角度出发

尽量降低介质中的氯离子、溴离子及氧化性金属离子的含量，能有效防止点蚀。

3. 添加缓蚀剂

在循环水体系中，添加缓蚀剂可防止点蚀发生，如对钝化型金属，添加缓蚀剂能增加钝化膜的稳定性和有利于受损膜的修复。

4. 控制流速

不锈钢等钝化型材料在滞流或缺氧的条件下易发生点蚀，控制适当的流速可防止点蚀。

5. 电化学保护

采用电化学方法也可抑制点蚀，通常为阴极保护。

第四节　缝隙腐蚀

一、概念

一个设备常常是由许多零件或部件构成的，如法兰、接管、螺母、螺栓、垫片等。这些零部件接触面之间会留下或大或小的缝隙。金属部件在介质中，由于金属与金属或金属与非金属之间形成特别小的缝隙，使缝隙内介质处于滞留状态，引起缝内金属加速腐蚀，这种局部腐蚀称为缝隙腐蚀，如图 2-7 所示。

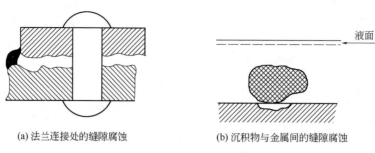

(a) 法兰连接处的缝隙腐蚀　　　　　　　(b) 沉积物与金属间的缝隙腐蚀

图 2-7　缝隙腐蚀示意图

构成缝隙腐蚀的材料可以是金属与任何材料，如金属-金属、金属-非金属、金属-固体沉积物、垢层等。

一条缝隙要形成强烈的腐蚀，其宽度应满足：必须宽到液体能流入，但又要窄到缝隙内形成滞流。因此，只有宽度在 0.025～0.1mm 之间的微小缝隙才能满足上述条件。缝隙宽了，液体能进行对流就不会发生缝隙腐蚀；缝隙窄了，液体由于表面张力的作用进不了缝隙内，自然也构不成腐蚀电池。如化工生产设备中的热交换器，在管子与管板连接中有难以避免的缝隙（尤其在管板壳程的一侧更是如此），缝隙腐蚀经常造成换热器报废。

几乎所有的介质，包括中性、接近中性及酸性介质都能发生缝隙腐蚀。几乎所有的合金或金属，都有可能产生缝隙腐蚀，只是它们对缝隙腐蚀的敏感性有所不同。具有自钝化特性的金属和合金的缝隙腐蚀敏感性较高，不具有自钝化特性的金属和合金，如碳钢等，则缝隙腐蚀敏感性较低。由此可见，缝隙腐蚀是一种极为普遍的局部腐蚀。

二、机理

对于缝隙腐蚀的研究，其广度和深度都比不上点蚀，目前对它的腐蚀过程仍未得到统一见解。过去认为缝隙腐蚀就是氧的浓差电池腐蚀，但这难以圆满解释缝隙腐蚀的加速溶解现象。随着电化学测试技术的发展，特别是通过人工模拟缝隙的试验发现，随着腐蚀的进行，缝隙内介质发生很大的变化，缝隙内氯离子浓度比溶液中高，pH 值比缝隙外低，腐蚀产物在缝隙口处堆积，于是提出了闭塞电池模型，下面以碳钢在中性海水中发生的缝隙腐蚀说明缝隙腐蚀的机理，见图 2-8。

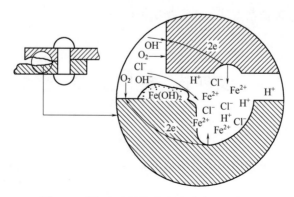

图 2-8　碳钢在中性海水中缝隙腐蚀示意图

当介质刚流进缝隙内时，缝隙内外溶液中的溶解氧浓度是一致的，这时在缝隙内外同时以相等速度进行着氧的还原和铁的溶解。

然而，因滞流影响，氧只能以扩散方式向缝隙内传递，使缝隙内的氧消耗后难以得到补充，氧化还原反应很快便终止，而缝隙外的氧随时可以得到补充，所以缝隙外氧还原继续进行，这时缝隙内外构成了氧浓差电池，缝隙内是阳极，在电位差推动下发生 $Fe \longrightarrow Fe^{2+} + 2e$ 的溶解反应，由于电池具有大阴极-小阳极的结构，腐蚀电流较大，缝隙外是阴极，发生 $O_2 + 2H_2O + 4e \longrightarrow 4OH^-$ 的反应，缝隙外的铁受到一定的保护。二次腐蚀产物在缝隙口形成，逐步发展为闭塞电池。闭塞电池的形成标志着腐蚀进入了发展阶段。

闭塞电池形成后，缝隙内阳离子便难以向缝隙外扩散迁移，随着 Fe^{2+}、Fe^{3+} 的积累，缝隙内造成正电荷过剩，促使缝隙外 Cl^- 迁移入内以保持电中性。氯离子的迁入使得自催化过程发生，缝隙内金属的溶解加速进行。其自催化过程与点蚀相同。

由此可以看出，氧浓差电池的形成，对腐蚀的开始起促进作用，而蚀坑的深化和扩展是从形成闭塞电池开始的，所以自催化酸化作用是造成腐蚀加速的根本原因。换言之，单纯的氧浓差电池没有自催化作用，不至于构成严重的缝隙腐蚀。

三、防止

1. 消除缝隙

防止缝隙腐蚀的最好方法是消除缝隙。而用改变材料的方法避免缝隙腐蚀是困难的，因为绝大多数材料对缝隙腐蚀都敏感。

在设备、部件的结构设计上，应尽量避免形成缝隙和形成积液的死角区。排污孔应放在能全部排清残液的部位，即最底端。尽量采用对接焊，避免铆接或螺栓连接。热交换器管板上的管子最好采用焊接，或先胀后焊。

无法避免缝隙的地方尽量用填料填实缝隙。

2. 选用不吸湿垫片

垫片不宜采用石棉、纸质等吸湿性材料，用聚四氟乙烯较为理想。长期停车时，应取下湿的填料和垫片。

3. 去除固体颗粒

如有可能，应尽量在工艺流程的前几道工序中除去悬浮的固体，这不仅可以防止沉积腐蚀，还可以降低管道的阻力和设备的动力。

4. 电化学保护

亦可采用电化学保护来防止缝隙腐蚀，通常采用阳极保护。

第五节　晶间腐蚀

一、概念

绝大多数金属材料是由多晶体组成。晶间腐蚀就是金属材料在适宜的腐蚀性介质中沿晶界发生和发展的局部腐蚀破坏形态。晶间腐蚀见图 2-9。

晶间腐蚀的金属损失量很小，但晶粒间的结合力大大被削弱了，宏观上表现为强度的丧失。遭受晶间腐蚀的不锈钢，表面看来还很光亮，但轻轻敲击便破碎。

不锈钢、镍基合金、铝合金、镁合金等都是晶间腐蚀敏感性高的材料。热处理温度控制不当、在受热情况下使用或焊接过程都会引起晶间腐蚀。在有拉应力的情况下，晶间腐蚀又可诱发晶间应力腐蚀。

不锈钢多用于氧化性或弱氧化性的环境，晶间腐蚀是不锈钢常见的局部腐蚀形态，下面以不锈钢发生晶间腐蚀为例阐述晶间腐蚀机理。

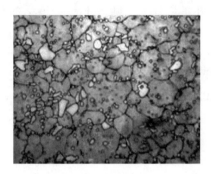
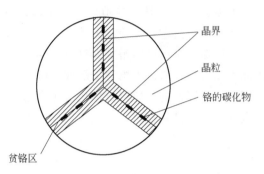

图 2-9　晶间腐蚀　　　　　图 2-10　18-8 型钢敏化态晶界析出示意图

二、奥氏体不锈钢的晶间腐蚀机理——贫铬理论

不锈钢在弱氧化性或氧化性的环境中产生的晶间腐蚀均可用贫铬理论来解释。

奥氏体不锈钢中含有少量碳，碳在不锈钢中的溶解度随温度的下降而降低。$500 \sim 700 ℃$ 时，$1Cr18Ni9Ti$ 不锈钢中碳在奥氏体里的平衡溶解度不超过 0.02%。因此，当奥氏体不锈钢经高温固溶处理后，其中的碳处于过饱和状态，当在敏化温度（$500 \sim 850 ℃$）范围内受热时，奥氏体中过饱和的碳就会迅速向晶界扩散，与铬形成碳化物 $Cr_{23}C_6$ 而析出。由于铬的扩散速度较慢且得不到及时补充，因此晶界周围发生严重贫铬，见图 2-10。

贫铬区（阳极）和处于钝态的钢（阴极）之间建立起一个具有很大电位差的活化-钝化电池。在晶界上析出的 $Cr_{23}C_6$ 并不被侵蚀，而贫铬区的小阳极（晶界）和未受影响区域的大阴极（晶粒）构成了局部腐蚀电池，因而使贫铬区受到了晶间腐蚀。

三、防止

1. 降低钢中含碳量

因为碳与铬形成 $Cr_{23}C_6$ 碳化物导致晶间腐蚀的发生，当将碳含量降到 0.02%（超低碳）以下时，这样即使在 $700 ℃$ 经长时间的敏化处理也不易产生晶间腐蚀。

2. 加入稳定化元素

在不锈钢中加入稳定化元素钛或铌，可以与钢中的碳优先形成 TiC 或 NbC，不至于形成 $Cr_{23}C_6$，有利于防止贫铬现象。

3. 固溶处理和稳定化处理

① 固溶处理：不锈钢加热至 $1050 \sim 1100 ℃$，保温一段时间让 $Cr_{23}C_6$ 充分溶解，然后快

速冷却（通常为水冷），迅速通过敏化温度范围以防止碳化物的析出。

② 稳定化处理：对含稳定化元素 Ti 和 Nb 的 18-8 型不锈钢经固溶处理后，再经 850～900℃ 保温 1～4h，然后空冷的处理为稳定化处理，目的是使钢中的碳与 Ti 或 Nb 充分反应，形成稳定的 TiC 或 NbC。经稳定化处理后的含钛或铌的钢若再经敏化温度加热，其晶间腐蚀敏感性降低，因此该钢适于在高温下使用。

第六节　力与环境联合作用产生的腐蚀破坏

一、拉应力与环境联合作用——应力腐蚀破裂

1. 概念

拉应力和腐蚀环境的联合作用引起的金属的腐蚀破裂，称为应力腐蚀破裂（一般简称 SCC）。它是腐蚀环境与外加的或残余的拉应力联合作用的结果。拉应力的来源可以是载荷，也可以是设备在制造过程中的残余应力，如焊接应力、铸造应力、热处理应力、形变应力、装配应力等。

如果金属在纯拉应力的作用下发生断裂，这种破坏属于拉伸断裂，不属于应力腐蚀破裂。如果金属是由于晶间腐蚀或其他腐蚀的作用，最后在外加负荷的作用下引起机械性破裂，也不同于应力腐蚀破裂。应力腐蚀破裂是在特定的环境中，当某种材料不受应力作用时，腐蚀不显著；当腐蚀环境改变时，该种材料在低于屈服极限的单独的应力作用下也不产生腐蚀破裂；只有当拉应力和特定的介质同时存在的条件下所引起的腐蚀破裂，才属于应力腐蚀破裂（SCC）。

工程上常用的金属材料，如不锈钢、铜合金、碳钢和高强度钢等，在各自特定介质中都有可能产生应力腐蚀破裂，而且往往是在没有明显预兆的情况下发生的，所以应力腐蚀破裂是一种很危险的腐蚀损坏，特别是对受压设备，往往会造成十分严重的后果。

2. 应力腐蚀破裂的条件和破裂形式

应力腐蚀破裂必须在拉应力和特定介质的联合作用下才能发生。材料发生应力腐蚀的条件是：拉应力和特定介质。常用合金易于产生应力腐蚀破裂的腐蚀介质见表 2-3。

表 2-3　常用合金易于产生应力腐蚀破裂的腐蚀介质

合　金	介　质	合　金	介　质
铝合金	氯化物 湿的工业大气 海洋大气	低碳钢	沸腾的氢氧化钠 沸腾的硝酸盐
		油田用钢	硫化氢和二氧化碳
铜合金	铵离子 胺	低合金高强度钢	氯化物
镍基合金	热的浓氢氧化钠 氢氟酸蒸气	奥氏体不锈钢（300 系列）	沸腾的氯化物 沸腾的氢氧化钠 连多硫酸
钛合金	氯化物 甲醇 温度高于 290℃ 的固体氯化物	铁素体和马氏体不锈钢（400 系列）	氯化物 反应堆冷却水
		马氏体时效钢	氯化物

由表 2-3 可看出，并不是所有金属-介质的组合都会发生应力腐蚀破裂，对一种材料来说，能发生应力腐蚀破裂的只是少数几种介质。

3. 应力腐蚀破裂的力学过程和特性

（1）力学过程

拉应力是应力腐蚀破裂的主要因素之一。在裂纹的起始地区，应力必须超过材料的屈服强度，也就是说应力必须在破裂发生的地区造成材料的若干塑性形变。

裂纹的存在大大增加了应力腐蚀破裂的危险性。例如，钛合金在海水中如果没有裂纹存在，就不会产生应力腐蚀破裂。但是，一旦存在裂纹，在同样条件下裂纹将会很快扩展。所以，裂纹的存在就成了应力腐蚀破裂的一个重要因素。

（2）特性

应力腐蚀破裂的主要特性如下：

① 应力必须是拉应力；

② 合金对 SCC 的敏感性比纯金属高；

③ 对某一种合金仅有少数几种化学介质能引起它的应力腐蚀破裂；

④ 应力腐蚀裂纹形貌呈树枝状，见图 2-11，裂纹的走向在宏观上与主拉应力的方向垂直，且断口总是宏观脆性的，即使韧性很好的合金也是如此；

⑤ 对某种金属材料，在特定的腐蚀环境中，只有足够大的拉应力才会发生 SCC。

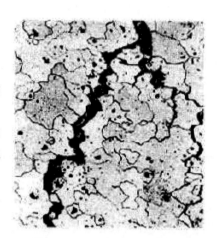

图 2-11　应力腐蚀裂纹形貌

4. 应力腐蚀破裂的防止

① 选择适当的材料。一种合金只有在特定的介质中，才会发生应力腐蚀破裂。通常一种材料只有几种应力腐蚀环境，因此在特定环境中选择没有应力腐蚀破裂敏感性的材料，是防止应力腐蚀的主要途径之一。化工过程中广泛采用的奥氏体不锈钢装置就发生过大量的应力腐蚀破裂事故。从材料观点看来，既要选择具有与奥氏体不锈钢相当或超过它的耐全面腐蚀的能力、又要有比它低的应力腐蚀破裂敏感性的材料。镍基合金、铁素体不锈钢、双相不锈钢、含高硅的奥氏体不锈钢等，都具有上述优越性能。

② 热处理消除残余应力。发生应力腐蚀破裂的应力包含工程载荷应力与制造过程中的残余应力，其中残余应力占相当比重。采用热处理消除结构中的残余应力是防止应力腐蚀破裂的重要措施。对于那些有可能产生应力腐蚀破裂的设备特别是内压设备，焊接后均需进行消除焊接应力的退火处理。如碳钢焊接件在 650℃ 左右即可消除焊接或冷加工所产生的残余应力。

③ 改变金属表面应力的方向。既然引起应力腐蚀破裂的应力为拉应力，那么给予一定的压缩应力可以降低应力腐蚀破裂的敏感性，如采用喷丸、滚压、锻打等措施，都可减小制造拉应力。

④ 合理设计设备结构和严格控制制造工艺。对焊接设备要尽量减少聚集的焊缝，尽可能避免交叉焊缝以减少残余应力。闭合的焊缝越少越好。最好采用对接焊，避免搭接焊，减少附加的弯曲应力。

对制造工艺必须严格控制，特别是焊接的设备、焊接工艺尤为重要。例如，未焊透和焊接裂缝往往就可能扩展而形成应力腐蚀破裂；焊接过程中的一切缺陷如飞溅物、气孔等可以形成点蚀源，进而引发出应力腐蚀破裂。不锈钢设备的焊接更需谨慎。另外，应保证焊接部件在施焊过程中伸缩自如，防止因热胀冷缩形成内应力。

⑤ 严格控制腐蚀环境。严格控制腐蚀环境也是一项有效措施。为了防止 Cl^-、OH^- 等的浓缩，一方面要防止水的蒸发，另一方面还应对设备定期清洗。有的水中氯离子含量虽然很低，但不锈钢表面由于 Cl^- 的吸附、浓缩，腐蚀产物中 Cl^- 含量可以达到很高的程度。因此，对于像不锈钢换热器这样的设备很有必要进行定期清洗和及时排污，防止局部地方 Cl^- 浓缩，高温设备更应如此。

⑥ 添加缓蚀剂（又称腐蚀抑制剂）。对一些有应力腐蚀敏感性的材料-环境体系，添加某种缓蚀剂，能有效降低应力腐蚀敏感性。如储存和运输液氨的容器常发生应力腐蚀破裂，防止碳钢和普通低碳钢的这种破裂措施就是保持 0.2% 以上的水，效果良好，这里所加的水就是缓蚀剂。

⑦ 采用保护性覆盖层。保护性覆盖层种类很多，这里所讲的主要是电镀、喷镀、渗镀所形成的金属保护层和以涂料为主体的非金属保护层。

铝、锌等金属保护层在一般情况下为阳极性保护层，可起牺牲阳极的阴极保护作用，在有些情况下可以起到缓和或防止应力腐蚀破裂的作用。但对有可能发生氢脆的材料，不宜采用阳极性保护层（包括无机富锌涂料）以免发生氢脆。

非金属覆盖层用得最多的是涂料，可按具体条件选择使用。

⑧ 采用阴极保护。

二、交变应力与环境联合作用——腐蚀疲劳

1. 概念

材料或结构在交变载荷和腐蚀介质共同作用下而引起的材料疲劳强度或疲劳寿命降低的现象称为腐蚀疲劳。在工程中经常出现腐蚀疲劳现象，如化工行业的泵轴以及汽车弹簧经常受拉压交变应力，间歇性输送热流体的管道、传热设备、反应釜，也有可能由于温度周期性变化而产生腐蚀疲劳。

通常"腐蚀疲劳"是指在除空气以外的腐蚀介质中的疲劳行为。

一般情况下，产生疲劳破坏的应力值低于材料的屈服强度。用所加的交变载荷（应力）与交变载荷的循环次数的对数作图，就可以得到疲劳曲线，如图 2-12 所示。

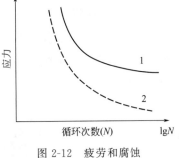

图 2-12　疲劳和腐蚀疲劳曲线对比示意图

在图 2-12 中，曲线 1 为无腐蚀介质时的疲劳曲线，水平段所对应的载荷（应力）称为疲劳极限（或称疲劳强度），当材料或构件的应力低于疲劳极限时不会发生疲劳断裂。

曲线 2 为在腐蚀介质中测出的应力与交变载荷循环次数曲线，从图中可知，在相同应力下，腐蚀环境中的循环次数大为降低，而在同样循环次数下，无腐蚀环境所承受交变应力要比腐蚀环境下的大得多。

腐蚀疲劳主要出现穿晶裂纹，在特殊情况下断口可能与疲劳断口相似。

在交变应力的作用下，材料中的晶体结构出现的滑移带以及电解质的作用是产生腐蚀疲

劳的重要因素。已产生滑移的表面区域的溶解速度比表面非滑移区域要快得多。出现的微观缺口会在更大的范围内产生进一步滑移运动，而使局部腐蚀加快。这种交替的增强作用最终导致材料开裂。

若材料表面处于活化态，就会出现许多裂纹，断口通常也是多裂纹的。若材料表面处于钝化态，一般出现单个腐蚀点，最后导致断裂（平面断口）。

在腐蚀介质作用下，材料的疲劳强度、结构强度和工作强度都比纯机械应力作用下的对应强度要小。因为腐蚀疲劳和应力循环次数有关，所以测定构件材料的腐蚀疲劳寿命就是在某交变应力水平下测定的循环次数。

2. 防止

① 降低应力：通过设计合理的结构，采用合理的加工、装配方法以及消除应力处理等措施，减小构件的应力。也可以采用喷丸处理，可使材料表面产生压应力，改善材料钝态耐腐蚀疲劳的能力。将腐蚀介质和金属表面间用密封填料、有机涂层等隔开，钢材表面镀锌、镍、铬、铜镀层以及氮化物渗层，能减轻或防止腐蚀疲劳。如果使用有机涂层作为防护措施，设计时必须选用合理的涂层工艺，使之不具有孔隙。

② 阴极保护：例如低碳钢在 $3\%NaCl$ 溶液中，当外加电位控制在 $-0.49V$ 时，试样的疲劳寿命稳定，可恢复到在空气中的疲劳极限；也可用牺牲阳极来实现阴极保护。

③ 阳极保护：对于在氧化性介质中使用的碳钢，特别是不锈钢，可以采用阳极保护来防止腐蚀疲劳。其效果甚至达到阳极保护后的腐蚀疲劳极限比在空气中的疲劳极限还要高。

上述所列举的措施不但可用于减小或延缓腐蚀疲劳，同时也可防止一般的疲劳断裂。降低局部应力过高的措施对防止或减轻腐蚀疲劳总是有利的。若不能避免由构件结构所引起的应力集中，那么应尽量避免使应力提高的各因素的叠加，例如，焊缝不应处于断面变化区。

防止腐蚀疲劳的各种措施中，以镀锌和阴极保护应用最广且非常有效。

三、冲击应力与环境联合作用——空泡腐蚀（又称汽蚀）

空泡腐蚀是金属与液体介质之间做高速相对运动时，金属的背面受到液体的冲击形成的一种腐蚀形式，空泡腐蚀的结果使金属背面呈蜂窝状腐蚀坑。船舰推进器、液流管道的扩展部分及化工生产装置中的离心泵叶轮常遭受空泡腐蚀。轴流叶轮的汽蚀见图2-13。

图 2-13　轴流叶轮的汽蚀

下面以水泵叶轮发生的空泡腐蚀为例加以说明。

叶轮在高速运转时，由于叶轮的曲线不合理或流体供应不及时，在叶轮的背面局部常产生负压，从而在叶轮与介质之间经常形成真空的空泡，随后空泡迅速被液体高速"占领"，在"占领"过程中，液体以极高的流速冲向叶轮，且方向垂直于叶轮表面，形成强大的冲击力，产生应力可达 $405.3 \times 10^5 \mathrm{Pa}$（相当于 400atm）。这样大的应力足以使材料发生塑性变形，最后可使材料开裂，形成凹坑或使金属表面崩落，这种现象称为"水锤效应"。同时，材料又受到腐蚀作用。由于表面的钝化膜受到破坏，因此材料表面总是处于活化状态。在"水锤效应"与腐蚀介质的共同作用下，材料产生蜂窝状腐蚀坑。

设计结构合理的流道，选用硬度大并有足够的延展性、组织均匀、表面光滑、耐蚀能力强的材料，或使材料表面有吸收冲击力的功能（如用弹性涂层等），可以有效地防止或减缓空泡腐蚀。

思 考 题

1. 全面腐蚀和局部腐蚀有哪些区别？
2. 什么是电偶腐蚀、电偶序？
3. 什么是点蚀？特征有哪些？
4. 什么是缝隙腐蚀？特征有哪些？
5. 什么是晶间腐蚀？
6. 什么是应力腐蚀破裂？特征有哪些？

习　　题

1. 电偶腐蚀的影响因素有哪些？怎样防止电偶腐蚀？
2. 试述点蚀的机理及预防方法。
3. 为什么一般不提倡用改变材料的方法来防止缝隙腐蚀？
4. 试述 18-8 型不锈钢晶间腐蚀的机理。如何防止？
5. 应力腐蚀破裂的发生与哪些因素有关？如何防止？
6. 试根据构件受力情况的不同，分析应力腐蚀破裂、腐蚀疲劳及空泡腐蚀三种腐蚀破坏的共同点与不同点。

第三章

影响金属腐蚀的因素

腐蚀的过程同任何事物的变化一样，都受到内因与外因这两个因素的制约，内因是变化的根本，外因是变化的条件。腐蚀定义中所指的材料（或材料的性质）是内因，而环境是外因，材料通过环境的作用而发生腐蚀。

腐蚀发生后必须正确地诊断出腐蚀原因，判断发生了什么腐蚀及搞清腐蚀的机理，最后开出处方——防腐方案。诊断是个非常细致复杂的过程，必须搞清楚全部内在影响因素与外部环境因素，通过检查、分析、测量数据，找到主要影响因素，才能正确判定，乃至于提出合理的防腐蚀措施。

第一节 材 料 因 素

一、金属种类

腐蚀是由金属的阳极溶解反应与介质中去极剂的阴极还原反应（即去极化作用）共同作用的结果。腐蚀的阴阳极反应随着金属种类的不同会有变化。对于阳极反应，不同金属的平衡电极电位是不一样的；对于阴极反应，即使同一种阴极去极剂的还原反应，在不同金属电极材料上其交换电流密度也是不一样的。

一般地说，金属的平衡电位越正，其热力学稳定性越高，腐蚀倾向越小。但是，腐蚀过程是否明显发生，还受动力学因素的影响。如钛、铝等金属，虽然它们的平衡电位很负，但在某些介质中，它们却因钝化而获得很高的耐蚀性。

二、合金元素与杂质

合金元素与杂质之间无明确的分界线。通常把对某种性能有改善作用的元素称为合金元素，其余一些元素称为杂质，合金材料中诸元素的存在，应根据实际所处环境进行具体分析。因此，合金元素对腐蚀反应的影响，随腐蚀环境而变，不存在一个普遍适用的法则。

有些合金元素加入量存在一个临界值，达到该值，合金的耐蚀性能才急剧变化，否则无明显变化，即塔曼（Tammann）定律。例如，铁铬合金铬铁原子比达 1/8 时到达第一个耐蚀极限，这种组成的铁铬合金在空气中能形成完整、致密的钝化膜，所以有"不锈钢"之称。实际上，这种耐蚀极限的合金浓度随腐蚀介质而变，假如把这种合金置于盐酸或海水中，便会受到腐蚀，而不再是"不锈"的了。

有些合金元素或杂质，随着条件的不同，或加速腐蚀，或抑制腐蚀。如果杂质或合金元素能作为阳极溶解反应或阴极反应的活性点则会促进腐蚀。例如，锌在酸性溶液中，由于存有铜和铁杂质（局部阴极）而使腐蚀加剧。对于能够钝化的金属，某些阴极性杂质或合金元素的存在会促其钝化。例如，铁碳合金中元素碳能促其在浓硫酸中钝化。

三、表面状态

因电化学腐蚀反应是从金属材料的表面开始的，所以金属材料的表面状态对腐蚀行为影响较大，特别是对弱腐蚀环境下的腐蚀，如大气腐蚀等，有显著影响。

金属表面的粗糙度影响水分及尘粒的吸附，水与尘粒的吸附，促进金属腐蚀。一般说来，金属表面越是均匀、光滑，耐蚀性越好。机械加工粗糙的不锈钢表面或施工中造成的机械划伤，都能增加该材料对点蚀、应力腐蚀等局部腐蚀的敏感性。

四、内应力

冷加工、焊接及装配均会使金属产生内部应力，这些应力通常是拉（张）应力，可以增加局部腐蚀（如应力腐蚀）的敏感性。

五、热处理

以消除内应力、使成分均匀化为目的的热处理，能够提高耐蚀性，尤其是对抑制局部腐蚀的发生更为有效，如不锈钢的固溶处理能够提高其耐晶间腐蚀的性能。

不适当的热处理或焊接工艺，可使奥氏体不锈钢在敏化温度区间停留或反复通过敏化区，增加对晶间腐蚀的敏感性。

六、电偶效应

在许多实际应用中，不同材料的接触是不可避免的。在复杂的生产工艺介质和管道设施中，不同的金属和合金常常和腐蚀介质相互接触，电偶效应总是使处于电偶电池为阳极的金属材料的腐蚀速率增加，特别要注意面积效应对阳极腐蚀率的影响。

第二节　环　境　因　素

一、去极剂种类与浓度

水溶液中的 H^+、溶解氧、Cu^{2+} 及 Fe^{3+} 等都是腐蚀过程中常见的阴极去极剂。

去极剂的存在，对腐蚀是否有影响，跟去极剂的平衡电极电位（$E_{e,D/D \cdot ne}$）与金属平衡电极电位（$E_{e,M^{n+}/M}$）的大小以及腐蚀体系有关。

如果 $E_{e,D/D \cdot ne} \leqslant E_{e,M^{n+}/M}$，此去极剂对腐蚀没有影响。

如果 $E_{e,D/D \cdot ne} > E_{e,M^{n+}/M}$，则根据下面几种情况判断。

1. 非钝化体系

阳极属于活态腐蚀，影响规律为：腐蚀速度（i_{corr}）随去极剂浓度的增大而增大。例如，碳钢在盐酸中的腐蚀速率随盐酸浓度增加而增大。

2. 可钝化体系

（1）$E_{corr} < E_{临}$

混合电位在活化区，金属不能钝化，影响规律与非钝化体系相同，见图 3-1(a)。例如，不锈钢在含有氯离子的溶液中不能钝化而遭到腐蚀。

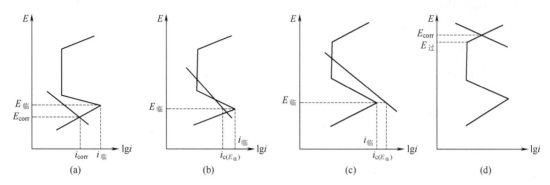

图 3-1　去极剂对腐蚀速度的影响规律

（2）$E_{corr} \geq E_{临}$

有两种情况。

① $i_{c(E临)} < i_{临}$：即钝化电位下的阴极电流密度小于钝化电流密度，金属不能进入钝态，仍处于活态腐蚀，影响规律与非钝化体系相同，见图 3-1(b)。例如，碳钢尚未钝化时在稀硝酸中遭受腐蚀。

② $i_{c(E临)} \geq i_{临}$：金属进入钝化状态，其影响规律为：腐蚀速度大幅度减小，在一定浓度范围内，腐蚀速度不随去极剂浓度的变化而变化，见图 3-1(c)。例如，钝化后的碳钢在一定范围浓度的硝酸中具有耐蚀性。

（3）$E_{corr} > E_{过}$　混合电位在过钝化区，金属重新进入活化状态，其影响规律与非钝化体系同，见图 3-1(d)。例如，钝化后的碳钢在大于 85% 浓硝酸中重新遭受腐蚀。

上述去极剂对腐蚀的影响规律列于表 3-1。

表 3-1　去极剂对腐蚀的影响规律

$E_{e,D/D \cdot ne} \leq E_{e,M^{n+}/M}$			去极剂不会腐蚀金属
$E_{e,D/D \cdot ne} > E_{e,M^{n+}/M}$	非钝化体系		活态腐蚀,腐蚀速度随去极剂浓度增大而增加
	钝化体系	$E_{corr} < E_{临}$	活态腐蚀,腐蚀速度随去极剂浓度增大而增加
		$i_{c(E临)} < i_{临}$	活态腐蚀,腐蚀速度随去极剂浓度增大而增加
		$E_{corr} \geq E_{临}$　$i_{c(E临)} \geq i_{临}$	处于钝态,去极剂浓度高于临界值,金属进入钝态,腐蚀速度大幅度减小

二、溶液 pH 值

对钝化金属来说，一般有随 pH 值的增加更易钝化的趋势，即有金属的临界钝化电位 $E_{临}$ 负移、临界钝化电流密度 $i_{临}$ 与维钝电流密度 $i_{维}$ 减小的规律。

当腐蚀的阴极反应与 H^+、OH^- 有关时（例如氢去极化反应），pH 值对腐蚀有影响。一般在酸性溶液中的腐蚀速度随 pH 值的增加而减小；中性溶液中，以氧去极化反应为主，腐蚀速度不受 pH 值的影响；在碱性溶液中，金属常有钝化的情况发生，腐蚀速度下降；对于两性金属，在强碱性溶液中，腐蚀速度再次增加。

三、温度

总的说来，腐蚀过程中的阳极与阴极反应的速度均随温度的上升而增加。例如，当温度从 10℃增至 75℃时，金属镍在酸中的腐蚀速度将至少增加 100 倍（氢在镍上的交换电流密度值从 $10^{-2}A/m^2$ 增加至 $10A/m^2$）。

温度升高还使得金属的钝性发生改变，使钝化变得困难甚至不能钝化。例如，18-8 型不锈钢在浓硝酸中，室温下处于钝态（很接近过钝化区），当温度升高时发生过钝化而腐蚀，其腐蚀速度迅速增加。

温度分布的不均匀，常对腐蚀反应有极大影响。例如，热交换器中，通常高温部位成为腐蚀电池阳极而腐蚀加速。

四、流速

对于电化学腐蚀的阴极过程处于氧浓度极化控制时，溶液流速的影响是重要的。

对于非钝化体系，其影响为随着流速的增加，i_L（极限扩散电流密度）增加，腐蚀速度增加，见图 3-2(a)。

对于钝化体系，当 $v < v_{临}$（即 $i_L < i_{临}$）时，其影响同非钝化体系；当 $v \geqslant v_{临}$（即 $i_L \geqslant i_{临}$）时，E_{corr} 进入钝化区，腐蚀速度大大下降，且不随流速的变化而变化，见图 3-2(b)；但当流速太大时，又会产生新的腐蚀——磨蚀，使腐蚀速度再次增大。

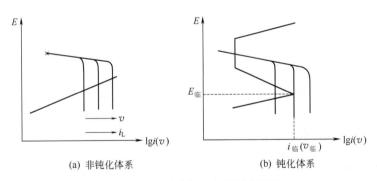

(a) 非钝化体系　　　　　　　　(b) 钝化体系

图 3-2 流速对腐蚀速度的影响规律

五、溶解盐与阴、阳离子

溶于水中的盐类对金属腐蚀过程的影响较为复杂，具体如下。

① 某些盐类水解后，使溶液的 pH 值发生变化，进而对腐蚀过程产生影响，其中强酸与弱碱生成的盐，如 $AlCl_3$、$NiSO_4$、NH_4NO_3 等，溶于水后使溶液呈酸性，一般将对氢去极化腐蚀起促进作用；弱酸与强碱生成的盐，如 Na_3PO_4、Na_2CO_3、Na_2SiO_3 等，溶于水后使溶液呈碱性，将抑制钢铁的腐蚀。

② 某些盐类的阴、阳离子对腐蚀过程有特殊作用。含有卤素的阳离子氧化剂，如 $FeCl_3$、$CuCl_2$ 等，几乎能使大多数金属结构材料的腐蚀速度增加。卤素离子对金属的钝化膜有特别大的局部破坏作用，多数钝化型金属由于卤素离子的作用而发生局部腐蚀。

③ 亚硝酸钠、重铬酸钾、铬酸钾等氧化性盐类，开始时，随着这些盐浓度的增加会促进腐蚀；但当超过某个临界浓度时，则能使某些金属钝化，如不锈钢、碳钢等从而抑制腐蚀。

环境因素除了上述几方面以外，广泛存在于自然界和工业环境中的微生物，常常由于它们的生命过程或代谢产物而加速金属的腐蚀；异种金属沉积会产生局部电偶电池，使处于阳极的设备本体材料受到腐蚀；硬水中的一些离子形成的垢层也会影响金属的腐蚀。

第三节　设备结构因素

"腐蚀是从绘图板开始的"，德国腐蚀学家 H. E. 毕勒的这句话生动地表明，在进行设备设计时，往往就有可能留下了腐蚀的隐患，换言之，合理地设计结构可以避免某些腐蚀的发生。

结构设计、制造工艺以及安装上的错误或者考虑不周，都可能造成材料的表面特性和力学状态的改变。归纳起来，设备结构对腐蚀的影响主要有以下因素。

一、应力

某些腐蚀是与力有关的，例如应力腐蚀破裂、腐蚀疲劳及磨损腐蚀等，这些腐蚀分别是在拉应力、交变应力和切应力作用下，材料与介质作用发生腐蚀破坏，因此任何减小或改变应力方向的措施都可以有效防止上述腐蚀的发生。压应力可以有效地防止或减轻腐蚀。如图 3-3 所示，设计中应避免尖角导致产生应力集中。

二、表面状态与几何形状

不适当的表面状态与几何形状会引起点蚀、缝隙腐蚀以及浓差电池腐蚀等，也会增加残余应力，发生应力腐蚀破裂等。例如焊接时表面引弧或表面划痕将促进点蚀的发生；焊接后产生的残余应力与相应介质的互相作用下会出现应力腐蚀破裂。

三、异种金属组合

在系统中或在某台设备中，选用电偶序中电位不同的金属，当处于电解质溶液中，会造成接触部位的电偶腐蚀，导致电位较低的金属溶解速度增大。

四、结构设计不合理

当化工生产设备停车时，如排污孔不能将液体及沉积物排净，则将滞留在设备底部，当大修期停车时间较长时，往往会造成因 Cl^- 浓缩而产生点蚀、缝隙腐蚀等破坏，见图 3-4。

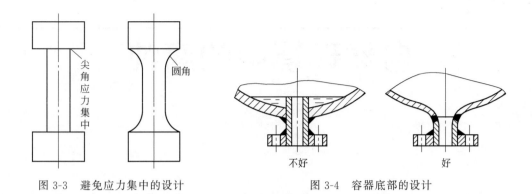

图 3-3 避免应力集中的设计　　　　图 3-4 容器底部的设计

　　通过上述分析可知，设备结构设计不合理，往往会使设备留下许多腐蚀隐患，应当引起足够重视。

思 考 题

1.材料发生腐蚀时，内因是什么？外因又是什么？关系怎样？

2.影响腐蚀的材料因素、环境因素以及结构因素各包括哪些方面？

习　　题

1.在同一介质中，为什么不同材质的腐蚀情况不一样？

2.去极剂影响金属腐蚀有哪些因素？简述其影响规律。

3.怎样解释"腐蚀是从绘图板开始的"这句话？举例说明。

第 四 章

自然环境中的腐蚀

金属在自然环境中的腐蚀主要是指金属在水中（包括淡水和海水）、大气和土壤中的腐蚀。这一类腐蚀都属于电化学腐蚀的范畴，其阴极过程主要是氧的去极化作用，即吸氧腐蚀。由于自然条件的不同，各有其自身的特点，以下分别讨论。

第一节 水 的 腐 蚀

一、淡水腐蚀

人类大量利用的水是仅占覆盖地球表面总水量 0.6％的淡水。由于工农业的飞速发展，淡水耗用量急剧增加，目前全世界面临着淡水资源日益减少的危机。中国淡水资源人均占有量只有世界平均值的 1/4，而耗水量的增加则是惊人的，据最新统计，中国供水不足的城市已达到 300 个，在中国东部地区的工业城市供水需求矛盾也日益尖锐，因此必须节约用水，特别要注意节约工业用水。据估计工业冷却用水量约占工业用水量的 60％，这样，冷却水在使用过程中的重复使用（循环冷却水）便成为节约水的主要途径。

水在循环过程中，不仅在设备的受热面产生结垢，同时由于水与空气不断接触，大量的氧气和微生物溶于水中造成并促进了金属（主要是钢铁）在淡水中的腐蚀。因此，研究钢铁在淡水中的腐蚀问题，显得特别重要。

1. 钢铁在淡水中的腐蚀

（1）淡水腐蚀的特点

淡水中钢铁的电化学腐蚀通常是受溶解氧的去极化作用所控制。电化学反应式如下。

阳极反应

$$Fe \longrightarrow Fe^{2+} + 2e$$

阴极反应 $\qquad O_2 + 2H_2O + 4e \longrightarrow 4OH^-$ （吸氧过程）

溶液中

$$Fe^{2+} + 2OH^- \longrightarrow Fe(OH)_2$$

$$Fe(OH)_2 + O_2 \longrightarrow Fe_2O_3 \cdot H_2O \text{ 或 } FeO \cdot OH$$

（2）影响淡水腐蚀的主要因素

淡水中钢铁的腐蚀受环境因素的影响较大，其中以水的 pH 值、溶解氧浓度、水的流速及水中的溶解盐类、微生物等较为重要。

① pH 值：对钢铁腐蚀的影响如图 4-1 所示。

当 pH＝4～10 时，由于溶解氧的扩散速度几乎不变，因而碳钢腐蚀速度也基本保持恒定。

当 pH＜4 时，覆盖层溶解，阴极反应既有吸氧又有析氢过程，腐蚀不再单纯受氧浓度扩散控制，而是两个阴极反应的综合，腐蚀速度显著增大。

当 pH＞10 时，碳钢表面钝化，因而腐蚀速度下降；但当 pH＞13 时，因碱度太大可造成碱腐蚀，所以一般控制在 pH＜11，防止碱在局部区域浓缩而发生碱脆。

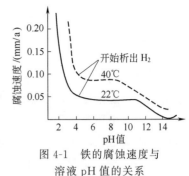

图 4-1 铁的腐蚀速度与
溶液 pH 值的关系

如上所述，碳钢在 pH＝4～10 范围内的腐蚀为氧浓差极化控制的腐蚀，所以凡能加速氧扩散速度促进氧的去极化作用的因素都会加速腐蚀，而能阻滞氧扩散速度减缓氧的去极化作用的因素则能抑制腐蚀。对氧的扩散影响较大的因素有温度、溶解氧的浓度及水流速度等。

② 温度的影响：水温每升高 10℃，碳钢的腐蚀速度约加快 30％。但是温度影响对于密闭系统与敞口系统是不同的，在敞口系统中，由于水温升高时，溶解氧减少，在 80℃ 左右腐蚀速度达到最大值，此后当温度继续升高时，腐蚀速度反而下降，见图 4-2 中 1，但在密闭系统中，由于氧的浓度不会减小，腐蚀速度与温度保持直线关系，见图 4-2 中 2。

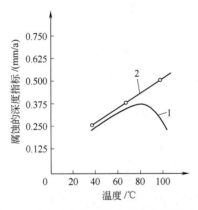

图 4-2 钢在水中的腐蚀速度与温度的关系
1—曲线为敞口系统；2—曲线为封闭系统

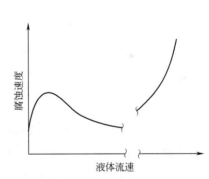

图 4-3 钢铁腐蚀速度与
液体流速的关系

③ 溶解氧的浓度：在淡水中，当溶解氧的浓度较低时，碳钢的腐蚀速度随水中氧的浓度增加而升高，但当水中氧浓度很高且不存在破坏钝态的活性离子时，会使碳钢钝化而使腐蚀速度剧减。

溶解氧对钢铁的腐蚀作用有两方面：

a. 氧作为阴极去极剂把铁氧化成 Fe^{2+}，起促进腐蚀的作用；

b. 氧使水中的 $Fe(OH)_2$ 氧化为铁锈 $Fe(OH)_3$、$Fe_2O_3 \cdot H_2O$ 等的混合物，在铁表面形成氧化膜，在一定条件下起抑制腐蚀的作用。

④ 水的流速：一般情况下，水的流速增加，腐蚀速度增加，见图 4-3，但当流速达一定程度时，由于到达铁表面的氧超过使铁钝化的氧临界浓度而导致铁钝化，腐蚀速度下降；但在极高流速下，钝化膜被冲刷破坏，腐蚀速度又增大。水的流速如能合适，可使系统内氧的

浓度均匀，避免出现沉积物的滞留，可防止氧浓差电池的形成，尤其对活性-钝性金属影响更大。但实际上不可能简单地通过控制流速来防止腐蚀，这是因为在流动水中钢铁的腐蚀还受其表面状态、溶液中杂质含量和温度等因素的影响。在含大量 Cl^- 的水中，任何流速也不会产生钝化。

⑤ 水中溶解盐类：当水中含盐量增加时，溶液电导率增大，使腐蚀速度增加；但当含盐量超过一定浓度后，由于氧的溶解度降低，腐蚀速度反而减小。

从淡水中所含离子性质来看，当含有氧化性金属阳离子，如 Cu^{2+}、Fe^{3+}、Cr^{3+} 等，能起促进阴极过程的作用，因而使腐蚀加速；而一些碱土金属或还原性金属离子，如 Ca^{2+}、Zn^{2+}、Fe^{2+} 等，则具有缓蚀作用。

淡水中含有的阴离子，有的有害，例如 Cl^- 是使钢铁特别是不锈钢产生点蚀及应力腐蚀破裂的重要因素之一，其他还有 S^{2-}、ClO^- 等离子。也有的阴离子，如 PO_4^{3-}、NO_2^-、SiO_3^{2-} 等，则有缓蚀作用，它们的盐类常用作缓蚀剂。

当水中 Ca^{2+} 与 HCO_3^- 离子共存时，有抑制腐蚀的效果，这是因为它们在一定条件（例如 pH 值增大或温度上升）下，可在金属与水的界面上生成 $CaCO_3$ 沉淀保护膜，阻止了溶解氧向金属表面扩散，使腐蚀受到抑制。

⑥ 微生物：微生物会加速钢铁腐蚀，这在循环冷却水系统中是不可忽视的因素，微生物对金属的腐蚀主要有以下几种途径。

a.厌氧性硫酸盐还原菌：能在缺氧时还原成 S^{2-} 或 S，即

$$SO_4^{2-} + 8H \xrightarrow{\text{细菌}} S^{2-} + 4H_2O$$

（来自阴极过程 $H^+ + e \longrightarrow H$　析氢反应）

$$Fe^{2+} + S^{2-} \longrightarrow FeS$$

（来自阳极过程 $Fe \longrightarrow Fe^{2+} + 2e$　金属溶解）

由此可见，这种细菌的活动对阴极、阳极反应都有促进作用，结果增大了两极间的电位差而使腐蚀更为严重。硫酸盐还原菌能使硫酸盐变为硫化氢，从而营造了一个没有氧的还原性环境，产生的硫化氢对一些金属有腐蚀性。

b.好氧性硫杆菌：在氧存在时，这种细菌能使 S^{2-} 氧化成 S^{6+}，可以使循环冷却水的 pH 值达到 1 左右，导致金属及水泥结构产生酸性腐蚀，严重时会使水泥结构的冷却塔产生开裂，甚至发生倒塌事故。

c.铁细菌：铁细菌是好氧菌，其特点是在含铁的水中生长，通常被包裹在铁的化合物中，生成体积很大的红棕色的黏性沉积物。这种细菌吸附在钢铁的局部表面，随着微生物对氧的消耗，使氧的浓度不均，造成氧浓差腐蚀。

（3）防止淡水腐蚀的途径

① 减少含有氯化物环境中氧的含量，但是当使用某些缓蚀剂（如聚磷酸盐）时，氧的浓度又不能过低。

② 用于工业循环冷却水系统时，应调整和稳定水中溶解盐类的成分；可根据水质具体情况加入一定量的阻垢剂控制结垢，加入适量的缓蚀剂（如锌盐、铬酸盐、磷酸盐等）和杀菌灭藻剂（如杀生剂氯气或季铵盐等）防止腐蚀。这种工艺称为循环水的水质稳定处理。

③ 采用涂料及镀层保护。

④ 采用阴极保护。

2. 混凝土在水中的腐蚀

混凝土是由黏土与石灰石等烧制而成的普通水泥构成的，为了增加强度，通常内部加入钢筋。混凝土是用途最广泛的材料之一。

水泥的主要成分是 CaO 及 SiO_2，其他还有 Al_2O_3、MgO、SO_3 等。各组分结合成复杂的化合物，与水混合形成硬块，强度随时间增加到一定限度。

水泥本身为强碱性，所以对常温碱液有良好的耐蚀性。不耐酸，即使含 CO_2 的雨水也能侵蚀它。耐水性很好，但水中的可溶性盐类对水泥有侵蚀作用，而使混凝土发生裂纹、脱落、变形等现象。水泥对盐类溶液的耐蚀性是不同的，硫酸盐与水泥中的钙作用而产生破坏；酸性氯化物对水泥腐蚀，中性氯化物（如 $NaCl$）虽然不腐蚀水泥，但渗入内部后，会腐蚀钢筋，而钢筋腐蚀所产生的腐蚀产物因体积膨胀又会促使混凝土开裂和剥落。混凝土中钢筋的腐蚀过程主要取决于氧的去极化作用，从混凝土裂缝渗入的氧浓度显然较低，这样就形成氧的浓差腐蚀电池而使缝内钢筋加速腐蚀。

混凝土结构可采用涂料保护来防止腐蚀或渗透，也可用表面非金属覆盖层（如耐酸砖板衬里等）。

二、海水腐蚀

海洋占地球表面积的 7/10。海洋具有丰富的资源，包括水产、水源、能源（潮汐及波浪的动能等），例如海底石油储量约占地球总储量的 1/3，海洋为人类的生存提供了大量的物质条件。

20 世纪 60 年代后期，海洋资源的开发利用发展迅速，为此需要有相应的技术和手段给予保证。例如，海底石油开采的设施和装置大部分为钢结构或钢筋混凝土结构，在海洋环境中如遭受腐蚀，损失很大，因而结构材料在海洋环境中的腐蚀与防护十分重要。某海港码头钢柱海水腐蚀及修复方案见图 4-4。

图 4-4　某海港码头钢柱海水腐蚀及修复方案

1. 海水腐蚀的特点

海水中含有许多化学元素组成的化合物，成分复杂，含盐总量约 3%，其中氯化物含量占总盐量的 88.7%，因而海水电导率较高（约 $2.5 \times 10^{-2} \sim 3.0 \times 10^{-2} \Omega^{-1} \cdot cm^{-1}$）。世界各地的海水成分差别不大，含量较多的是氯离子，海水中还含较多溶解氧，在表层海水中溶解氧接近饱和。所以，海水对金属的腐蚀具有以下特点。

① 所有结构金属（镁及其合金除外）在海水中腐蚀的阴极过程基本上都是由氧还原所控制。

② 由于海水中含大量氯离子，对大多数金属的钝化膜破坏性很大，即使不锈钢也难以保证不受腐蚀（如在不锈钢中加入钼，能提高在海水中的稳定性）。

③ 因海水中电阻率小，在金属表面所形成的腐蚀电池都有较大活性。例如在海水中的电偶腐蚀较在淡水中严重得多。

④ 海水中易出现局部腐蚀，能形成腐蚀小孔。

2. 影响海水腐蚀的主要因素

影响钢铁在海水中腐蚀既有化学因素（含盐量、含氧量），又有物理因素（海水流速）及生物因素（海生物），比单纯盐水腐蚀复杂得多，主要有以下 5 个方面。

① 含盐量：海水中含盐量以盐度表示（盐度是指 1000g 海水中溶解的固体物质总克数）。海水盐度波动直接影响钢铁腐蚀速度，同时大量 Cl^- 破坏或阻止钝化。

② 含氧量：含盐 3% 的海水，在 20℃ 时含氧量为 8mg/L 或 $5.6cm^3/L$。海水含氧量增加，可使腐蚀速度增大，但海水中随着深度增加含氧量下降。

因此，海水表面由于接触大气，腐蚀速度较快，海水随总盐度增加及温度升高，溶解氧也会有所下降。此外，海水绿色植物的光合作用及波浪作用，使含氧量增高，而死生物的腐烂分解要消耗氧则使含氧量降低。因此，由于含氧量的差异海水对金属腐蚀速度的影响较为复杂。

③ 温度：温度越高，腐蚀速度越大，但随温度上升，溶解氧下降，而氧在水中的扩散速度增加，因此，总的效果还是加速腐蚀。

④ 海水流速：钢铁结构与海水间相对运动速度增加，将使空气易于进入水中并且促使溶解氧扩散到金属表面，所以去极化速度也增大；当流速很大时，会造成冲击腐蚀或空化破坏。

⑤ 海生物：海生物附着在海水中的金属设备表面或船舰水下部分，可使金属引起缝隙腐蚀。

3. 防止海水腐蚀的途径

① 合理选材：铸铁与碳钢在海水中耐蚀性差，铜及铜合金则较耐蚀，尤其是含 Cu 70% 的黄铜在海水中相当耐蚀。

② 改进设计：在设计与施工中要避免电偶腐蚀与缝隙腐蚀。尽可能减少阴极性接触物的面积或对它们进行绝缘。也可以采用镀锌或使用富锌涂料。

第二节 大气腐蚀

金属在大气中遭受腐蚀是最为常见的一种腐蚀现象。自古以来，人们在使用金属时就碰到大气腐蚀问题。由于决定这种腐蚀的动力学因素较复杂，至今对它的了解还不十分清楚。全世界使用的钢材中约有 60％ 以上暴露在大气中。据估计，由于大气腐蚀而损失的钢铁约占腐蚀损失量的 50％ 以上。化工厂各种金属设备的表面约有 70％ 暴露在大气中，而且腐蚀严重。因此，化工厂的大气腐蚀更是广泛存在的问题。显然，大气腐蚀的研究便成为腐蚀与防护这门学科中的一个重要领域。

大气腐蚀是金属表面存在水膜时的电化学腐蚀。在大气中各种类型的腐蚀，如全面腐蚀、点蚀、晶间腐蚀、应力腐蚀破裂等，都可能发生。

一、类型

大气腐蚀的分类方法一般有两种。

1. 按照暴露在大气中金属表面的潮湿程度不同分类

（1）干大气腐蚀

在空气非常干燥的条件下，金属表面不存在水膜时的大气腐蚀。其特点是金属形成不可见的保护性氧化膜。铜、银等有色金属在含硫化物的空气中产生失泽现象即为一个例子，但这时形成的保护膜是能见的。

（2）潮大气腐蚀

当大气中的相对湿度大于某临界值时，金属表面存在着肉眼看不见的水膜层，此时所发生的腐蚀称为潮大气腐蚀。铁在没有直接被雨水淋时产生的锈蚀便是这种腐蚀的例子。

（3）湿大气腐蚀

当大气中的相对湿度接近 100％，或者当雨水直接落在金属表面上，金属表面便存在着肉眼可见的凝结水膜层，此时所发生的腐蚀称为湿大气腐蚀。新钢板在潮湿大气作用下的腐蚀情况见图 4-5。

图 4-5　新钢板在潮湿大气作用下的腐蚀情况

以上三类大气腐蚀，随着湿度或温度等外界条件的改变，可以互相转化。

2. 按照大气的污染程度分类

（1）工业大气腐蚀

主要特点是硫化物中的 SO_2 的污染，使金属表面产生了高腐蚀性的酸膜，此外还有其他污染物，工业大气腐蚀见图4-6。

图 4-6　工业大气腐蚀

（2）海洋大气腐蚀

在海洋大气中充满着海盐微粒，随风降落在金属表面。盐污染物的量随着与海洋距离的增加而降低，并在很大程度上受气流的影响。

（3）乡村大气腐蚀

乡村大气一般不含强化学污染物，主要腐蚀组分是湿气、氧和 CO_2 等。

二、特点

大气腐蚀发生在干燥空气中即属于干大气腐蚀时，主要是由纯的化学作用所引起，它的腐蚀速度小，破坏性也非常小。

大气腐蚀发生在金属表面上存在的水膜中时，是由电化学腐蚀过程引起的，其特点如下。

① 金属表面上水膜中进行的电化学腐蚀不同于金属沉浸在电解液中的电化学腐蚀过程。当金属表面形成连续的电解液薄层时，其电化学腐蚀的阴极过程主要是依靠氧的去极化作用，形成吸氧腐蚀，即使是在城市污染的大气中形成的酸性水膜下的腐蚀过程也是如此。然而在强酸性溶液中铁、铝等金属全浸入时则主要是氢的去极化作用，形成析氢腐蚀。

② 金属表面上水膜的形成，一般地说，只有当空气的相对湿度达100％时，金属表面上才能形成水膜。但是当金属表面粗糙或表面有灰尘或腐蚀产物时，在相对湿度低于100％时，水蒸气也会凝聚在低凹处或金属表面与固体颗粒之间的缝隙处，形成肉眼不可见的水膜。这种水膜并非纯净的水，空气中的氧、二氧化碳及工业大气中的气体污染物（SO_2、NH_3、HCl、NO_2 等）及固体盐类等都会溶解于金属表面的水膜中，使之形成电解质溶液，促进了水膜下金属的腐蚀。

③ 水膜下的腐蚀过程，金属表面水膜下的腐蚀主要是由于金属表面电化学不均匀性造成的微电池，当水膜较薄时这种腐蚀很易发生，例如常温下室内金属构件的腐蚀。在水膜较厚的情况下，往往因水膜不均匀而形成氧浓差腐蚀电池，例如工件经水洗、水淋或室外有露水时易发生这类腐蚀。

随着金属表面水膜层的厚度（即表面潮湿程度）不同，大气腐蚀被阴极过程控制的程度也有所不同。当金属表面水膜层变薄时，由于氧容易通过薄膜使大气腐蚀的阴极过程更易进行。对于金属离子化的阳极过程，则情况正好相反，由于金属形成氧化物后的钝化作用以及金属离子水化过程困难，使阳极过程受到强烈阻滞而促进了阳极极化。

由此可知，对于潮大气腐蚀，因其水膜层较薄，氧易于透过薄膜，阴极过程容易进行，腐蚀过程主要受阳极过程控制。而对于湿大气腐蚀，因水膜层较厚，氧不易透过水膜，使阴极过程速度减慢，则腐蚀过程主要受阴极过程控制。

三、影响因素

由引起大气腐蚀的原因可知影响金属在大气中腐蚀的主要因素有相对湿度、温度、大气成分及腐蚀产物的性质等。

1. 相对湿度

各种金属都有一个腐蚀速度开始急剧增加的湿度范围。在一定温度下，空气的相对湿度如低于这一范围，金属的大气腐蚀速度很低，在相对湿度超过这一范围后，大气腐蚀速度会突然升高，这一大气相对湿度范围称为临界湿度，对于钢、铜、镍、锌来说，临界湿度约为 $50\%\sim70\%$，其原因是在低于临界湿度时，金属表面不存在水膜，腐蚀速度很小，而当高于临界湿度时，金属表面形成水膜，因此，从本质上看，临界相对湿度也就是开始形成水膜时的相对湿度。

由此可知，如果能把空气的相对湿度降至临界湿度以下，就可基本防止金属发生大气腐蚀。

2. 温度

当金属表面处在比它本身温度高的空气中，则空气中的水汽可在金属表面凝结成露水，这就是结露现象。在临界湿度附近能否结露和温度变化有关，这就意味着当大气中湿度一定时，温度的高低具有很大影响。平均气温高的地区，大气腐蚀速度较大，一般常温下，当相对湿度超过 70% 时，腐蚀速度将迅速加大，例如上海年平均相对湿度为 80%，很容易产生大气腐蚀，北京年平均相对湿度为 56%，大气腐蚀就没有上海那么严重。

在气温为 $30℃$、相对湿度为 80% 的情况下，$1m^3$ 空气中水汽含量约为 $20g$，而氧则占总体积的 21%，这就很容易引起大气腐蚀。

温度的影响更主要表现在有温差情况下，即周期性地在金属表面结露时，腐蚀最为严重，如气温剧变，白天温度高，夜间下降，金属表面温度常低于周围大气温度，因而水汽经常在室外的金属表面上凝结加速了大气腐蚀。

3. 大气成分

当大气中含 SO_2、H_2S、$NaCl$、灰尘等污染物质时，对金属大气腐蚀影响较大。

（1）SO_2

这是危害性最大的一种污染物，它是由煤和石油燃烧产生的，大气中相对湿度大于 70% 时只需含 $0.01\%SO_2$，钢铁腐蚀速度便急剧增加，其机理可由"酸的再生循环"作用来解释。

按照这一概念，SO_2 首先被吸附在钢铁表面上与氧一起生成 $FeSO_4$，然后 $FeSO_4$ 水解生成游离的硫酸，硫酸又加速铁的腐蚀，新生成的 $FeSO_4$ 再水解生成游离的硫酸，如此反复循环，加速了钢铁的腐蚀。

可用下列化学反应式来表达，即

$$Fe+SO_2+O_2 \longrightarrow FeSO_4$$

$$4FeSO_4+O_2+6H_2O \longrightarrow 4FeOOH+4H_2SO_4$$

$$4H_2SO_4+4Fe+2O_2 \longrightarrow 4FeSO_4+4H_2O$$

（2）NaCl

在海洋大气中，含有较多微小的 NaCl 颗粒，若这些 NaCl 颗粒落在金属表面上，或因海水蒸发而凝析在表面上的 NaCl 颗粒，则由于它具有吸湿作用，增大了表面液膜的电导率，促进了大气腐蚀。由此可知，海洋大气对金属的腐蚀作用比乡村大气严重。

（3）固体尘粒

在城市大气中固体尘粒落在金属表面将成为吸附水分子的凝聚中心，使水汽在低于正常的临界相对湿度下凝聚成水膜，因而加速了金属的腐蚀。

固体尘粒对大气腐蚀的影响有以下三种方式。

① 尘粒本身具有腐蚀性，如铵盐颗粒能溶入金属表面的水膜，以提高电导率或酸度，促进了腐蚀。

② 尘粒本身无腐蚀性，但能吸附腐蚀性物质，如炭粒能吸附 SO_2 与水汽生成腐蚀性的酸性溶液。

③ 尘粒本身无腐蚀性，又不吸收腐蚀活性物质，如砂粒落在金属表面会形成缝隙而凝聚水分，形成氧浓差的局部腐蚀条件。

因而，对于金属构件和仪器设备也应将防止尘粒作为防腐蚀的措施之一。

四、防止

① 采用金属或非金属覆盖层是最常用的方法，其中最普通的为涂料保护层，也就是涂漆保护。化工大气腐蚀性特别严重，普通钢铁包括低合金钢在化工大气中使用时，一般都采用金属或非金属覆盖层保护，如利用电镀、喷镀、渗镀等方法镀镍、锌、铬、锡等金属；或用涂料或玻璃钢等非金属覆盖层来保护钢铁不受大气腐蚀。

② 采用耐大气腐蚀的金属材料，如含铜、磷、铬、镍等合金元素的低合金钢就是一类在大气中比普通碳钢耐蚀性要好得多的钢种。

③ 使用气相缓蚀剂和暂时性保护涂层。这些都是暂时性的保护方法，主要用于储藏和运输过程中的金属制品。保护钢铁的气相缓蚀剂有亚硝酸二环己胺和碳酸环己胺等。气相缓蚀剂一般有较高的蒸气压，能在金属表面形成吸附膜而发挥缓蚀作用。暂时性保护涂层和防锈剂有凡士林、石油磺酸盐、亚硝酸钠等。

第三节　土壤腐蚀

土壤腐蚀是自然界中一类很重要的腐蚀形式。随着工业现代化的发展，大量的金属管线（如油管、水管、蒸汽和煤气管道）埋设在地下，在土壤作用下常发生腐蚀，造成管壁穿孔，引起泄漏等事故，甚至会引发火灾、爆炸这类严重事故；一些地下基础构件的腐蚀破坏会影响地面构筑物的牢固性，因此，研究土壤腐蚀的规律，寻找有效的防护措施，具有重要的意义。

金属在土壤中的腐蚀与在电解液中的腐蚀本质上都是电化学腐蚀，但由于土壤作为腐蚀性介质所具有的特性，使土壤腐蚀的电化学过程具有它自身的特点。

一、特点

1. 土壤电解质的特点

① 土壤是由含有多种无机物和有机物的土粒、水、空气所组成的极其复杂的多相体系，其性质和结构具有极大的不均匀性，因此，与腐蚀有关的电化学性质，也会随之发生极大的变化。

② 在土壤颗粒之间形成大量毛细管微孔或孔隙，孔隙中充满空气和水，盐类溶解在水中，土壤就成为电解质。

③ 土壤的固体部分对于埋设在土壤中的金属表面，可以认为是固定不动的，仅有土壤中气相和液相可做有限的运动。

由于土壤作为腐蚀性介质有以上特点，使土壤腐蚀与浸没在水溶液中的腐蚀及大气腐蚀有所不同，其中最具特征的性质是氧的传递。氧在水溶液中通过溶液本体输送，在大气腐蚀时通过电解液薄膜输送，而在土壤腐蚀时通过土壤的微孔输送，因而土壤中氧的传递速度取决于土壤的结构和湿度，不同的土壤中，氧的渗透率就会有显著变化，相差可达几万倍，这种特征在水溶液及大气腐蚀中是不存在的。由于同样原因，土壤腐蚀时氧浓差电池起很大作用。

2. 土壤腐蚀过程的特点

土壤腐蚀和其他介质中的电化学腐蚀过程一样，因金属和介质的电化学不均匀性形成腐蚀电池；由于土壤介质具有多相性、不均匀性等特点，所以除了有可能生成和金属组织的不均匀性有关的腐蚀微电池外，土壤腐蚀中因介质不均匀性所引起的腐蚀宏电池，往往起着更大的作用。

金属在土壤腐蚀时阴极过程主要是氧的去极化作用（在强酸性土壤中，也发生氢离子去极化），与在普通电解液中相同，但氧到达阴极的过程更复杂，进行得更慢。空气中氧首先通过土壤的微孔输送，再通过金属表面上的静止液层而到达阴极，因此，土壤的结构和湿度对氧的流动有很大影响。土壤越疏松，氧的渗透和流动就越容易，金属腐蚀就越严重，显然，如果因土壤密实，而高度缺氧时，则很难进行氧的去极化过程，金属腐蚀速度就相当缓慢。

3. 引起土壤腐蚀的原因

① 充气不均匀引起的腐蚀：这主要指地下管线穿过结构不同和潮湿程度不同的土壤带时，由于所接触的氧浓度差别引起的宏电池腐蚀，例如钢管经过的地区一段为砂土带，另一段为密实的黏土带，则由于砂土层供氧充足，黏土层缺氧，形成因充气不均匀引起的氧浓差腐蚀电池，使黏土带部分管道成为宏电池的阳极区而遭受腐蚀，见图 4-7。再如，埋在地下的管道（特别是水平埋放的大口径钢管）由于各处深度不同，也会构成氧浓差腐蚀电池，埋在较深的地方（如管子的下部）由于氧到达比较困难，成为宏电池的阳极区受到腐蚀。

② 杂散电流引起的腐蚀：电气火车、电车等以接地为回路的交通工具以及电解槽、电

焊机等直流电力系统都可在土壤中产生杂散电流，使邻近的埋在地下的金属构筑物、管道、储槽等都容易因这种杂散电流引起腐蚀。如图 4-8 所示，当路轨与土壤间绝缘不良时，直流电常从路轨漏到地下进入地下管道某处，再从管道的另一处流出返回到路轨，杂散电流从管道流出的地方，成为腐蚀电池的阳极区，这一区域的金属就遭受破坏。腐蚀破坏程度与杂散电流强度成正比，电流强度越大，腐蚀就越严重。杂散电流造成的腐蚀相当严重，计算表明：1A 电流经过 1 年可以腐蚀掉约 9kg 铁。在杂散电流干扰较为严重的区域，只要 3～4 个月，就会使壁厚 7～8mm 的钢管腐蚀穿孔。

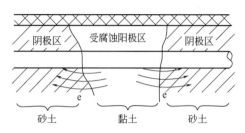

图 4-7 管道在结构不同的土壤中所形成的氧浓差电池　　图 4-8 土壤中杂散电流引起的腐蚀

③ 微生物引起的腐蚀：一般说，土壤中缺氧时腐蚀过程较难进行，但是当土壤中存在微生物，特别是有硫酸盐还原菌时，常引起金属的强烈腐蚀，其最适宜的繁殖环境为 pH＝4.5～9.0。在硫酸盐还原菌的作用下铁被腐蚀生成了 FeS 和 $Fe(OH)_2$。

在土壤中常常由于污物发酵产生硫代硫酸盐，有利于硫杆菌的繁殖，能使 S^{2+} 氧化成 S^{6+} 成为硫酸，造成地下金属构件的严重腐蚀。

二、影响因素

影响土壤腐蚀的因素很多，有土壤的孔隙度（透气性）、含水量、含盐量、导电性、酸碱度、土壤中的微生物等，这些因素相互联系相互影响。下面分析几种主要的影响因素。

1. 含水量

土壤中总是含有一定量的水分，当土壤中可溶性盐溶解在其中时，便形成了电解液，因而含水量的多少对土壤腐蚀有很重要的影响，随着含水量增加，土壤中盐分溶解量也增加，对金属的腐蚀性增加，直到可溶性盐全部溶解时，腐蚀速度可达最大值。但当水分过多时，会使土壤胶粒膨胀，堵塞了土壤的孔隙，阻碍了氧的渗入，腐蚀速度反而减小。

2. 含盐量

土壤中一般含有硫酸盐、硝酸盐和氯化物等无机盐类，这些盐类大多是可溶性的，除了 Fe^{2+} 之外，一般阳离子对腐蚀影响不大，对腐蚀有影响的主要是阴离子，特别是 SO_4^{2-} 及 Cl^- 影响最大，例如海边潮汐区或接近盐场的土壤，腐蚀性很强。

3. 导电性

土壤的导电性受土质、含水量及含盐量等影响，孔隙度大的土壤，如砂土、水分易渗透流失；而孔隙度小的土壤，如黏土，水分不易流失，含水量大，可溶性盐类溶解得多，导电性好，腐蚀性强，尤其是对长距离的宏电池腐蚀来说，影响更显著。一般的低洼地和盐碱地因导电性好，所以腐蚀性很强。

三、防止

1. 覆盖层保护

采用石油沥青或煤焦油沥青涂刷地下管道，或包覆玻璃纤维布、塑料薄膜等。近年来，用性能更好的涂层，如环氧煤沥青涂层、环氧粉末涂层、泡沫塑料防腐保温层等。

2. 采用金属涂层或包覆金属

镀锌层对防止管道的点蚀有一定的效果，有时对钢筋也进行镀锌处理。但是，当镀锌层与大面积裸露的钢铁、铜等金属形成电偶时，镀层反而会很快遭到腐蚀破坏。

3. 阴极保护

采用牺牲阳极法或外加电流法对地下管线进行保护，一般常采用阴极保护和涂料联合使用的方法，这样既可弥补涂层保护的不足，又可减少电能消耗，是延长地下管线寿命最经济的方法。

思考题

1. 阐述钢铁在淡水中电化学腐蚀的特点。主要受哪些环境因素的影响？
2. 海水腐蚀的主要特征是什么？与海水的组成和性质有什么关系？
3. 按照暴露在大气中金属表面的潮湿程度，大气腐蚀分为哪几类？它们之间是否截然不同？
4. 影响大气腐蚀有哪些主要因素？为什么大气中的尘埃易引起钢铁腐蚀？
5. 防止大气腐蚀的主要措施有哪些？
6. 引起土壤腐蚀的主要原因有哪些？

习　题

1. 说明碳钢在不同的 pH 值区间腐蚀的主要控制因素。
2. 将一铁片全浸入下列介质中会产生什么现象？为什么？
   （1）淡水；（2）海水；（3）1mol/L HCl；（4）0.1% $K_2Cr_2O_7$。
3. 为什么在温度和湿度较高的条件下钢铁较易腐蚀？
4. 金属发生大气腐蚀时，水膜层的厚薄程度对水膜下的腐蚀过程有什么影响？
5. 试比较水的腐蚀、大气腐蚀及土壤腐蚀的共同点与不同点。

第 五 章

金属材料的耐蚀性能

　　金属和合金的品种繁多，性能复杂，目前已制成的合金约有四万多种，实际可用的约有三万种，目前所用的工程材料仍以金属为主。

　　从腐蚀与防护的角度出发，对材料的要求是在符合其他性能的同时，必须满足耐蚀性能，但是必须看到，材料的耐蚀性是相对的、有条件的，世界上目前还没有一种能适应所有腐蚀介质的万能的耐蚀材料，只不过是材料的适应范围有大有小而已。应该根据特定的腐蚀环境和材料的有关性能，并结合材料的来源和价格进行综合分析，选择恰当的材料和科学的防护方法，尽可能做到技术上先进，经济上合理，以提高经济效益。

　　下面列举一些例子来说明这个问题。

　　18-8 型不锈钢是有名的耐蚀材料，但却不耐盐酸，也不耐氯离子及其他一些介质的腐蚀；它对稀硝酸耐蚀性很好，但对高浓度硝酸又不耐蚀了；普通碳钢在稀硫酸中迅速腐蚀，但在浓硫酸中却相当稳定；钛是一种被认为耐蚀性能优良的金属材料，但它主要是在氧化性酸中耐蚀，对非氧化性酸也是不耐蚀的。因此，必须根据具体条件选择材料。

　　另一方面，由于材料只在一定的条件下耐腐蚀，如果条件改变，有时甚至只是很小的改变也可能造成严重腐蚀。例如硫酸生产中，如果干燥和除雾效果不好，酸雾和水分过多，则二氧化硫鼓风机和许多设备、管道等都会遭受严重腐蚀。还有许多材料的腐蚀随环境温度的升高而迅速加剧，如果操作温度失控，发生超温现象时，也有可能引起严重的设备腐蚀事故。由此可见，正确的选材和严格控制化工工艺规程的各项指标（包括设备使用规程）同样重要。只有综合考虑各个方面，才能达到防止或缓和腐蚀，延长设备使用寿命的目的。

　　以下主要讨论化工生产中常用耐蚀金属材料的性能及其应用和发展情况。

第一节　铁 碳 合 金

　　铁碳合金即碳钢和普通铸铁，是工业上应用最广泛的金属材料，由于它产量较大，价格低廉，有较好的力学性能及工艺性能；在耐蚀性方面，虽然它的电极电位较负，在自然条件下（大气、水及土壤中）耐蚀性较差，但是可采用多种方法对它进行保护，如采用覆盖层及电化学保护等，平常所说防腐蚀的主要对象也多数是指铁碳合金，因此，铁碳合金现在仍然作为主要的结构材料。在使用普通碳钢和铸铁时，除了要考虑耐蚀性外，还应注意其他性能，例如普通铸铁属于脆性材料，强度低，不能用来制造承压设备，也不用来处理和储存有剧毒或易燃、易爆的液体和气体介质的设备。

一、合金元素对耐蚀性能的影响

铁碳合金的主要元素为铁和碳，它的基本组成相为铁素体、渗碳体及石墨，三者电极电位相差很大，当与电解质溶液接触构成微电池时，便会促进铁碳合金的腐蚀。

铁碳合金的基本组成相与耐蚀性的关系可用表 5-1 来说明。

表 5-1　铁碳合金基本组成相与耐蚀性的关系

基本组成相	铁素体	渗碳体	石墨
电极电位	负	介于二者之间	正
构成微电池中的电极性质	阳极———————阴极 （碳钢） 阳极——————————阴极 （铸铁）		

由表 5-1 可知，铁碳合金中的渗碳体和石墨分别成为碳钢和铸铁的微阴极，从而影响铁碳合金的耐蚀性能。

铁碳合金的成分除了铁和碳外，还有锰、硅、硫、磷等元素。合金元素对铁碳合金的耐蚀性能的影响如下。

（1）碳

铁碳合金中，随着含碳量的增加，渗碳体和石墨所形成的微电池的阴极面积相应增大，因而加速了析氢反应的速度，导致了在非氧化性酸中的腐蚀速度随含碳量的增加而加快，见图 5-1，由于铸铁含碳量比碳钢高，所以在非氧化性酸中铸铁腐蚀比碳钢快，如在常温的盐酸中，高碳钢的溶解速度比纯铁高得多。在氧化性酸中，例如在浓硫酸中则正好相反，铁碳合金中的微阴极组分渗碳体或石墨使合金转变为钝态的过程变得容易，有着微阴极夹杂物的铸铁在较低浓度的硝酸中比纯铁易于钝化。在中性介质中铁碳合金的腐蚀，其阴极过程主要为氧的去极化作用，含碳量的变化（即阴极面积的变化）对它的腐蚀速度无重大影响。

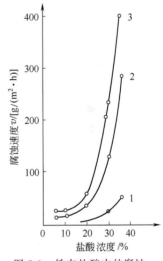

图 5-1　铁在盐酸中的腐蚀速度与含碳量的关系

1—工业纯铁；2—含 0.1%C 的碳钢；3—含 0.3%C 的碳钢

（2）锰

在低碳钢中存在于固溶体中的锰含量一般为 $0.5\% \sim 0.8\%$，锰对铁碳合金的耐蚀性无明显影响。

（3）硅

一般碳钢中硅含量为 $0.1\% \sim 0.3\%$，铸铁中硅含量为 $1\% \sim 2\%$。硅对腐蚀的影响一般很小。当碳钢中硅含量高于 1%，铸铁中硅含量高于 3% 时，它们的化学稳定性甚至还有所下降。只有当合金中硅含量达到高硅铸铁所含硅量的程度时，才能对铁的耐蚀性产生有利影响。

（4）硫

碳钢和铸铁中硫含量一般在 $0.01\% \sim 0.05\%$ 的范围内变动。硫是有害物质，当硫同铁和锰形成硫化物，成单独的相析出时，起阴极夹杂物的作用，从而加速腐蚀过程。这种影响在酸性溶液中的腐蚀更为显著。对局部腐蚀的影响，则通过夹杂物能诱发点蚀和硫化物腐蚀破裂。

（5）磷

碳钢中磷含量一般不超过 0.05％，铸铁中可达 0.5％。在酸性溶液中，磷含量增大，能促进析氢反应，导致耐蚀性下降，但影响较小，过高的磷含量会使材料在常温下变脆（冷脆性），对力学性能影响较大。在海水及大气中，当磷含量高于 1.0％，与铜配合使用时，能促进钢的表面钝化，从而改善钢的耐大气腐蚀和海水腐蚀的性能。

二、耐蚀性能

总的说来，铁碳合金在各种环境介质中，耐蚀性都较差，因此一般在使用过程中都采取不同的保护措施。在第四章中，已讨论了碳钢在水和大气中的腐蚀性，在水中溶解氧或大气中的氧的作用下产生吸氧腐蚀，其阴极过程主要由氧的浓度扩散所控制。同时受其他因素的影响，明显加剧了碳钢或铸铁的腐蚀。下面讨论在几种常见介质中铁碳合金的耐蚀性。

1. 在中性或碱性溶液中

（1）在中性溶液中

铁碳合金腐蚀主要为氧去极化腐蚀，碳钢和铸铁的腐蚀行为相似。

（2）在碱性溶液中

常温下浓度小于 30％的稀碱水溶液可以使铁碳合金表面生成不溶且致密的钝化膜，因而稀碱溶液具有缓蚀作用。

在浓的碱液中，例如浓度大于 30％的 NaOH 溶液，表面膜的保护性能降低，这时膜溶于 NaOH 溶液生成可溶性硝普钠；随着温度的升高，普通铁碳合金在浓碱液中的腐蚀将更加严重，在一定的拉应力共同作用下，几乎在 5％NaOH 以上的全部浓度范围内，都可发生碱脆，而以靠近 30％的 NaOH 溶液为最危险。对于某一浓度的 NaOH 溶液，碱脆的临界温度约为该溶液沸点。

现在普遍认为，碱脆是应力腐蚀破裂。在制碱工业中典型事例是碱液蒸发器和熬碱锅的损坏，用作碱液蒸发器的管壳式热交换器，管子与管板焊接或胀接，产生较大的残余应力，在与高温浓碱（120℃左右，约 450～600g/L 的 NaOH 溶液）共同作用下，不需很长时间，在离管板一定距离处的管子就发生断裂。

此外，用于储存和运输液氨的容器也曾发生过应力腐蚀破裂，国外普遍规定，对于碳钢或低合金钢制的这类容器，采取在液氨中加 0.2％的水作为缓蚀剂，并采取焊后热处理等措施，防止应力腐蚀破裂。

一般地说，当拉应力小于某一临界应力时，NaOH 溶液浓度小于 35％、温度低于 120℃，碳钢可以用；铸铁耐碱腐蚀性能优于碳钢。

熔融烧碱对铸铁的腐蚀是一类特殊的腐蚀问题，铸铁制的熬碱锅和熔碱锅的损坏主要原因是铸铁锅经常遭受不均匀的周期性加热和冷却所产生的很大的应力，这种应力与高温浓碱共同作用产生碱脆而导致破裂。根据中国的生产经验，用普通灰铸铁铸造的碱锅应保持组织细致紧密，以珠光体为基体，并具有细而分布均匀的不连续石墨体较为适宜，同时应特别注意严格控制铸造质量，避免各种铸造缺陷。

2. 在酸中

酸对铁碳合金的腐蚀主要根据酸分子中的酸根是否具有氧化性而有所区别。非氧化性酸对铁碳合金腐蚀的特点是其阴极过程为氢离子去极化作用，如盐酸就是典型的非氧化性酸；氧化性酸对铁碳合金腐蚀的特点是其阴极过程主要是酸根的去极化作用，如硝酸就是典型的氧化性酸。但是如果把酸硬性划分为氧化性酸和非氧化性酸是不恰当的，例如浓硫酸是氧化性酸，但当硫酸稀释之后与碳钢作用也与非氧化性酸一样，发生氢离子去极化而析出氢气。因而区分这两种性质的酸应根据酸的浓度，同时与金属本身的电极电位高低也有密切关系，特别当金属处于钝态的情况下，氧化性酸与非氧化性酸对金属作用的区别，显得更为突出。此外，温度也是一个重要的因素。

下面列举几种酸说明铁碳合金的腐蚀规律。

（1）盐酸

盐酸是典型的非氧化性酸，铁碳合金的电极电位又低于氢的电位，因此，它的腐蚀过程是析氢反应，腐蚀速度随酸的浓度增高而迅速加快。同时在一定浓度下，随温度上升，腐蚀速度也直线上升。在盐酸中铸铁的腐蚀速度比碳钢大。所以，铁碳合金都不能直接用作处理盐酸设备的结构材料。

（2）硫酸

碳钢在硫酸中的腐蚀速度与浓度有密切关系（见图5-2），当硫酸浓度小于50％时，腐蚀速度随浓度的增大而加大，这属于析氢腐蚀，与非氧化性酸的行为一样；浓度为47％～50％时，腐蚀速度达最大值，以后随着硫酸浓度的增高，腐蚀速度下降；浓度为75％～80％的硫酸中，碳钢钝化，腐蚀速度很低，因此储运浓硫酸时，可用碳钢和铸铁制作设备和管道，但在使用中必须注意浓硫酸易吸收空气中的水分而使表面酸的浓度减小，从而使得气液交界处的器壁部分遭受腐蚀，因而这类设备可适当考虑采用非金属材料衬里或其他防腐措施。

当硫酸浓度大于100％后，由于硫酸中过剩SO_3增多，使碳钢腐蚀速度重新又增大，因而碳钢在发烟硫酸中的使用浓度范围应小于105％。

铸铁与碳钢有相似的耐蚀性，除发烟硫酸外，在85％～100％的硫酸中非常稳定。总的说来，在浓硫酸中特别是温度较高，流速较大的情况下，铸铁更适宜，而在发烟硫酸的一定范围内，碳钢能耐蚀，铸铁却不能。这是因为发烟硫酸的渗透性促使铸铁内部的碳和石墨被氧化，会产生晶间腐蚀。在小于65％的硫酸中，在任何温度下，铁碳合金都不能使用。当温度高于65℃时，不论硫酸浓度多大，铁碳合金一般也不能使用。

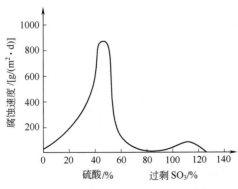

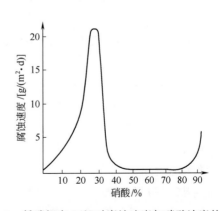

图 5-2　铁的腐蚀速度与硫酸浓度的关系　　图 5-3　低碳钢在25℃时腐蚀速度与硝酸浓度的关系

（3）硝酸

低碳钢在 25℃时腐蚀速度与硝酸浓度的关系如图 5-3 所示，在硝酸中铁碳合金的腐蚀速度以 30％时为最大，当浓度大于 50％时腐蚀速度显著下降；如果浓度提高到大于 85％，腐蚀速度再度上升。在 50％～85％的硝酸中，铁碳合金比较稳定的原因就是它的表面钝化而使腐蚀电位正移。

碳钢在硝酸中的钝化随温度的升高而易被破坏，同时当浓度增高时，又会产生晶间腐蚀，为此，从实际应用的角度出发，碳钢与铸铁都不宜用于处理硝酸的结构。

（4）氢氟酸

碳钢在低浓度氢氟酸（浓度 48％～50％）中迅速腐蚀，但在高浓度（大于 75％～80％，温度 65℃以下）时，则具有良好的稳定性。这是由于表面生成铁的氟化物膜不溶于浓的氢氟酸中，在无水氢氟酸中，碳钢更耐蚀，然而当浓度低于 70％时，碳钢很快被腐蚀。因此，可用碳钢制作储存和运输 80％以上的氢氟酸容器。

（5）有机酸

对铁碳合金腐蚀最强烈的有机酸是草酸、蚁酸、醋酸及柠檬酸，但它们与同等浓度的无机酸（盐酸、硝酸、硫酸）的侵蚀作用相比要弱得多。铁碳合金在有机酸中的腐蚀速度随着酸中含氧量增大及温度升高而增大。

3. 在盐溶液中

铁碳合金在盐类溶液中的腐蚀与这种盐水解后的性质有密切关系，根据盐水解后的酸碱性有以下三种情况。

（1）中性盐溶液

以 NaCl 为例，这类盐水解后溶液呈中性，铁碳合金在这类盐溶液中的腐蚀，其阴极过程主要为溶解氧所控制的吸氧腐蚀，随浓度增加，腐蚀速度存在一个最高值（3％NaCl），此后则逐渐下降，图 5-4 所示为 NaCl 浓度与碳钢腐蚀速度的关系，这是因为氧的溶解度是随盐浓度增加连续下降的。随着盐浓度的增加，一方面溶液的导电性增加，使腐蚀速度增大；另一方面，又由于氧的溶解度减小而使腐蚀速度降低；所以钢铁在高浓度的中性盐溶液中，腐

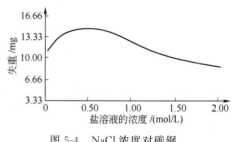

图 5-4 NaCl 浓度对碳钢腐蚀速度的影响

蚀速度是较低的，但当盐溶液处于流动或搅拌状态时，因氧的补充变得容易，腐蚀速度要大得多。

（2）酸性盐溶液

这类盐水解后呈酸性，引起铁碳合金的强烈腐蚀，因为在这种溶液中，其阴极过程既有氧的去极化，又有氢的去极化；如果是铵盐，则 NH_4^+ 与铁形成络合物，增加了它的腐蚀性；高浓度的 NH_4NO_3，由于 NO_3^- 的氧化性，更促进了腐蚀。

（3）碱性盐溶液

这类盐水解后呈碱性，当溶液 pH 值大于 10 时，同稀碱液一样，腐蚀速度较小，这些盐，如 Na_3PO_4、Na_2SiO_3 等，能生成铁盐膜，具有保护性，腐蚀速度大大降低而具有缓蚀性。

（4）氧化性盐溶液

这类盐对金属的腐蚀作用，可分为两类：一类是强去极剂，可加速腐蚀，例如 $FeCl_3$、$CuCl_2$、$HgCl_2$ 等，对铁碳合金的腐蚀很严重；另一类是良好的钝化剂，可使钢铁发生钝化，例如 $K_2Cr_2O_7$、$NaNO_2$ 等，只要用量适当，可以阻滞钢铁的腐蚀，通常是良好的缓蚀剂。但结构钢在沸腾的浓硝酸盐溶液中易产生应力腐蚀破裂。

应该注意的是氧化性盐的浓度，不是它们的氧化能力的标准，而腐蚀速度也不都是正比于氧化能力的，例如铬酸盐与 Fe^{3+} 盐相比是更强的氧化剂，但 Fe^{3+} 盐能引起钢铁更快地腐蚀，而铬酸盐却能使钢铁钝化。

4. 在气体介质中

化工过程中的设备、管道常受气体介质的腐蚀，大致有高温气体腐蚀、常温干燥气体腐蚀、湿气体腐蚀等，其中高温气体腐蚀在第一章中已经讨论过。常温干燥条件下的气体，如氯碱厂的氯气，硫酸厂的 SO_2 及 SO_3 等，对铁碳合金的腐蚀均不强烈，一般均可采用普通钢铁处理；而湿的气体，如 Cl_2、SO_2、SO_3 等，则腐蚀强烈，其腐蚀特性与酸相似。

5. 在有机溶剂中

在无水的甲醇、乙醇、苯、二氯乙烷、丙酮、苯胺等介质中，碳钢是耐蚀的；在纯的石油烃类中，碳钢实际上也耐蚀，但当水存在时就会遭受腐蚀，例如石油储槽或其他有机液体的钢制容器，如果介质中含有水分，则水会积存在底部的某一部位，与水接触部位成为阳极，与油或有机液体接触的表面则成为阴极，而这个阴极面积很大，为油膜覆盖阻止了腐蚀；当油中含溶解氧或其他盐类、H_2S、硫醇等杂质，将导致阴极反应迅速发生，使碳钢阳极部位的腐蚀速度剧增。

综上所述，碳钢和普通铸铁的耐蚀性虽然基本相同，但又不完全一样，在有些介质中则相差很大，在化工过程常用的硫酸介质中就是如此。如在浓硫酸中特别是温度较高、流速较大的情况下宜用铸铁；在发烟硫酸一定的范围内碳钢能耐蚀，而铸铁却不能用。又如在纯碱生产的碳化过程中，碳钢比铸铁的耐蚀性差，因而常用铸铁。在自然条件下，一般铸铁则比碳钢的耐蚀性强。造成这种现象的主要原因是铸铁的含碳量高，可以促进钝化，同时铸铁在铸造时形成的铸造黑皮起一定的保护作用。

另一方面，铸铁有石墨化腐蚀倾向的特点。

总之，在一般可以采用铁碳合金的场合下，究竟是用碳钢还是铸铁，应根据具体条件并结合力学性能进行综合比较，有时还应通过试验才能确定。

第二节　高硅铸铁

在铸铁中加入一定量的某些合金元素，可以得到在一些介质中有较高耐蚀性的合金铸铁。高硅铸铁就是其中应用最广泛的一种。含硅 10%～16% 的一系列合金铸铁称为高硅铸铁，其中除少数品种含硅量为 10%～12% 之外，一般含硅量都为 14%～16%。当含硅量小于 14.5% 时，力学性能可以改善，但耐蚀性能则大大下降。如果含硅量达到 18% 以上时，虽然耐蚀，但合金变得很脆，以致不适用于铸造了。因此工业上应用最广泛的是含硅

14.5%～15%的高硅铸铁。

一、性能

1. 耐蚀性能

含硅量达 14%以上的高硅铸铁之所以具有良好的耐蚀性，是因为硅在铸铁表面形成一层由 SiO_2 组成的保护膜，如果介质能破坏 SiO_2 膜，则高硅铸铁在这种介质中就不耐蚀。

一般地说，高硅铸铁在氧化性介质及某些还原性酸中具有优良的耐蚀性，它能耐各种温度和浓度的硝酸、硫酸、醋酸、常温下的盐酸、脂肪酸及其他许多介质的腐蚀。它不耐高温盐酸、亚硫酸、氢氟酸、卤素、苛性碱溶液和熔融碱等介质的腐蚀。不耐蚀的原因是由于表面的 SiO_2 保护膜在苛性碱作用下，形成了可溶性的 Na_2SiO_3；在氢氟酸作用下形成了气态 SiF_4 等而使保护膜破坏。

2. 力学性能

高硅铸铁性质为硬而脆，力学性能差，应避免承受冲击力，不能用于制造压力容器。铸件一般不能采用除磨削以外的机械加工。

二、机械加工性能的改善

在高硅铸铁中加入一些合金元素，可以改善它的机械加工性能。在含 15%硅的高硅铸铁中加入稀土镁合金，可以起净化除气的作用，并改善铸铁基体组织，使石墨球化，从而提高铸铁的强度、耐蚀性能及加工性能，对铸造性能也有所改善。这种高硅铸铁除可以磨削加工以外，在一定条件下还可车削、攻螺纹、钻孔、并可补焊，但仍不宜骤冷骤热；它的耐蚀性能比普通高硅铸铁好，适应的介质基本相近。

在含硅 13.5%～15%的高硅铸铁中加入 6.5%～8.5%的铜可改善机械加工性能，耐蚀性与普通高硅铸铁相近，但在硝酸中较差。此种材料适宜制作耐强腐蚀性及耐磨损的泵叶轮和轴套等。也可用降低含硅量，另外加合金元素的方法来改善机械加工性能，在含硅 10%～12%的硅铸铁（称为中硅铁）中加入铬、铜和稀土元素等，可改善它的脆性及加工性能，能够对它进行车削、钻孔、攻螺纹等，而且在许多介质中，耐蚀性仍接近于高硅铸铁。

在一种含硅量为 10%～11%的中硅铸铁中，再外加 1%～2.5%的钼、1.8%～2.0%铜和 0.35%稀土元素等，机械加工性能有所改善，可车削，耐蚀性与高硅铸铁相近似。实践证明，这种铸铁用作硝酸生产中的稀硝酸泵叶轮及氯气干燥用的硫酸循环泵叶轮，效果都很好。

以上所述的这些高硅铸铁，耐盐酸的腐蚀性能都不好，一般只有在常温低浓度的盐酸中才能耐蚀。为了提高高硅铸铁在盐酸（特别是热盐酸）中的耐蚀性，可增加钼的含量，如在含 Si 量为 14%～16%的高硅铸铁中加入 3%～4%的钼得到含钼高硅铸铁，会使铸件在盐酸作用下表面形成氯氧化钼保护膜，它不溶于盐酸，从而显著地增加了高温下耐盐酸腐蚀的能力，在其他介质中耐蚀性保持不变，这种高硅铸铁又称抗氯铸铁。

三、应用

由于高硅铸铁耐酸腐蚀性能优越，已广泛用于化工防腐蚀，最典型的牌号是 STSi15，主要用于制造耐酸离心泵、管道、塔器、热交换器、容器、阀件和旋塞等。

总的来说，高硅铸铁质脆，所以安装、维修、使用时都必须十分注意。安装时不能用铁锤敲打；装配必须准确，避免局部应力集中现象；操作时严禁温差剧变，或局部受热，特别是开停车或清洗时升温和降温速度必须缓慢；不宜用作受压设备。

第三节　低合金钢

低合金钢是指加入碳钢中的合金元素质量分数小于 3% 的一类钢。当加入合金元素的目的主要是为改善钢在不同腐蚀环境中的耐蚀性时，则称为耐蚀低合金钢。由于这类钢所用的合金元素少，成本低，强度高，综合力学性能及加工工艺性能好，耐蚀性比碳钢优越，尤其是它的高强度值（包括高温强度值）是工程上最重要的属性之一。

从腐蚀与防护的角度来看，为数众多的低合金钢的属性是在自然条件下（特别是在大气中）有着比碳钢好得多的耐蚀性能以及耐高温气体腐蚀性能。

一、在自然条件下的耐蚀性

很多低合金钢较碳钢有优越得多的耐大气腐蚀性能，主要起作用的合金元素是铜、磷、铬、镍等。对于耐大气腐蚀性能，铜是很有用的合金元素。16Mn 是有名的低合金高强度钢，它的耐大气腐蚀性能就比普通碳钢好，而 16MnCu 又比 16Mn 好。如再加入少量铬和镍，耐蚀性又可大为提高。一种含铬、镍、铜、磷的低合金钢是有名的耐大气腐蚀钢，这种钢在城市大气中开始时要生锈，但随后几乎完全停止了锈蚀。因而随着近代低合金钢的发展，使得钢铁结构在城市大气中有可能不用涂料或其他覆盖层。

在低合金钢中，由于铜与铬的同时加入而显著地改善了钢的钝化能力；镍的加入则可提高钢的耐酸耐碱性，还能提高耐腐蚀疲劳及耐海水腐蚀的能力。

含铜钢除了耐大气腐蚀性能优于普通碳钢外，还具有良好的塑性及可焊性，可以加工成各种薄壁件，因而又称为高耐候性结构钢。这种钢与表面涂料的结合力也较强。

近来，世界各国都设法在钢中加入多种少量的合金元素来提高耐大气腐蚀能力，中国也利用自己矿产资源的特点，在含铜钢的基础上发展了一些耐大气腐蚀的低合金钢，例如 10MnSiCu、09MnCuPTi 等。

二、在高温氢气氛中的耐蚀性

在化学工业中的高温氢腐蚀主要发生在合成氨工业中的氨合成塔。氢腐蚀作用主要是脱碳生成 CH_4，因而提高钢材耐氢腐蚀的途径之一就是在钢中加入能形成稳定碳化物的合金元素，以防止氢与钢中的碳起作用而发生脱碳，这类合金元素有铬、钼、钒、钨、钛等，例如铬能与碳形成 $(Fe、Cr)_3C$ 及 $Cr_{23}C_6$ 等碳化物，含铬量越高，越能形成稳定的碳化物，耐氢腐蚀性能也就越好。图 5-5 所示为耐氢腐蚀曲线（也叫 Nelson 曲线），图中的曲线表示钢在不同的氢分压下允许使用的极限温度。

耐氢腐蚀曲线是合成氨和石油加氢过程中根据氢腐蚀的大量实际运行的经验数据而绘制的经验曲线。它提出了碳钢和合金钢在氢作用下安全使用的压力-温度范围。它们基本上可以满足合成氨和石油加氢装置设计和操作的需要，但由于经验数据的积累不足，随着更多氢

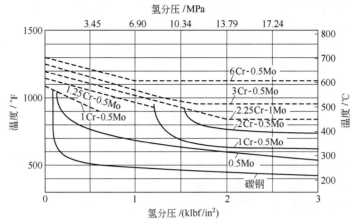

图 5-5   钢材耐氢腐蚀曲线（钢材处于曲线下的条件，可安全使用）

(1klbf/in^2=70.31kgf/cm^2=6.90MPa)

腐蚀现象的发现，这些曲线时常要进行修订。具体应用时应参阅新的详图。

从图中可以明显看出，碳钢在合成氨生产条件下只能用于不超过 200℃ 的操作温度，含钼钢和铬钼钢比碳钢耐氢腐蚀性能好，含铬、钼的量越高，耐氢腐蚀性越高；而只有 3.0% Cr 及 0.5%Mo 的钢就已经具有相当好的耐氢腐蚀性能。

但是另一方面，由于铬、钼等合金元素的加入能引起形成氮化物的可能性，因而铬钼钢用作合成氨生产中耐氢、氮、氨腐蚀的材料仍不够理想。目前大型氨合成塔一般都采用 18-8 型不锈钢制造，能形成稳定的铬的碳化物；由于奥氏体钢塑性很好，所以耐氢腐蚀性能良好；同时这种钢的表面在氨合成塔内件的条件下，也形成表层很薄的氮化物。

近来，中国发展了若干耐氢、氮、氨腐蚀的低合金钢，如 10MoVNbTi、10MoVWNb 等，适用于制作化肥生产中 400℃ 左右的耐氢、氮、氨腐蚀的高压管及炼油厂 500℃ 以下的高压耐氢腐蚀装置。此外，还发展了一系列耐硫化氢、碳酸氢铵等腐蚀介质的低合金钢和耐蚀不起皮钢，它们的耐蚀性都比碳钢好。

第四节   不 锈 钢

一、概述

1. 定义

不锈钢是指铁基合金中铬含量（质量分数）大于等于 13% 的一类钢的总称。习惯上把耐大气及较弱腐蚀性介质的钢称为不锈钢，而把耐强腐蚀性酸类的钢称为不锈耐酸钢。

2. 性能

不锈钢除了广泛用作耐蚀材料外，同时是一类重要的耐热材料，因为其具备较好的耐热性，包括抗氧化性及高温强度；奥氏体不锈钢在液态气体的低温下仍有很高的冲击韧性，因而又是很好的低温结构材料；因不具铁磁性，也是无磁材料；高碳的马氏体不锈钢还具有很好的耐磨性，因而又是一类耐磨材料。由此可见，不锈钢具有广泛而优越的性能。

但是必须指出，不锈钢的耐蚀性是相对的，在某些介质条件下，某些钢是耐蚀的，而在另一些介质中则可能会腐蚀，因此没有绝对耐蚀的不锈钢。

3. 分类

不锈钢按其化学成分可分为铬不锈钢与铬镍不锈钢两大类。铬不锈钢的基本类型是Cr13 型和 Cr17 型钢；铬镍不锈钢的基本类型是 18-8 型和 17-12 型钢（前边的数字为含铬质量分数，后边数字为含镍质量分数）。在这两大基本类型的基础上发展了许多耐蚀、耐热以及提高力学性能和加工性能等各具特点的钢种。

不锈钢按其金相组织分类有马氏体型、铁素体型、奥氏体型、奥氏体-铁素体型及沉淀硬化型五类。分类情况见表 5-2。

不锈钢的品种繁多，随着近代科学技术的发展，新的腐蚀环境不断出现，为了适应新的环境，发展了超低碳不锈钢和超纯不锈钢，还发展了许多具有特定用途的专用钢。因而不锈钢是一类用途十分广泛，对国民经济和科学技术的发展都十分重要的工程材料。

4. 牌号

中国不锈钢的牌号是以数字与化学元素来表示的。

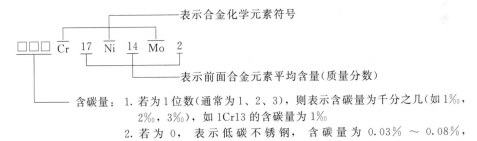

- 含碳量：
  1. 若为 1 位数（通常为 1、2、3），则表示含碳量为千分之几（如 1‰，2‰，3‰），如 1Cr13 的含碳量为 1‰
  2. 若为 0，表示低碳不锈钢，含碳量为 0.03% ～ 0.08%，如 0Cr18Ni12Mo2Ti
  3. 若为 00，表示超低碳不锈钢，含碳量为 0.01% ～ 0.03%，如 00Cr18Ni14Mo2
  4. 若为 000，表示超超低碳（或称超纯不锈钢），含碳量小于 0.01%，如 000Cr29

二、机理

1. Tamman（塔曼）定律

塔曼（Tamman）在研究单相（固溶体）合金的耐蚀性时，发现其耐蚀的能力与固溶体的成分之间存在一种特殊关系。在给定介质中当 Cr 和 Fe 组成的固溶合金，其中耐蚀组元 Cr 的含量等于 12.5%、25%、37.5%、50% 等（原子数比，Cr 的原子数与合金总原子数之比），即相当于 1/8、2/8、3/8、4/8、…、$n/8$（$n=1$，2、…、7），每当 n 增加 1 时，合金的耐蚀性将出现突然地阶梯式的升高，合金的电位亦相应的随之升高。这一规律称为 $n/8$ 定律，或 Tamman 定律，参见图 5-6。

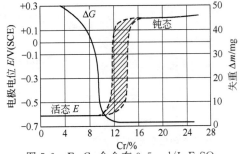

图 5-6　Fe-Cr 合金在 0.5mol/L FeSO₄ 溶液中电位的变化（相对于甘汞电极）和在 3mol/L HNO₃ 中的腐蚀失重 Δm

2. 提高不锈钢耐蚀性的途径

当钢中加入了足够量（＞1/8 或 2/8）的合金元素铬，在氧化性介质作用下形成 Fe-Cr 氧化膜，紧密附着在钢的表面，厚度达 $1\sim10\mu m$，从而使钢钝化。这一层膜中的含铬量较之铁基体中的含铬量，高出几倍甚至几十倍，即有明显的富集现象。不锈钢耐蚀，正是由于铁铬合金表面形成了这种富铬的钝化膜所起的作用。铁铬合金是不锈钢的基础，提高不锈钢耐蚀性的途径是在铁铬合金基础上添加或降低某些元素。

不锈钢按金相组织分类及提高耐蚀性的途径见表 5-2。

表 5-2　不锈钢按金相组织分类及提高耐蚀性的途径

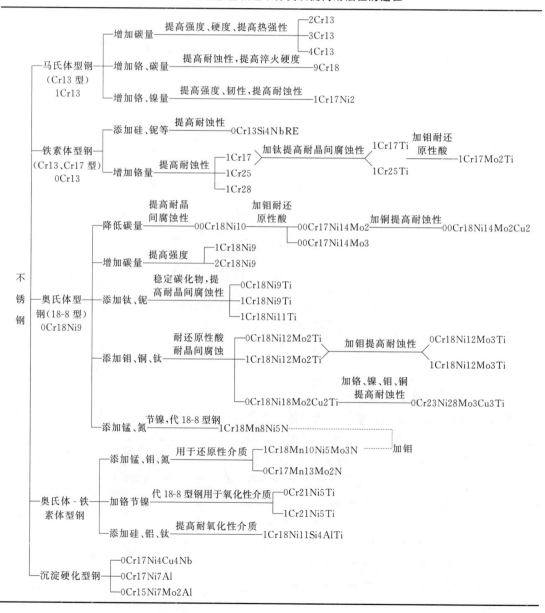

三、主要合金元素对耐蚀性的影响

除了铬是各类不锈钢中不可缺少的合金元素之外，为提高不锈钢在各种环境介质中的耐蚀性以及提高力学性能和加工性能，还加入少量其他合金元素，分别讨论如下。

1. 铬

铬元素的电极电位虽然比铁低，但由于它极易钝化，因而成为不锈钢中最主要的耐蚀合金元素。不锈钢中一般含铬量必须符合 Tamman 定律，即 Cr/Fe 的原子数之比为 1/8 或 2/8，含铬量越高，耐蚀性越好，但不应超过 30%，否则会降低钢的韧性。

2. 镍

镍是扩大奥氏体相区的元素，镍加入一定的量后能使不锈钢呈单相奥氏体组织，可改善钢的塑性及加工、焊接等性能。镍还能提高钢的耐热性。

3. 钼

由于钼可在 Cl⁻ 中钝化，可提高不锈钢耐海水腐蚀的能力，同时不锈钢中加钼还能显著提高不锈钢耐全面腐蚀及局部腐蚀的能力。

4. 碳

碳在不锈钢中具有两重性，因为碳的存在能显著扩大奥氏体组织并提高钢的强度，而另一方面钢中含碳量增多会与铬形成碳化物，即碳化铬，使固溶体中含铬量相对减少，大量微电池的存在会降低钢的耐蚀性。尤其是降低耐晶间腐蚀能力，易使钢产生晶间腐蚀，因而对要求以耐蚀性为主的不锈钢中应降低含碳量。大多数耐酸不锈钢含碳量小于 0.08%，超低碳不锈钢的含碳量小于 0.03%，随含碳量的降低，可提高耐晶间腐蚀、点蚀等局部腐蚀的能力。

5. 锰和氮

锰和氮是有效扩大奥氏体相区的元素，可以用来代替镍获得奥氏体组织。锰不仅可以稳定奥氏体组织，还能增加氮在钢中的溶解度。但锰的加入会促使含铬较低的不锈钢耐蚀性降低，使钢材加工工艺性能变坏，因此在钢中不单独使用锰，只用它来代替部分镍。在钢中加入氮在一定程度上可提高钢的耐蚀能力，但氮在钢中能形成氮化物，而使钢易于产生点蚀。不锈钢中含氮量一般在 0.3% 以下，否则钢材气孔量会增多，力学性能变差。氮与锰共同加入钢中起节省镍元素的作用。

6. 硅

硅在钢中可以形成一层富硅的表面层，硅能提高钢耐浓硝酸和发烟硝酸的能力，改善钢液流动性，从而获得高质量耐酸不锈钢铸件；硅又能提高耐点蚀的能力，尤其与钼共存时可大大提高耐蚀性和抗氧化性，可抑制在含 Cl⁻ 介质中的腐蚀。

7. 铜

在不锈钢中加入铜，可提高耐海水 Cl⁻ 腐蚀及耐盐酸腐蚀的能力。

8. 钛和铌

钛和铌都是强碳化物形成元素。不锈钢中加入钛和铌，主要是与 C 优先形成 TiC 或 NbC 等碳化物，可避免或减少碳化铬（$Cr_{23}C_6$）的形成，从而可降低由于贫铬而引起的晶间腐蚀的敏感性，一般稳定化不锈钢中都加入钛。由于钛易于氧化烧损，因而焊接材料中多加入铌。

四、发展方向

不锈钢是现代工业的重要材料，随着现代化工、石油、生物等工程的不断发展，人们对不锈钢提出了越来越高的要求。

1. 尽量低的含碳量

从防腐蚀角度来说，含碳量越低，耐蚀性越好；含碳量由小于 0.1% 到小于 0.08%～0.03%（低碳）再到小于 0.03%～0.01%（超低碳），直到小于 0.01%（超超低碳或称超纯），与此同时，与相应含碳量等级相配套的焊条、焊接工艺及安装工艺都要匹配，否则母材含碳量再低也难以保证焊缝不出问题。

2. 节省资源

镍是不锈钢的重要元素，但镍又是紧缺资源，发展节镍不锈钢是未来的发展方向，科学家们正在研究以氮代镍、以锰代镍或发展奥氏体-铁素体双相不锈钢及高性能的铁素体不锈钢等。

3. 开发可在恶劣环境中使用的不锈钢

开发耐海水不锈钢、耐高温浓硫酸及满足新的大型化工生产装置操作条件的不锈钢。

4. 不锈钢的民用化

随着人们生活条件的改善，不锈钢制品正大踏步地走进家庭，不锈钢商品丰富和改善了人们的生活，开发质优价廉的民用不锈钢也是世界潮流之一。

表 5-3 列出常用铬镍奥氏体不锈钢的钢号及化学成分，表 5-4 列出相对应的国外钢号对照表。

五、应用及经济评价

现以铬不锈钢及铬镍不锈钢两大基本类型，分别从其金相组织及耐蚀性能来讨论化工过程中的应用情况。

1. 铬不锈钢

铬不锈钢包括 Cr13 型与 Cr17 型两大基本类型。

（1）Cr13 型不锈钢

这类钢一般包括 0Cr13、1Cr13、2Cr13、3Cr13、4Cr13 等，含铬量 12%～14%。

① 金相组织：除 0Cr13 外，其余的钢种在加热时有铁素体→奥氏体转变，淬火时可得到部分马氏体组织，因而习惯上称为马氏体不锈钢。实际上 0Cr13 没有相变，是铁素体钢；1Cr13 为马氏体-铁素体钢，2Cr13、3Cr13 为马氏体钢；4Cr13 为马氏体-碳化物钢。

② 耐蚀性能及其应用：大多数情况下 Cr13 型不锈钢都经淬火、回火以后使用。淬火温度随含碳量增高及要求硬度的增大而上升，一般控制在 1000～1050℃，保证碳化物充分溶解，以得到高硬度并提高耐蚀性。0Cr13 由于不存在相变，所以不能通过淬火强化。0Cr13 含碳量低，耐蚀性比其他 Cr13 型不锈钢好，在正确热处理条件下有良好的塑性与韧性。它在热的含硫石油产品中具有高的耐蚀性能，可耐含硫石油及硫化氢、尿素生产中高温氨水、尿素母液等介质的腐蚀。因此它可用于石油工业，还可用于化工生产中防止产品污染而压力又不高的设备。

表 5-3　常用铬镍奥氏体不锈钢的钢号与化学成分 （GB 1220—2007）

钢号	化学成分/%									
	C	Si	Mn	S	P	Cr	Ni	Ti	Mo	其他
0Cr18Ni9	≤0.06	≤1.00	≤2.00	≤0.030	≤0.035	17.00~19.00	8.00~11.00			
00Cr18Ni10	≤0.03	≤1.00	≤2.00	≤0.030	≤0.035	17.00~19.00	8.00~12.00			
1Cr18Ni9	≤0.12	≤1.00	≤2.00	≤0.030	≤0.035	17.00~19.00	8.00~11.00			
0Cr18Ni9Ti	≤0.08	≤1.00	≤2.00	≤0.030	≤0.035	17.00~19.00	8.00~11.00	5×C%~0.70		
1Cr18Ni9Ti	≤0.08	≤1.00	≤2.00	≤0.030	≤0.035	17.00~19.00	8.00~11.00	5×(C%~0.02)~0.80		Nb 8×C%~1.50
1Cr18Ni11N6	≤0.10	≤1.00	≤2.00	≤0.030	≤0.035	17.00~20.00	9.00~13.00			
00Cr17Ni14Mo2	≤0.03	≤1.00	≤2.00	≤0.030	≤0.035	16.00~18.00	12.00~16.00		1.80~2.50	
00Cr17Ni14Mo3	≤0.03	≤1.00	≤2.00	≤0.030	≤0.035	16.00~18.00	12.00~16.00		2.50~3.50	
0Cr18Ni12Mo2Ti	≤0.08	≤1.00	≤2.00	≤0.030	≤0.035	16.00~19.00	11.00~14.00	5×C%~0.70	1.80~2.50	
0Cr18Ni12Mo3Ti	≤0.08	≤1.00	≤2.00	≤0.03	≤0.035	16.00~19.00	11.00~14.00	5×C%~0.70	2.50~3.50	
1Cr18Ni12Mo2Ti	≤0.12	≤1.00	≤2.00	≤0.030	≤0.035	16.00~19.00	11.00~14.00	5×(C%~0.02)~0.80	1.80~2.50	
1Cr18Ni12Mo3Ti	≤0.12	≤1.00	≤2.00	≤0.030	≤0.035	16.00~19.00	11.00~14.00	5×(C%~0.02)~0.80	2.50~3.50	
00Cr18Ni14Mo2Cu2	≤0.03	≤1.00	≤2.00	≤0.030	≤0.035	17.00~19.00	11.00~14.00		1.20~2.50	Cu 1.80~2.20
0Cr18Ni18Mo2Cu2Ti	≤0.07	≤1.00	≤2.00	≤0.030	≤0.035	17.00~19.00	17.00~19.00	≥7×C%	1.80~2.20	Cu 1.80~2.20
0Cr23Ni28Mo3Cu3Ti	≤0.06	≤0.80	≤0.80	≤0.030	≤0.035	22.00~25.00	26.00~29.00	0.40~0.70	2.50~3.00	Cu 2.50~3.50
18Cr18Mn8Ni5N	≤0.10	≤1.00	7.50~10.00	≤0.030	≤0.060	17.00~19.00	4.00~6.00			N 0.15~0.25

表 5-4　常用铬镍奥氏体不锈钢与相应的外国钢号对照表

中国国家标准 (GB 1220—75)	相近似的外国钢号					
	美国 (AISI)	日本 (JIS)	法国 (NF)	德国 (DIN)	英国 (BS)	苏联 (ГOCT)
0Cr18Ni9	304	SUS304(27)	Z6CN18-9	X5CrNi189(4031)	BS304S15 EN58E	08X18H10
00Cr18Ni10	304L	SUS304L(28)	Z2CN18-10	X2CrNi189(4306)	BS304S12	03X18H10
1Cr18Ni9	302	SUS302(40)	Z10CN18-9	X12CrNi188(4300)	BS302S25 EN58A	1X18H9
0Cr18Ni9Ti	321	SUS321(29)	Z6CNT18-11		BS321S12	
1Cr18Ni9Ti			Z10CNT 18-11	X10CrNiTi189 (4541)	BS321S20 EN5813	1X18H10T
1Cr18Ni11Nb	347	SUS347(43)		X10CrNiNb189 (4550)	BS347S17 EN58G	08X18H12B
00Cr17Ni14Mo2	316L	SUS316L (33)	Z2CND17-12	X2CrNiMo1810 (4404)	BS316S12	
00Cr17Ni14Mo3	317L	SUS317L	Z2CND17-13			03X17H14M3
0Cr18Ni12Mo2Ti	316(无钛)	SUS316(32) (无钛)	Z6CND17-12 (无钛)	X5CrNiMo1810 (4401)(无钛)		
0Cr18Ni12Mo3Ti	317(无钛)	SUS317		X5CrNiMo1812 (4436)(无钛)		
1Cr18Ni12Mo2Ti			Z8CNDT 17-12	X10CrNiMoTi1810 (4571)	BS315S16 EN58H(无钛)	
1Cr18Ni12Mo3Ti				X10CrNiMoTi1812 (4573)	BS316S16 EN58J(无钛)	
00Cr18Ni14Mo2Cu2		SUS316JIL				
0Cr23Ni28Mo3Cu3Ti	Carpenter-20 (铬稍低,无钛)					
1Cr18Mn8Ni5N	204		Z10CMnN 19-9			X17r3AH4

1Cr13、2Cr13 在冷的硝酸、蒸汽、潮湿大气和水中有足够的耐蚀性;在淬火、回火后可用于耐蚀性要求不高的设备零件,如尿素生产中与尿素液接触的泵件、阀件等,并可制作汽轮机的叶片。

3Cr13、4Cr13 含碳量较高,主要用于制造弹簧、阀门、阀座等零部件。

Cr13 型马氏体钢在一些介质(如含卤素离子溶液)中有点蚀和应力腐蚀破裂的敏感性。

(2) Cr17 型不锈钢

这类钢的主要钢号有 1Cr17、0Cr17Ti、1Cr17Ti、1Cr17Mo2Ti 等。

① 金相组织:这类钢含碳量较低而含铬量较高,均属铁素体钢,铁素体钢加热时不发生相变,因而不可能通过热处理来显著改善钢的强度。

② 耐蚀性能及其应用:由于含铬量较高,因此对氧化性酸类(如一定温度及浓度的硝酸)的耐蚀性良好,可用于制造硝酸、维尼纶和尿素生产中一定腐蚀条件下的设备,还可制作其他化工过程中腐蚀性不强的防止产品污染的设备。又如 1Cr17Mo2Ti,由于含钼,提高

了耐蚀性，能耐有机酸（如醋酸）的腐蚀，但其韧性及焊接性能与 1Cr17Ti 相同。

由于 Cr17 型不锈钢较普遍地存在高温脆性等问题，因此在 Cr17 型不锈钢的基础上加镍和碳，发展成 1Cr17Ni2 钢种。镍和碳均为稳定奥氏体元素，当加热到高温时，部分铁素体转变为奥氏体，这样淬火时能得到部分马氏体，提高其力学性能，通常列为马氏体型不锈钢，其特点是既有耐蚀性又有较高的力学性能。这种钢在一定程度上仍有高铬钢的热脆性敏感等缺陷，常用于既要求有高强度又要求耐蚀的设备，如硝酸工业中氧化氮透平鼓风机的零部件。又可在 Cr17 型不锈钢基础上提高含铬量至 25％ 或 25％ 以上，得到 Cr25 型不锈钢，这种钢的耐热和耐蚀性能都有了提高。常用的有 1Cr25Ti、1Cr28，可用于强氧化性介质中的设备材料，也可用于抗高温氧化的材料。1Cr28 不适宜于焊接。

（3）经济评价

铬不锈钢与铬镍不锈钢相比较，价格较低，但由于其脆性、焊接工艺等问题，化工过程中应用不是很多，多用于腐蚀性不强或无压力要求的场合。

2. 铬镍奥氏体不锈钢

铬镍奥氏体不锈钢是目前使用最广泛的一类不锈钢，其中最常见的就是 18-8 型不锈钢。18-8 型不锈钢又包括加钛或铌的稳定型钢种，加钼的钢种（常称为 18-12-Mo 型不锈钢）及其他铬镍奥氏体不锈钢。

（1）金相组织

在这类钢的合金元素中，镍、锰、氮、碳等是扩大奥氏体相区的元素。含铬 17％～19％ 的钢中加入 7％～9％ 的镍，加热到 1000～1100℃ 时，就能使钢由铁素体转变为均一的奥氏体组织。由于铬是扩大铁素体相区元素，当钢中含铬量增加时，为了获得奥氏体组织，就必须相应增加含镍量。碳虽然是扩大奥氏体相区的元素，但当含碳量增加时将影响钢的耐蚀性，并影响冷加工性能。所以国际上普遍发展含碳量低的超低碳不锈钢，甚至超超低碳不锈钢，即使一般的 18-8 型钢含碳量也多控制在 0.08％ 以下（如中国 GB 1220—75 中规定 0Cr18Ni9 中的含碳量不超过 0.06％），而适当地提高镍、锰、氮等扩大奥氏体相区的元素以稳定奥氏体组织。有些钢的含镍量较低或完全无镍，如 1Cr18Mn8Ni5N、0Cr17Mn13N，它们就是用锰和氮代替 18-8 型不锈钢中的部分或全部镍以得到奥氏体组织的钢种，也属于奥氏体钢，一般称为铬锰氮系不锈钢。

（2）耐蚀性能及其应用

18-8 型不锈钢具有良好的耐蚀性能及冷加工性能，因而获得了广泛的应用，几乎所有化工过程的生产中都采用这一类钢种。

① 普通 18-8 型不锈钢：耐硝酸、冷磷酸及其他一些无机酸、许多种盐类及碱溶液、水和蒸汽、石油产品等化学介质的腐蚀，但是对硫酸、盐酸、氢氟酸、卤素、草酸、沸腾的浓苛性碱及熔融碱等的化学稳定性则差。

18-8 型不锈钢在化学工业中主要用途之一是用以处理硝酸，它的腐蚀速度随硝酸浓度和温度的变化而变化。例如 18Cr-8Ni 不锈钢耐稀硝酸腐蚀性能很好，但当硝酸浓度增高时，只有在很低温度下才耐蚀。

② 含钛的 18-8 型不锈钢（0Cr18Ni9Ti、1Cr18Ni9Ti）：这是用途广泛的一类耐酸耐热钢。由于钢中的钛促使碳化物的稳定，因而有较高的耐晶间腐蚀性能，经 1050～1100℃ 在水中或空气中淬火后呈单相奥氏体组织。在许多氧化性介质中有优良的耐蚀性，在空气中的

热稳定性也很好，可达 850℃。

③ 含钼的 18-8 型不锈钢：这是在 18Cr-8Ni 型钢中增加铬和镍的含量并加入 2％～3％的钼，形成了含钼的 18Cr-12Ni 型的奥氏体不锈钢。这类钢提高了钢的耐还原性酸的能力，在许多无机酸、有机酸、碱及盐类中具有耐蚀性能，从而提高了在某些条件下耐硫酸和热的有机酸性能，能耐 50％以下的硝酸、碱溶液等介质的腐蚀，特别是在合成尿素、维尼纶及磷酸、磷铵的生产中，对熔融尿素、醋酸和热磷酸等强腐蚀性介质有较高的耐蚀性。其耐蚀原因主要是由于钼加强了钢在甲铵液中（尿素生产中主要的强腐蚀性介质）的钝化作用。

这类钢包括不含钛的、含钛的和超低碳的一系列 18-12-Mo 钢，其中含钛的（如 0Cr18Ni12Mo2Ti）和超低碳的（如 00Cr17Ni14Mo2）钢种一般情况下均无晶间腐蚀倾向，因此在多种用途中比 18Cr-8Ni 钢优越，同时耐点蚀性能也比 18Cr-8Ni 钢好。

④ 节镍型铬镍奥氏体不锈钢（如 1Cr18Mn8Ni5N）：是添加锰、氮以节镍而获得的奥氏体组织不锈钢，在一定条件下部分代替 18-8 型不锈钢，它可耐稀硝酸和硝铵腐蚀，可用于硝酸、化肥的生产设备和零部件。在这种钢的基础上进一步加锰节镍，发展了完全无镍的 0Cr17Mn13N 奥氏体不锈钢，耐蚀性与 1Cr18Mn8Ni5N 近似，也可用于稀硝酸和耐蚀性不太苛刻的条件，以代替 18-8 型不锈钢。

⑤ 含钼、铜的高铬高镍奥氏体不锈钢：这类钢有高的铬、镍含量并加了钼与铜，提高了耐还原性酸的性能，常用于制作条件苛刻的耐磷酸、硫酸腐蚀的设备。国外发展多种耐硫酸腐蚀的合金如 Durimet-20、Carpenter-20、ESCO-20 等，它们的成分和性能相近似，常称为 20 号合金，具有奥氏体组织，具有接近 18-8 型不锈钢的力学性能。

在化工生产过程中，18-8 型不锈钢如 0Cr18Ni9、0Cr18Ni9Ti、1Cr18Ni9Ti 等已大量用于合成氨生产中耐高温高压氢、氮气腐蚀的装置（合成塔内件）；用于脱碳系统腐蚀严重的部位；尿素生产中常压下与尿素混合液接触的设备；苛性碱生产中浓度小于 45％，温度低于 120℃的装置；合成纤维工业中防止污染的装置；也常用于制作高压蒸汽、超临界蒸汽的设备和零部件；此外还广泛用于制药、食品、轻工业及其他许多工业部门。同时，由于它们在高温时具有高的抗氧化能力及高温强度，因而又常用于制作一定温度下的耐热部件。它们还有很高的抗低温冲击韧性，常用作空分、深冷净化等深冷设备的材料。近来，随着工业的发展，在一些环境苛刻的部位多采用超低碳的 00Cr18Ni10 钢。

（3）经济评价

铬镍奥氏体不锈钢是应用最广泛的不锈钢，这类钢品种多，规格全，不但具有优良的耐蚀性，还具有优异的加工性能、力学性能及焊接性能。这类钢根据合金量、材料截面形状及尺寸的变化价格相差很大。

3. 奥氏体-铁素体型双相不锈钢

奥氏体-铁素体型双相不锈钢指的是钢的组织中既有奥氏体又有铁素体，因而性能兼有两者的特征。由于奥氏体的存在，降低了高铬铁素体钢的脆性，改善了晶体长大倾向，提高了钢的韧性和可焊性；而铁素体的存在，显著改善了钢的耐应力腐蚀破裂性能和耐晶间腐蚀性能，并提高了铬镍奥氏体的强度。

由于钢的组织为双相，有可能在介质中形成微电池，电池中阳极优先腐蚀，即相的选择性腐蚀，但如果使两相都能在介质中钝化，也就有可能不会发生此种现象。生产实践证明，0Cr17Mn13Mo2N 及 1Cr18Mn10Ni5Mo3N 用于高效半循环法尿素合成塔内套，效果很好，这说明耐蚀性不完全与组织有关，而是与产生钝态的合金元素有很大关系。

第五节　有色金属及其合金

在化工生产过程中由于腐蚀、高温、低温、高压等各种工艺条件，除了大量使用铁碳合金以外，还应用一部分有色金属及其合金。例如，广泛使用的铝、铜、镍、铅、钛及具有优异耐蚀性能的高熔点金属，如钽、锆等金属。

有色金属和黑色金属相比，常具有许多优良的特殊性能，例如许多有色金属有良好的导电性、导热性，优良的耐蚀性，良好的耐高温性，突出的可塑性、可焊性、可铸造及切削加工性能等。

现简略介绍以下几种有色金属及其合金，重点是它们的耐蚀性能。

一、铝及铝合金

铝及铝合金在工业上广泛应用。铝是轻金属，密度 $2.7g/cm^3$，约为铁的 $1/3$，铝的熔点较低（657℃），有良好的导热性与导电性，塑性高，但强度低；铝的冷韧性好，可承受各种压力加工，铝的焊接性与铸造性差，这是由于它易氧化成高熔点的 Al_2O_3。铝的电极电位很低（$E^0_{Al^{3+}/Al} = -1.66V$），是常用金属材料中最低的一种。由于铝在空气及含氧的介质中能自钝化，在表面生成一层很致密又很牢固的氧化膜，同时破裂时，能自行修复。因此，铝在许多介质中都很稳定，一般说来，铝越纯越耐蚀。

1. 铝的耐蚀性能

铝在大气及中性溶液中，是很耐蚀的，这是由于在 pH＝4～11 的介质中，铝表面的钝化膜具有保护作用，即使在含有 SO_2 及 CO_2 的大气中，铝的腐蚀速度也不大。铝在 pH＞11 时出现碱性侵蚀，铝在 pH＜4 的淡水中出现酸性侵蚀，活性离子如 Cl^- 的存在将使局部腐蚀加剧；水中如含有 Cu^{2+} 会在铝上沉积出来，使铝产生点蚀。水中存在 CrO_4^-、$Cr_2O_7^{2-}$、PO_4^{3-}、SiO_3^{2-} 等离子时对铝则产生缓蚀作用。

铝在强酸强碱中的耐蚀性取决于氧化膜在介质中的溶解度。铝在稀硫酸中和发烟硫酸中稳定，在中等和高浓度的硫酸中不稳定，因为此时氧化膜被破坏。铝在硝酸中的耐蚀情况见图 5-7，当浓度在 25％ 以下时，腐蚀随浓度增加而增大，继续增加酸的浓度则腐蚀速度下降，浓硝酸实际上不起作用，因此，可用铝制槽车运浓硝酸。铝的膜层在苛性碱中无保护作用，因此在很稀的 NaOH 或 KOH 溶液中就可溶解，但能耐氨水的腐蚀。

在非氧化性酸中铝不耐蚀，如盐酸、氢氟酸等，对室温下的醋酸有耐蚀性，但在甲酸、草酸等有机酸中不耐蚀。

在一些特定的条件下，铝能发生晶间腐蚀与点蚀等局部腐蚀，如铝在海水中通常会由于沉积

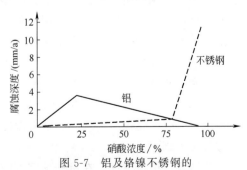

图 5-7　铝及铬镍不锈钢的
腐蚀率与硝酸浓度的关系

物等原因形成氧浓差电池而引起缝隙腐蚀。不论在海水还是淡水中，铝都不能与正电性强的金属（如铜等）直接接触，以防止产生电偶腐蚀。

在化学工业中常采用高纯铝制造储槽、槽车、阀门、泵及漂白塔，可用工业纯铝制造操作温度低于 150℃ 的浓硝酸、醋酸、碳铵生产中的塔器、冷却水箱、热交换器、储存设备等。

由于铝离子无毒、无色，因而常应用于食品工业及医药工业；铝的热导率是碳钢的 3 倍，导热性好，特别适于制造换热设备；铝的低温冲击韧性好，适于制造深冷装置。

2. 铝合金的耐蚀性能

铝合金的力学性能较铝好，但耐蚀性则不如纯铝，因此化工中用得不很普遍。一般多利用它强度高、重量轻的特点而应用于航空等工业部门。在化工中用得较多的是铝硅合金（含硅 11%～13%），它在氧化性介质中表面生成氧化膜，常用于化工设备的零部件（铸件），这是由于铝硅合金的铸造性较好。

硬铝（杜拉铝）是铝-镁-硅合金系列，力学性能好，但耐蚀性差，在化工生产中常把它与纯铝热压成双金属板，作为既有一定强度又耐蚀的结构材料；硬铝也用在深冷设备的制造上。铝和铝合金的耐蚀性与焊接工艺有密切关系，因此在制造及应用中要注意正确掌握焊接工艺；制造过程中还必须尽量消除残余应力；使用过程中不可与正电性强的金属接触，防止电偶腐蚀；还应注意保护氧化膜不受损伤，以免影响铝和铝合金的耐蚀性能。某些高强度铝合金在海洋大气、海水中有应力腐蚀破裂倾向；其敏感性的大小有明显的方向性，多种材料当所受应力垂直于轧制方向时，敏感性较大。因而可采用改变应力方向（如锻打）来降低铝的应力腐蚀破裂倾向。

二、铜及铜合金

铜的密度为 8.93g/cm³，熔点为 1283℃，铜的强度较高，塑性、导电导热性很好。在低温下，铜的塑性和抗冲击韧性良好，因此铜可以制造深冷设备。铜的电极电位较高（$E^0_{Cu^{2+}/Cu}$＝＋0.34V），化学稳定也较好。

1. 铜的耐蚀性能

铜在大气中是稳定的，这是由于腐蚀产物形成了保护层。潮湿的含 SO_2 等腐蚀性气体的大气会加速铜的腐蚀。

铜在停滞的海水中是很耐蚀的，但如果海水的流速增大，保护层较难形成，铜的腐蚀会加剧。铜在淡水中也很耐蚀，但如果水中溶解了 CO_2 及 O_2，这种具有氧化能力并有微酸性的介质可以阻止保护层的形成，因而将加速铜的腐蚀。由于铜是正电性金属，因此铜在酸性水溶液中遭受腐蚀时，不会发生析氢反应。

在氧化性介质中铜的耐蚀性较差，如在硝酸中铜迅速溶解。铜在常温下低浓度的不含氧的硫酸和亚硫酸中尚稳定，但当硫酸浓度高于 50%、温度高于 60℃ 时，腐蚀加剧，铜在浓硫酸中迅速溶解。所以处理硫酸的设备、阀门等的零部件一般均不用铜。铜在很稀的盐酸中，没有氧或氧化剂时尚耐蚀，随着温度和浓度的增高，腐蚀加剧，如果有氧或氧化剂存在则腐蚀更为剧烈。

在碱溶液中铜耐蚀，在苛性碱溶液中也稳定，氨对铜的腐蚀剧烈，因为转入溶液的铜离子会形成铜氨配位离子。

在 SO_2、H_2S 等气体中，特别在潮湿条件下铜遭受腐蚀。

由于铜的强度较低，铸造性能也较差，因而常添加一些合金元素来改善这些性能。不少铜合金的耐蚀性也比纯铜好。

2. 铜合金的耐蚀性能

（1）黄铜

黄铜是一系列的铜锌合金。黄铜的力学性能和压力加工性能较好。一般情况下耐蚀性与铜接近，但在大气中耐蚀性比铜好。

为了改善黄铜的性能，有些黄铜除锌以外还加入锡、铝、镍、锰等合金元素成为特种黄铜。例如含锡的黄铜，加入锡的主要作用是为了降低黄铜脱锌的倾向及提高在海水中的耐蚀性，同时还加入少量的锑、砷或磷可进一步改进合金的抗脱锌性能；这种黄铜广泛用于海洋大气及海水中作结构材料，因而又称为海军黄铜。

黄铜在某些普通环境中（如水、水蒸气、大气中），在应力状态下可能产生应力腐蚀破裂。黄铜弹壳的破裂就是最早出现的应力腐蚀破裂（又叫黄铜季裂），动力装置中黄铜冷凝管也出现破裂问题。此外，氨（或从铵类分解出来的氨）是使铜合金（黄铜和青铜）破裂的腐蚀剂。对黄铜来说，其耐破裂性能随含铜量的增加而增强，如含铜量 85% 的黄铜要比含铜量 65% 的黄铜具有较好的耐破裂性能。由于黄铜制件中的应力大多来源于冷加工产生的残余应力，因而可通过退火消除这种残余应力以解决破裂中的应力因素。

（2）青铜

青铜是铜与锡、铝、硅、锰及其他元素所形成的一系列合金，用得最广泛的是锡青铜，通常所说的青铜就是指的锡青铜。锡青铜的力学性能、耐磨性、铸造性及耐蚀性良好，是中国历史上最早使用的金属材料之一。锡青铜在稀的非氧化性酸以及盐类溶液中有良好的耐蚀性，在大气及海水中很稳定，但在硝酸、氧化剂及氨溶液中则不耐蚀。锡青铜有良好的耐冲刷腐蚀性能，因而主要用于制造耐磨、耐冲刷腐蚀的泵壳、轴套、阀门、轴承、旋塞等。

铝青铜的强度高，耐磨性好，耐蚀性和抗高温氧化性良好，它在海水中耐空泡腐蚀及腐蚀疲劳性能比黄铜优越，应力腐蚀破裂的敏感性也较黄铜小，此外还有铜镍、铜铍等许多种类的铜合金。

三、镍及镍合金

镍的密度为 $8.907g/cm^3$，熔点 1450℃，镍的强度高，塑性、延展性好，可锻性强，易于加工，镍及其合金具有非常好的耐蚀性。由于镍基合金还具有非常好的高温性能，所以发展了许多镍基高温合金以适应现代科学技术发展的需要。镍的电极电位 $E^0_{Ni^{2+}/Ni} == -0.25V$。

1. 镍的耐蚀性能

概括地说，镍的耐蚀性在还原性介质中较好，在氧化性介质中较差。镍的突出的耐蚀性是耐碱，它在各种浓度和各种温度的苛性碱溶液或熔融碱中都很耐蚀。但在高温（300～500℃）、高浓度（75%～98%）的苛性碱中，没有退火的镍易产生晶间腐蚀，因此使用前要进行退火处理。当熔碱中含硫时，可加速镍的腐蚀。含镍的钢种在碱性介质中都耐蚀，就是因为镍在浓碱液中可在钢的表面上生成一层黑色保护膜而具有耐蚀性。

镍在大气、淡水和海水中都很耐蚀。但当大气中含 SO_2 则能使镍在晶界生成硫化物，影响其耐蚀性。

镍在中性、酸性及碱性盐类溶液中的耐蚀性很好；但在酸性溶液中，当有氧化剂存在时，会对镍的腐蚀起到剧烈加速作用。在氧化性酸中，镍迅速溶解；镍对室温时浓度为80％以下的硫酸是耐蚀的，但随温度升高，腐蚀加速。在非氧化性酸中（如室温时的稀盐酸），镍尚耐蚀，当温度升高，腐蚀加速；当有氧化剂存在（如向盐酸或硫酸内通入空气）时，腐蚀速度剧增。镍在许多有机酸中也很稳定，同时镍离子无毒，可用于制药和食品工业。

2. 镍合金的耐蚀性能

镍合金包括许多种耐蚀、耐热或既耐蚀又耐热的合金，它们具有非常广泛的用途，在许多重要的技术领域中获得了应用。常用的有以下几种。

（1）镍铜合金

镍铜合金包括一系列的含镍70％左右、含铜30％左右的合金，即蒙乃尔（Monel）合金。这类合金的强度比较高，加工性能好，在还原性介质中比镍耐蚀，在氧化性介质中又较铜耐蚀，在磷酸、硫酸、盐酸中，盐类溶液和有机酸中都比镍和铜更为耐蚀。它们在大气、淡水及流动的海水中很耐蚀，但应避免缝隙腐蚀。这类合金在硫酸中的耐蚀性较镍好；在温度不高的稀盐酸中尚耐蚀，温度升高腐蚀加剧。在任何浓度的氢氟酸中，只要不含氧及氧化剂，耐蚀性非常好。在氧化性酸中不耐蚀，蒙乃尔合金在碱液中也很耐蚀。但是在热浓苛性碱中，在氢氟酸蒸气中，当处于应力状态下都有产生应力腐蚀破裂的倾向，蒙乃尔合金力学性能、加工性能良好，因价格较高，生产中主要用以制造输送浓碱液的泵与阀门。

（2）镍钼铁合金和镍铬钼铁合金

这两个系列的镍合金，称为哈氏合金（Hastelloy 合金）。哈氏合金包括一系列的镍、钼、铁及镍、钼、铬、铁合金，如以镍、钼、铁为主的哈氏合金 A 及哈氏合金 B 为例，在非氧化性的无机酸和有机酸中有高的耐蚀性，如耐 70℃ 的稀硫酸，对所有浓度的盐酸、氢氟酸、磷酸等腐蚀性介质的耐蚀性能好；以镍钼铬铁（还含钨）为主的哈氏合金 C，就是一种既能耐强氧化性介质的腐蚀又耐还原性介质的腐蚀的优良合金。这种合金对强氧化剂（如氯化铁、氯化铜等以及湿氯）的耐蚀性都好，并且对许多有机酸和盐溶液的腐蚀抵抗能力也很强，被认为是在海水中具有最好的耐缝隙腐蚀性能的材料之一。哈氏合金可以用于1095℃以下氧化和还原气氛中。在相当高的温度下仍有较高的强度，因而可作为高温结构材料。

哈氏合金在苛性碱和碱性溶液中都是稳定的。

同时，这类合金的力学性能、加工性能良好，可以铸造、焊接和切削，因此在许多重要的技术领域中获得了应用。由于镍合金价格昂贵，镍又是重要的战略资源，在应用时要考虑到经济承受能力和必要性。

四、钛及钛合金

钛用作结构材料始于 20 世纪 50 年代，是一种较新的材料。钛是轻金属，熔点为1725℃，密度为 $4.5g/cm^3$，只有铁的 1/2 略强。钛和钛合金有许多优良的性能，钛的强度高，具有较高的屈服强度和抗疲劳强度，钛合金在 $450\sim480℃$ 下仍能保持室温时的性能，同时在低温和超低温下也仍能保持其力学性能，随着温度的下降，其强度升高，而延伸性逐渐下降，因而首先被用于航空工业；还由于钛材的耐蚀性好，可耐多种氧化性介质的腐蚀；

此外钛材的加工性能好，但其焊接工艺只能在保护性气体中进行。因此，作为一类新型的结构材料，钛及其合金在航空、航天、化工等领域日益得到广泛应用。

钛的电极电位 $E^0_{Ti^{2+}/Ti}=-1.63V$，是很活泼的金属，但是它有很好的钝化性能，所以钛在许多环境中表现出很高的耐蚀性。

1. 钛的耐蚀性能

钛的耐蚀性取决于其钝态的稳定性。在许多高温、高压的强腐蚀性介质中，钛的耐蚀性远远优于其他材料，这与钛的氧化膜具有很高的稳定性有关，其稳定程度远远超过铝及不锈钢的氧化膜，而且在机械损坏后能很快修复。

钛在大气、海水和淡水中都有优异的耐蚀性，无论在一般污染的大气与海水中、或在较高流速及温度的条件下，钛都有很高的耐蚀性。钛在非氧化性酸中（磷酸、稀硫酸或纯盐酸）是不耐蚀的，但在盐酸中加入氧化剂（如硝酸、铬酸盐等），可以显著地降低钛在盐酸中的腐蚀率，如在 1 份硝酸、3 份盐酸的混合酸（王水）中，60℃ 以下时钛基本不腐蚀。当酸中含少量氧化性金属离子（如 Fe^{3+}、Cu^{2+} 等）也可使腐蚀减缓。

钛在湿的氧化性介质中很耐蚀，如在任何浓度的硝酸中均有很高的稳定性（红色发烟硝酸除外）。它在压力为 19.62MPa 的尿素合成塔的条件下耐蚀性很好。而在无水的干燥氯气中氧化剧烈，产生自燃，但在潮湿氯气中却又相当稳定。

钛对大多数无机盐溶液是耐蚀的，但不耐 $AlCl_3$ 的腐蚀；钛在温度不很高的大多数碱溶液中是耐蚀的，但随溶液温度与浓度的升高，耐蚀性降低。

钛有明显的吸氢现象。不仅在处理含氢介质中是如此，即使介质中不含氢气，仅腐蚀过程中产生的氢，也有可能出现这种现象。钛由于吸氢可使钛变脆而导致破裂，这是钛材应用中的主要问题。钛中含铁，或表面铁的污染，会迅速增高氢的扩散速度，存在的铁越多，钛的吸氢现象越严重。表面污染的铁一般来自制造过程，所以钛制设备的制造施工必须十分注意，焊接必须保证不受污染。对于现场组装的大型装置可预先对钛结构施加阳极电流，这一方面可使表面钝化，同时，还可溶解外来的铁，因而效果很好。但对于强腐蚀环境在必要时需要采用经常性的阳极保护来提供持久的耐蚀性。一般情况下，钛不发生点蚀，晶间腐蚀倾向也小，钛抗腐蚀疲劳性能、耐缝隙腐蚀性能良好，但在湿氯介质中钛会发生缝隙腐蚀。

由于钛的突出的耐蚀性，在化学工业及其他工业部门中用以制造对耐蚀性有特殊要求的设备，如热交换器、反应器、塔器、电解槽阳极、离心机、泵、阀门及管道等。也用于各种设备的衬里。

2. 钛合金的耐蚀性能

钛合金的力学性能与耐蚀性能均较纯钛有较多提高，少量钯（0.15%）加入钛中形成钛钯合金能促进钝化，改善在非氧化性酸中的耐蚀性，如果非氧化性酸中添加氧化剂更有利于钛钯合金的钝化。

钛钯合金在高温、高浓度氯化物溶液中极耐蚀，且不产生缝隙腐蚀，但对强还原性酸还是不耐蚀的。含钼的钛合金可提高在盐酸中的耐蚀性。高应力状态下的钛合金在某些环境中（如甲醇、高温氯化物等）有应力腐蚀破裂倾向。

思考题

1. 钢中含硫量高会对钢的耐蚀性产生哪些影响？
2. 高硅铸铁为什么具有较好的耐蚀性？在安装使用过程中应注意些什么？
3. 不锈钢具有优良耐蚀性是利用什么原理？为什么不锈钢抗氧化性介质的性能远好于抗还原性介质的性能？
4. 不锈钢中主要合金元素有哪些？对钢起什么作用？
5. 铝及铝合金、铜及铜合金的耐蚀特点有何区别？
6. 说明镍的耐蚀特点。在化工生产中常用的镍合金有哪几类？主要成分是什么？
7. 试述钛的主要耐蚀性能。

习　题

1. 含碳量对铁碳合金在酸中的耐蚀性有何影响？解释为什么在浓硫酸中铸铁的耐蚀性优于碳钢？
2. 指出碳钢及铸铁在下列溶液中的耐蚀性：
   （1）$30\%H_2SO_4$；（2）$80\%H_2SO_4$；（3）$10\%NaCl$；（4）$3\%CuSO_4$；（5）$5\%Na_3PO_4$。
3. 简述不锈钢的耐蚀特点。为什么铬不锈钢的成分一般是含铬量高而含碳量低？
4. 奥氏体不锈钢的金相组织有什么特点？它具有哪些优越的性能？
5. 以海水为循环冷却水的热交换器使用普通的18-8型不锈钢制造有何问题？说明理由。
6. 为什么铝在电解质溶液中只有当 pH 值在 4～10 范围内才具有耐蚀性？

第 六 章

非金属材料的耐蚀性能

大多数非金属材料有着良好的耐蚀性能和某些特殊性能，并且原料来源丰富，价格比较低廉，所以近年在化工生产中用得越来越多。采用非金属材料不仅可以节省大量昂贵的不锈钢和有色金属，实际上在某些工况下，已不再是所谓"代材"了，而是任何金属材料所不能替代的。例如，合成盐酸、氯化和溴化过程、合成酒精等生产系统，只有采用了大量非金属材料才使大规模的工业化得以实现。处于1100℃以上高温气体环境中工作的烧嘴、气-气相高温换热器等也只有非金属材料才能胜任。另外，某些要求高纯度的产品，如医药、化学试剂、食品等生产设备，很多都是采用陶瓷、玻璃、搪瓷之类的非金属材料制造。当然，就目前而言，在工程领域里所使用的材料，无论从数量上或使用经验方面仍然是金属材料处于主导地位。但从发展趋势来看，非金属材料的应用比重必将不断增多。

但是，大多数非金属材料较普遍地应用到工业上的历史还不很长，以塑料应用到化学工业上作结构材料来说，最早也只能追溯到20世纪30年代。而对非金属材料综合性能的提高，施工技术的改进，则还处于初期发展阶段，需要更多的人去研究、探索。

本章主要介绍几种在化工防腐蚀工程中应用较广的非金属材料。

第一节　一　般　特　点

非金属材料与金属材料相比较，具有以下特点。

1. 密度小，机械强度低

绝大多数非金属材料的密度都很小，即使是密度相对较大的无机非金属材料（如辉绿岩铸石等）也远小于钢铁。非金属材料的机械强度较低，刚性小，在长时间的载荷作用下，容易产生变形或破坏。

2. 导热性差（石墨除外）

导热、耐热性能差，热稳定性不够，致使非金属材料一般不能用作热交换设备（除石墨外），但可用作保温、绝缘材料。同时非金属设备也不能用于温度过高、温度变化较大的环境中。

3. 原料来源丰富，价格低廉

天然石材、石灰石等直接取自于自然，以石油、煤、天然气、石油裂解气等为原料制成的有机合成材料种类繁多，产量巨大，为社会提供大量质优价廉的防腐材料。

4. 优越的耐蚀性能

非金属材料的耐蚀性能主要取决于材料的化学组成、结构、孔隙率、环境的变化对材料性能的影响等。如以碳酸钙为主要成分的非金属材料易遭受无机酸腐蚀，但耐碱性良好；以二氧化硅为主要成分的非金属材料易遭受浓碱的腐蚀，但耐酸性良好。对有机高分子材料来说，一般它们的相对分子质量越大，耐蚀性越好。有机高分子材料的破坏，多数是由于氧化作用引起的，如强氧化性酸（硝酸、浓硫酸等）能腐蚀大多数的有机高分子材料。有机溶剂也能溶解很多有机高分子材料。

有时非金属材料的破坏不一定是它的耐蚀性不好，而是由于它的物理、力学性能不好引起的，如温度的骤变、材料的各组成部分线胀系数的不同、材料的易渗透性或其他方面的原因，都有可能引起材料的破坏。

有些非金属材料长期载荷下的机械强度与短期载荷下所测定的机械强度有较大的差别，在进行设备设计时应充分考虑这种因素。

第二节　防腐蚀涂料

涂料是目前化工防腐中应用最广的非金属材料品种之一。

由于过去涂料主要是以植物油或采集漆树上的漆液为原料经加工制成的，因而称为油漆。石油化工和有机合成工业的发展，为涂料工业提供了新的原料来源，如合成树脂、橡胶等。这样，油漆的名字就不够确切了，所以比较恰当地应称为涂料。

一、涂料的种类和组成

1. 涂料的种类

涂料一般可分为油基涂料（成膜物质为干性油类）和树脂基涂料（成膜物质为合成树脂）两类。按施工工艺又可分为底涂、中涂和面涂，底涂是用来防止已清理的金属表面产生锈蚀，并用它增强涂膜与金属表面的附着力。中涂是为了保证涂膜的厚度而设定的涂层，面涂为直接与腐蚀介质接触的涂层。因此，面涂的性能直接关系到涂层的耐蚀性能。

2. 涂料的组成

涂料的组成大体上可分成三部分，即主要成膜物质、次要成膜物质和辅助成膜物质。

主要成膜物质是油料、树脂和橡胶，在涂料中常用的油料是桐油、亚麻仁油等。树脂有天然树脂和合成树脂。天然树脂主要有沥青、生漆、天然橡胶等；合成树脂的种类很多，常用的有酚醛、环氧、呋喃、过氯乙烯、氟树脂；合成橡胶有氯磺化聚乙烯橡胶、氟橡胶及聚氨酯橡胶等。

次要成膜物质是颜料。颜料除使涂料呈现装饰性外，更重要的是改善涂料的物理、化学性能，提高涂层的机械强度和附着力、抗渗性和防腐蚀性能。颜料分为着色颜料、防锈颜料和体质颜料三种。着色颜料主要起装饰作用；防锈颜料起防蚀作用；体质颜料主要是提高漆膜的机械强度和附着力。

辅助成膜物质只是对成膜的过程起辅助作用。它包括溶剂和助剂两种。

溶剂和稀释剂的主要作用是溶解和稀释涂料中的固体部分，使之成为均匀分散的漆液。涂料敷于基体表面后即自行挥发，常用的溶剂及稀释剂多为有机化合物，如松节油、汽油、苯类、醇类及酮类等。

助剂是在涂料中起某些辅助作用的物质，常用的有催干剂、增塑剂、固化剂、防老剂、流平剂、防沉剂、触变剂等。

涂料的组成见图 6-1。

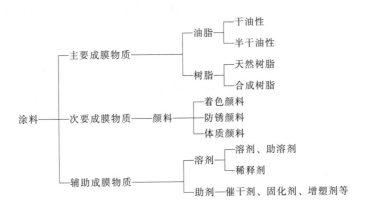

图 6-1　涂料的组成

二、常用的防腐蚀涂料

涂料的种类很多，作为防腐蚀的涂料也有多种，下面是一些常用的防腐涂料。

1. 氯磺化聚乙烯（橡胶）涂料

氯磺化聚乙烯是聚乙烯经氯化和磺化反应而得的高分子（相对分子质量＝20000～30000）化合物。

用于涂料的产品有：氯磺化聚乙烯-20 和氯磺化聚乙烯-30 两种。前者的氯、硫含量为29％～33％和 1.3％～1.7％；后者的氯、硫含量分别为 40％～45％和 0.9％～1.1％，它们易溶于芳烃和卤烃中。

氯磺化聚乙烯防腐蚀涂料由氯磺化聚乙烯橡胶、硫化剂、硫化促进剂、颜料和溶剂等组成。在 120℃以上使用时，还需加入防老剂。固化后的涂层结构饱和，又无发色基因存在，因而涂层具有良好的耐氧化、耐晒和保色性好的特点，亦耐酸、耐碱。涂层本身既有弹性，又耐磨蚀，所以除可作为金属防腐蚀涂料之外，尤其适用于橡胶、塑料、织物等的防护。

氯磺化聚乙烯涂料作为价廉物美的涂料品种，广泛用于工业厂房、设备及桥梁等外表面的抗大气腐蚀。

2. 高氯化聚乙烯涂料

高氯化聚乙烯涂料，国外早在 20 世纪 60 年代就取得了成功的应用，该产品的主要成膜物质"高氯化聚乙烯"兼有橡胶和塑料的双重特性，是"氯化高聚物中的新成员"。

氯含量超过 60％的高氯化聚乙烯树脂，具有良好的耐候、耐臭氧、耐水、耐油、耐燃、耐化学品等性能，作为成膜材料所制成的涂料可替代过氯乙烯、氯化橡胶、氯磺化聚乙烯等涂料，其性能则大大超过了这些涂料。

高氯化聚乙烯涂料是以高氯化聚乙烯树脂为主要成膜物质，加入不同的改性树脂、增塑剂、溶剂、添加剂、防锈颜料、填料等，可生产出多种高氯化聚乙烯重防腐涂料配套体系。

高氯化聚乙烯涂料继承了过氯乙烯及氯磺化聚乙烯防腐涂料的优异性能又能补充其不足，具体体现在以下几个方面。

（1）防腐、防水，耐候、耐油性好

高氯化聚乙烯是饱和结构的高聚物，因此具有更好的耐臭氧、耐光老化、耐热老化、耐候老化等性能。高氯化聚乙烯的主链上没有双键，故其性能稳定，涂膜对水蒸气和氧气的渗透率低，因此具有更优异的防水性、涂膜封闭性，对化工大气，酸、碱、盐类等矿物油等，具有更优异的防蚀性能。

（2）具有阻燃、防霉功能

高氯化聚乙烯树脂不易燃，其制成的涂膜在火焰的作用下会形成热障作用的多孔碳化层，因而具有良好的阻燃性，由于高氯化聚乙烯"氯"含量较高，因此具有抑制霉菌滋长的性能。

（3）装饰性优良

高氯化聚乙烯面漆和磁漆，具有涂膜平整、色泽丰满、装饰性好、优于过氯乙烯、氯磺化聚乙烯涂料的涂膜光泽。

（4）物理、力学性能好

高氯化聚乙烯涂膜坚韧耐磨，兼有橡胶的韧性和塑料的硬性。高氯化聚乙烯涂料对钢铁结构表面、水泥墙面均有优良的附着力，涂层与涂层之间由于溶剂的浸渗作用，使上下层相互粘成一体，从而加强了涂膜间的黏附力，在旧漆膜上如需重新涂装时，由于干湿涂膜间有互溶之特性，当维修时不需要去掉牢固的旧涂膜，因此维修十分方便。

（5）施工性能

涂膜厚，一道涂膜可达 $40\sim50\mu m$；单组分包装不用固化剂，施工方便；涂膜干燥迅速，在常温 $2\sim3h$ 内即可涂刷第二道涂料，溶剂挥发后涂膜没有毒性，可在 $-15\sim50℃$ 的环境中施工，涂膜可在 $-20\sim120℃$ 的宽广条件下长期使用。

（6）应用面广

由于高氯化聚乙烯涂料是一种新型高性能重防腐涂料，对各种材质具有很强的附着力，并具有诸多优异的防腐性能和装饰性，拓宽了应用范围。目前在冶金、石油、化工、电力、机械、纺织、印染及电子等行业得到了广泛的应用。

3. 聚氨酯涂料

此类涂料是指分子结构中含有相当多氨基甲酸酯键的涂料，由多异氰酸酯和含活性氢的化合物"逐步聚合"而得。涂层中不仅含有氨基甲酸酯键，而且还含有醚键、脲键、脲基甲酸酯键、缩二脲键及异氰脲酸酯键等，从而使它兼有多种合成树脂的性能，堪称合成树脂涂料中性能最优者。其优异性能有：坚硬、柔韧、耐磨；光亮、丰满、高装饰性；耐腐蚀；既可自干亦可烘干，适用范围广；可与多种树脂配合使用，可按不同要求调节配方制得多品种多性能的涂料产品，满足各种需要。其不足之处是施工要求较高，有时层间附着力欠佳，芳香族异氰酸酯的产品户外应用易泛黄等。聚氨酯涂料也是近年来发展很快的涂料品种之一。按涂料组成和固化机理，分为五类：

① 聚氨酯单组分涂料；

② 单组分湿固化聚氨酯涂料；

③ 单组分封闭型聚氨酯涂料；

④ 双组分催化型聚氨酯涂料；

⑤ 双组分羟基固化型聚氨酯涂料。

目前国产定型产品品种有五十余个。广泛用于各种化工防腐蚀，海上设备、飞机、车辆、仪表等的涂装。

4. 环氧树脂涂料

这是一类以各种环氧树脂为主要成膜物质并加有各种辅助材料的防腐蚀涂料。主要特性有：非常强的附着力；优异的耐蚀性能；可耐各种稀酸、稀碱及盐溶液，耐温不超过 80℃，对多数溶剂具有抗溶解能力。

工程上用的环氧树脂为双组分包装，固化剂为多元胺、聚酰胺或胺加成物。

环氧树脂涂料施工方便，既可用高压无气喷涂、也可采用人工刷涂。

根据环氧树脂的分子结构，可用各种树脂进行改性，制备多品种、多性能的防腐蚀涂料。特别是环氧树脂重防腐涂料的问世，为环氧树脂防腐涂料的发展开辟了新的广阔的应用空间。环氧自流平地坪涂料，用于制药、食品工业、厂房地坪。环氧云铁重防腐涂料用于设备内防腐，环氧富锌底层涂料，用于钢铁表面底层。

5. 酚醛树脂涂料

酚醛树脂涂料是以酚醛树脂为主要膜物质，加入填料和适当的助剂配制而成的防腐蚀涂料。

酚醛树脂具有突出的耐酸性，也耐各种盐溶液和多种有机溶剂，但不耐碱侵蚀。另外，涂层内聚力大，弹性差，对金属的附着力不理想，冷固化酚醛树脂涂料固化剂为酸性，会对基材钢铁产生腐蚀，所以常与其他树脂底漆配套使用。酚醛树脂不适宜长期储存，一般储存期为 6 个月，冷固化酚醛树脂防腐涂料多由施工单位现场自行配制，其参考配方见表 6-1。

表 6-1　酚醛树脂涂料参考配方（质量分数）

酚醛树脂(2130)	57.4%
固化剂(NL 固化剂或苯磺酰氯)	4.60%
无水乙醇	23.6%
石英粉	14.4%

使用时现场配制，并在 0.5h 内用完，先用其他树脂涂料（如环氧树脂涂料）刷一道（打底），用于防止液体介质腐蚀的总膜厚不应小于 300μm。

该涂层对非氧化性酸和酸性气体的耐蚀性好，用作耐溶剂涂层时，应放置较长时间（养护期为 25℃，7 天）并经检查完全固化后方可使用。

酚醛树脂可与环氧树脂配制成改性环氧酚醛树脂涂料，兼有两种树脂的优点。

6. 呋喃树脂涂料

呋喃树脂涂料就是将呋喃树脂溶于适当的溶剂中，再加入颜料、填料配制而成的各种磁漆。呋喃树脂耐酸性能相当于酚醛树脂，耐碱性能很好。可在 160℃ 以下使用，但由于力学性能和施工方面的限制，在防腐蚀涂料中仅以糠醇树脂涂料等几个品种较为常用。

呋喃树脂涂层坚硬，缺乏柔韧性，对金属附着力不好。此外，呋喃树脂的成膜性差，大部分品种均需在酸性催化剂或高温作用下才能成膜。正是由于这些缺点,限制了它们的应用。各种改性呋喃树脂的出现,增加了呋喃树脂涂料的品种,逐步扩大了它们的应用。

与酚醛树脂一样,呋喃树脂冷固化的固化剂也多为酸性,底层必须用其他树脂涂料打底。

呋喃树脂可用环氧树脂对其改性,配制成改性环氧呋喃树脂涂料,兼有环氧与呋喃两种树脂的优点。

7. 改性涂料

改性涂料是由两种或两种以上树脂配制而成的,中国目前商品涂料多为改性涂料,自配涂料也大量使用改性涂料,下面就自配涂料加以说明。

(1) 改性环氧酚醛涂料

改性环氧酚醛涂料是由环氧树脂和酚醛树脂溶于有机溶剂中配制而成的。它兼有环氧和酚醛两者的长处,既有环氧树脂的良好的附着力,又有酚醛树脂的良好的耐酸性能,参考配方见表 6-2。

该涂料固化剂为胺类,没有酸性,可以直接刷在钢铁表面。

(2) 改性环氧呋喃涂料

改性环氧呋喃涂料是由环氧树脂和呋喃树脂溶于有机溶剂中配制而成的。它有环氧和呋喃两者的长处,既有环氧树脂良好的力学性能和附着力,又有呋喃树脂的耐酸碱、耐溶剂及耐水性能。

现场配制冷固化改性环氧呋喃树脂涂料参考配方见表 6-3。

表 6-2 改性环氧酚醛涂料参考配方 (质量分数)	
环氧树脂	36%
酚醛树脂	15%
T31(固化剂)	15%
邻苯二甲酸二丁酯	5%
丙酮	20%
石英粉	8%

表 6-3 改性环氧呋喃树脂涂料参考配方 (质量分数)	
环氧树脂	36%
酚醛树脂	15%
T31(固化剂)	15%
邻苯二甲酸二丁酯	5%
丙酮	20%
石英粉	8%

该涂料固化剂为胺类,没有酸性,可以直接用于钢铁表面。

三、重防腐涂料

重防腐涂料是防腐蚀领域最重要的涂料品种,与普通防腐涂料相比,主要区别是在填料、颜料和膜厚。重防腐涂料中的填料、颜料具有特殊功能,如用于底漆的重防腐涂料,常选用锌粉作为填料,由于锌的电位较负,可起到牺牲阳极的阴极保护作用;而在涂料中加入玻璃鳞片填料,则可极大地提高涂层抗渗性能。重防腐涂料的膜层较厚,每道涂料的干膜厚度至少在 $50\mu m$ 以上,既减小了作业的工作量,又可有效地得到较厚的膜层。

满足严重苛刻的腐蚀环境,同时又能保证长期的防护,重防腐涂料就是针对上述条件而研制开发出的新的涂料。在化工大气和海洋环境里,重防腐涂料一般可使用 10 或 15 年以上,在酸、碱、盐等溶剂介质里并在一定温度的腐蚀条件下一般能使用 5 年以上。

1. 富锌涂料

富锌涂料是一种含有大量活性填料——锌粉的涂料。这种涂料一方面由于锌的电位较负，可起到牺牲阳极的阴极保护作用，另一方面在大气腐蚀下，锌粉的腐蚀产物比较稳定且可起到封闭、堵塞涂膜孔隙的作用，所以能得到较好的保护效果。富锌涂料用作底层涂料，结合力较差，所以涂料对金属表面清理要求较高。为延长其使用寿命，可采用相配套的重防腐中间涂料和面层涂料与之匹配，达到长效防护的目的。图 6-2 所示为袋装锌粉。

图 6-2 袋装锌粉

(a) 云母氧化铁红   (b) 云母氧化铁灰

图 6-3 云母氧化铁

2. 厚浆型耐蚀涂料

该涂料是以云母氧化铁（见图 6-3）为颜料配制的涂料，一道涂膜厚度可达 $50\mu m$ 以上，涂料固体含量高，涂膜孔隙率低，可用于相对苛刻的气相、液相介质。成膜物质通常选用环氧树脂、氯化橡胶、聚氨酯-丙烯酸树脂等。在工业上主要用于储罐内壁、桥梁、海洋设施等混凝土及钢结构表面。

3. 玻璃鳞片涂料

由于涂层破坏主要是因介质的渗透造成的，因此研究延长介质对涂层的渗透时间是提高涂层寿命的一个重要方面，为此在 20 世纪 60 年代，美国首先推出了具有高效抗渗性能的玻璃鳞片涂料，见图 6-4。

 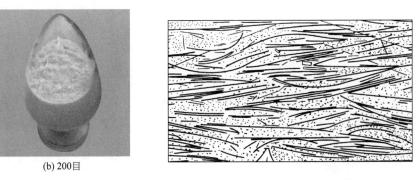

(a) 80目   (b) 200目

图 6-4 玻璃鳞片   图 6-5 玻璃鳞片在其制成的玻璃鳞片涂层中的放大照片

玻璃鳞片涂料是以耐蚀树脂为基础加 20%～40% 的玻璃鳞片为填料的一类涂料，其耐蚀性能主要取决于所选用的树脂，此树脂有三大类：

① 双酚 A 型环氧树脂；

② 不饱和聚酯树脂；

③ 乙烯基酯树脂。

这些树脂以无溶剂形态使用，因此一次涂刷可得较厚涂层（$150\sim300\mu m$)，层间附着力好。此外不论树脂、稀释剂、固化剂等的品种、用量、使用方法均与上述树脂的普通涂料无多大差别。

由于大量鳞片状玻璃片在厚涂层中和基体表面以平行的方向重叠，参见图 6-5，从而产生了以下的特殊作用：

① 延长了腐蚀介质的渗透路径；

② 提高了涂层的机械强度、表面硬度和耐磨性、附着力；

③ 减小了涂层与金属之间热膨胀系数的差值，可阻止因温度急变而引起的龟裂和剥落。

以上这些均是保证涂层具有优异防腐蚀性能的重要因素。

玻璃鳞片涂料一般用于需要长期防腐的场合，是一种高效重防腐涂料。目前中国对玻璃鳞片涂料的开发取得了很大进展，已能生产出较高水平的玻璃鳞片涂料。

4. 聚硅氧烷

聚硅氧烷由含羟基的聚硅氧烷树脂、脂肪族异氰酸固化剂、高级颜料、助剂、溶剂等组成。

（1）性能

优异的耐水、耐盐水及耐化学品腐蚀性能；耐热性好（200℃＋2℃，8h 不开裂，不起泡，不脱落），优良的附着力，耐冲击性和柔韧性好；卓越的耐候性和保色保光性；突出的可经受冷热交变冲击性；超强的抗老化性能和防腐蚀性能。

（2）应用

聚硅氧烷涂料广泛用于长效防腐、高耐候性和高装饰性的涂装领域，聚硅氧烷面漆适用于对颜色、光泽度、防腐性能要求较高的钢结构，如桥梁、机场、建筑场馆、摩天轮等钢结构、沿海设施、港口码头防腐等。

5. 氟碳涂料

氟碳涂料是以高级氟碳树脂为主要成膜物质的双组分涂料。

（1）性能

氟碳树脂涂料引入的氟元素电负性大，碳氟键能强，具有特别优越的各项性能（耐候性、耐热性、耐低温性、耐化学药品性），而且具有独特的不粘性、低摩擦性和自洁功能。

得益于极好的化学惰性，氟碳涂料漆膜耐酸、碱、盐等化学物质和多种化学溶剂，为基材提供保护屏障，成为继丙烯酸涂料、聚氨酯涂料、有机硅涂料等高性能涂料之后，综合性能很好的防腐涂料。

（2）应用

氟碳涂料在化学工业、建筑、电器电子工业、机械工业、航空航天产业、家庭用品等各个领域得到广泛应用，尤其在建筑钢结构、桥梁等场合应用非常广泛。我国一些著名的建筑及桥梁均采用了氟碳防腐涂料，如浦东国际机场、虹口体育场、上海虹桥机场、国家体育场（鸟巢）、重庆大佛寺长江大桥等钢结构均采用了氟碳防腐涂料。

6. 聚脲

聚脲是由异氰酸酯组分与氨基化合物组分反应生成的一种弹性体物质，分为纯聚脲和半聚脲。它们的性能是不一样的，聚脲最基本的特性就是防腐、防水、耐磨等。

（1）性能

优异的理化性能，极高的抗张抗冲击强度，柔韧性、耐磨性、防湿滑性、耐老化性、耐腐蚀性好。

不含催化剂，快速固化，可在任意曲面、斜面及垂直面上喷涂成形，不产生流挂现象，5s凝胶，1min即可达到步行强度。

对湿气、温度不敏感，施工时不受环境温度、湿度的影响（可在−28℃下施工，可在冰面上喷涂固化）。

双组分，100%固含量，不含任何挥发性有机物（VOC），对环境友好，无污染施工，卫生施工无害使用。

热喷涂或浇注，一次施工厚度范围可从数百微米到数厘米，克服了以往多次施工的弊病。

具有良好的热稳定性，可在120℃下长期使用，可承受350℃的短时热冲击。

原形再现性好，涂层连续、致密，无接缝，无针孔，美观实用耐久。

使用成套设备施工，效率极高，一次施工即可达到设计厚度要求。设备配有多种切换模式，既可喷涂，也可浇挂，并可通过施工工艺控制达到防滑效果。

具有良好的黏结力，可在钢材、木材、混凝土等任何底材上喷涂成形。

（2）应用

聚脲在酸、碱、盐、油、水和严寒、地下层及大海等较恶劣生态环境下，表现出优良的超重防腐蚀性能，这也是聚脲可以使用于外壁防腐蚀，替代橡胶衬里、化学工业钢制储存罐内塑料衬里和玻璃钢衬里的根本原因。聚脲具备施工便捷，不污染环境，固化快，衬里经久耐用，耐介质腐蚀等优势。聚脲还适用于有保温需求的化工储罐，作为保温层的保护层，适用于化工储罐围堰、化学工业地沟、电工排水沟及地表防渗层等表层的保护。除此之外，在石油、石化、油气田化工机械设备及附加设施，酸洗设备、盐水罐、原油罐、管道内外壁、大中型储存罐、电镀槽、蒸发池等的保护、防腐蚀、防渗漏方面，聚脲也有着非常普遍的应用。

7. 石墨烯涂料

石墨烯涂料主要有纯石墨烯涂料和石墨烯复合涂料，前者主要是指纯石墨烯在金属表面发挥防腐蚀、导电等作用的功能涂料；后者主要是指石墨烯首先与聚合物树脂复合，然后以复合材料制备功能涂料。石墨烯可显著提升聚合物的性能，因此石墨烯复合涂料成为石墨烯的重要应用研究领域。

（1）性能

石墨烯的物理结构稳定，具有高比表面积、快速良好的导电性、突出的力学性能、高导热性等性能。

石墨烯具有优异的化学稳定性、热力学稳定和优异的防腐蚀性能，它的化学结构同样牢固。石墨烯复合防腐涂料具有防腐效果佳、涂层厚度小、附着力高、漆膜重量轻、耐盐雾性能优异等优势。

（2）应用

石墨烯在防腐涂料领域有着广泛的应用前景。石墨烯不仅能防腐，而且是世界上较薄的防腐蚀涂层，未来可以应用于电子设备、部件等需要很薄涂层的应用领域。作为一种新型的防腐材料，在常用的环氧防腐涂料的基础上通过添加石墨烯制备的新型涂料不仅具有环氧富锌涂料的阴极保护效应、玻璃鳞片涂料的屏蔽效应，更具有韧性好、附着力强、耐水性好、硬度高等特点，其防腐性能超过现有的重防腐涂料，可广泛应用于海洋工程、交通运输、大型工业设备及市政工程设施等领域的涂装保护。

8. 纳米涂料

纳米等于十亿分之一米，相当于人头发丝直径的数万分之一。在小于 100nm 的尺寸范围，很多材料可以显示出特殊的物理化学特性。将纳米材料作为颜料加入涂料中可以改善涂料的某些性能，这类涂料称为纳米复合涂料。如将纳米材料用在底漆中，可以增加底漆与基材的附着力，提高机械强度，且纳米级的颜料与底漆的强作用力及填充效果，有助于改进底漆-涂层的界面结合；纳米材料在面漆中可起到表面填充和光洁作用，提高面漆的光泽，减少阻力。

纳米涂料表现出优异的抗腐蚀性能、抗老化性能以及防霉抗菌功能、耐洗刷功能和超强的自洁功能，主要应用在建筑、船舶、海洋工程、钢结构、集装箱、风电、石油化工、储罐和市政设施等行业。

四、水性防腐蚀涂料

近年来，随着社会工业化程度的提升，环境压力逐渐成为社会各界关注的重要议题。在防腐蚀涂料领域，传统的溶剂型体系占绝对垄断地位，在溶剂型涂料的生产和使用过程中，会大量挥发有机化合物（VOC）并排入大气中，不仅造成空气与水环境的污染，而且不利于人体健康和节能减排。减少 VOC 在空气中的排放一直是涂料防腐领域的重要议题之一，在环保意识逐渐强化的今天，开发低 VOC 绿色环保型涂料显得尤为重要。

绿色环保型涂料开发的技术线路主要有高固含量涂料、粉末涂料和水性涂料等几个方向，其中水性涂料发展最为迅速，市场占有率最高。

水性涂料就是用水作为溶剂或分散介质的一种涂料。水性涂料可分为三大类：水溶性涂料、水稀释性涂料、水分散性涂料（乳胶涂料）。

目前在防腐蚀涂料领域，大部分品种已有工业化产品面世，涉及车辆 、石化 、钢结构等领域的涂装。在整个涂料领域向水性化转移的过程中，水性防腐蚀涂料取得的业绩更加显著，但在长效重防腐工业涂料应用中，水性涂料使用还存在很多问题，暂时还不能大量推广应用。

在防腐涂料领域，目前常见的水性防腐蚀涂料有：水性聚氨酯涂料、水性环氧涂料、水性丙烯酸涂料及无机水性涂料等。

第三节　塑　　料

一、定义及特性

1. 塑料的定义

塑料是以合成树脂为主要原料，再加入各种助剂和填料组成的一种可塑制成型的材料。

2. 塑料的特性

① 质轻：塑料的密度大多在 $(0.8 \sim 2.3) \times 10^3 \text{kg/m}^3$ 之间，只有钢铁的 $1/8 \sim 1/4$。这

一特点，对于要求减轻自重的设备具有重要的意义。

② 优异的电绝缘性能：各种塑料的电绝缘性能都很好，是电机、电器和无线电、电子工业中不可缺少的绝缘材料。

③ 优良的耐蚀性能：很多塑料在一般的酸、碱、盐、有机溶剂等介质中均有良好的耐蚀性能。特别是聚四氟乙烯塑料更为突出，甚至连"王水"也不能腐蚀它。塑料的这一性能，使它们在化学工业中有着极为广泛的用途，可作为设备的结构材料、管道和防腐衬里等。

④ 良好的成型加工性能：绝大多数塑料成型加工都比较容易，而且形式多种多样，有的可采用挤压、模压、注射等成型方法，制造多种复杂的零部件，不仅方法简单，而且效率也高。有的可像金属一样，采用焊、车、刨、铣、钻等方法进行加工。

⑤ 热性能较差：多数塑料的耐热性能较差，且导热性不好，一般不宜用作换热设备；热膨胀系数大，制品的尺寸会受温度变化的影响。

⑥ 力学性能较差：一般塑料的机械强度都较低，特别是刚性较差，在长时间载荷作用下会产生破坏。

⑦ 易产生自然老化：塑料在存放或在户外使用过程中，因受日照和大气的作用，性能会逐渐变劣，如强度下降、质地变脆、耐蚀性能降低等。

二、组成

塑料的主要成分是树脂，它是决定塑料物理、力学性能和耐蚀性能的主要因素。树脂的品种不同，塑料的性质也就不同。

为改善塑料的性能，除树脂外，塑料中还常加有一定比例的添加剂，以满足各种不同的要求。塑料中的添加剂主要有下列几种。

1. 填料

填料又叫填充剂，对塑料的物理、力学性能和加工性能都有很大的影响，同时还可减少树脂的用量，从而降低塑料的成本。常用的填料有玻璃纤维、云母、石墨粉等。

2. 增塑剂

增塑剂能增加塑料的可塑性、流动性和柔软性，降低脆性并改善其加工性能，但使塑料的刚度减弱，耐蚀性降低。因此用于防腐蚀的塑料，一般不加或少加增塑剂。常用的增塑剂有邻苯二甲酸二丁酯、邻苯二甲酸二辛酯、磷酸三丁酯等。

3. 稳定剂

稳定剂能增强塑料对光、热、氧等老化作用的抵抗力，延长塑料的使用寿命。常用的稳定剂有硬脂酸钡、硬脂酸铅等。

4. 润滑剂

润滑剂能改善塑料加热成型时的流动性和脱模性，防止粘模，也可使制品表面光滑。常用的润滑剂有硬脂酸盐、脂肪酸等。

5. 着色剂

着色剂能增加制品美观及适应各种要求。

6. 其他

除上述几种添加剂外，为满足不同要求还可以加入其他种类的添加剂。如为使树脂固化，需用固化剂；为增加塑料的耐燃性，或使之自熄，需加入阻燃剂；为制备泡沫塑料，需用发泡剂；为消除塑料在加工、使用中，因摩擦产生静电，需加入抗静电剂；为降低树脂黏度、便于施工，可加入稀释剂等。

三、分类

塑料的种类很多，分类的方法也不尽相同，最常用的分类方法是按它们受热后的性能变化，将塑料分为两大类。

1. 热固性塑料

以缩聚类树脂为基本成分，加入填料、固化剂等其他添加剂制成的。这类塑料在一定温度条件下，固化成型后变为不熔、不溶状态，受热不会软化，强热后分解被破坏，不可反复塑制。以环氧树脂、酚醛树脂及呋喃树脂制得的塑料等即属这类塑料。

2. 热塑性塑料

以聚合类树脂为基本成分，加入少量的稳定剂、润滑剂或增塑剂，加入（或不加）填料制取而成的。这类塑料受热软化，具有可塑性，且可反复塑制。聚氯乙烯、聚乙烯、聚丙烯、氟塑料等属于这类塑料。

四、聚氯乙烯塑料（PVC）

聚氯乙烯塑料是以聚氯乙烯树脂为主要原料，加入填料、稳定剂、增塑剂等辅助材料，经捏合、混炼及加工成型等过程而制得的。

根据增塑剂的加入量不同，聚氯乙烯塑料可分为两类，一般在 100 份（质量比）聚氯乙烯树脂中加入 30～70 份增塑剂的称为软聚氯乙烯塑料，不加或只加 5 份以下增塑剂的称为硬聚氯乙烯塑料。

1. 硬聚氯乙烯塑料

硬聚氯乙烯塑料是中国发展最快，应用最广的一种热塑性塑料。由于硬聚氯乙烯塑料具有一定的机械强度，且焊接和成型性能良好，耐腐蚀性能优越。因此，已成为化工、石油、冶金、制药等工业中常用的一种耐蚀材料。

（1）物理、力学性能

表 6-4 列出了硬聚氯乙烯塑料的物理、力学性能。

表 6-4　硬聚氯乙烯塑料 20℃ 时的物理、力学性能

性能指标	单　位	数　值	性能指标	单　位	数　值
密度	g/cm^3	1.4～1.5	抗冲击强度	J/cm^2	＞15
热导率	kcal/(m·h·℃)	0.12～0.13	断裂伸长率	%	34
线胀系数	℃$^{-1}$	(5～6)×10^{-5}	布氏硬度		15～16HB
马丁耐热度	℃	65	弹性模量	MPa	3200
短时抗拉强度	MPa	≥50			

从表中数据可以看出，硬聚氯乙烯塑料的物理、力学性能在非金属材料中，可以说是相当优越的。但是，这些数据都是在 20℃ 时短期载荷的情况下的测定结果。随着环境温度的变化和载荷时间的延长，硬聚氯乙烯塑料的力学性能也将随之而起变化。因此，在计算受长期载荷和较高或较低温度条件下运行的设备时，许用应力的选取，必须充分考虑上述因素。

硬聚氯乙烯塑料的强度与温度之间的关系非常密切，一般情况下只有在 60℃ 以下方能保持适当的强度；在 60～90℃ 时强度显著降低；当温度高于 90℃ 时，硬聚氯乙烯塑料不宜用作独立的结构材料。当温度低于常温时，硬聚氯乙烯塑料的冲击韧性随温度降低而显著降低，因此当采用它制作承受冲击载荷的设备、管道时，必须充分注意这一特点。

（2）耐蚀性能

硬聚氯乙烯塑料具有优越的耐蚀性能，总的说来，除了强氧化剂（如浓度大于 50％ 的硝酸、发烟硫酸等）外，硬聚氯乙烯塑料能耐大部分的酸、碱、盐类，在碱性介质中更为稳定。在有机介质中，除芳香族碳氢化合物、氯代碳氢化合物和酮类介质、醚类介质外，硬聚氯乙烯塑料不溶于许多有机溶剂。

硬聚氯乙烯塑料的耐蚀性能与许多因素有关。温度越高，介质向硬聚氯乙烯内部扩散的速度就越快，腐蚀就越厉害；作用于硬聚氯乙烯的应力越大，腐蚀速度也越快。

目前对硬聚氯乙烯塑料的耐蚀性能尚无统一的评定标准。一般可根据其外观、体积、质量和力学性能的变化，加上实际生产中的应用情况，综合地加以评定。

（3）加工性能

硬聚氯乙烯塑料可以切削加工，也可以焊接。它的焊接不同于金属的焊接，它不用加热到流动状态，也不形成熔池，而只是把塑料表面加热到黏稠状态，在一定压力的作用下黏合在一起。目前用得最普遍的仍为电热空气加热的手工焊。这种方法焊接的焊缝一般强度较低也不够安全，因此焊缝系数的选取需视具体情况而定。

（4）应用

由于硬聚氯乙烯塑料具有一定的机械强度、成型加工及良好的焊接性能，且具有优越的耐蚀性能。因此在化学工业中被广泛用作生产设备、管道的结构材料，如塔器、储罐、电除雾器、排气烟囱、泵和风机以及各种口径的管道等。20 世纪 60 年代用硬聚氯乙烯塑料制作的硝酸吸收塔，使用二十余年，腐蚀轻微，效果良好。另外在氯碱行业中已成功地应用硬聚氯乙烯塑料氯气干燥塔；在硫酸生产净化过程中，已成功地应用了硬聚氯乙烯塑料电除雾器等。近年来，人们对聚氯乙烯做了许多改性研究工作，如玻璃纤维增强聚氯乙烯塑料，就是在聚氯乙烯树脂加工时，加入玻璃纤维进行改性，以提高其物理、力学性能，又如导热聚氯乙烯，就是用石墨来改性，以提高导热性能等。

2. 软聚氯乙烯塑料

软聚氯乙烯因其增塑剂的加入量较多，所以其物理、力学性能及耐蚀性能均比硬聚氯乙烯要差。

软聚氯乙烯质地柔软，可制成薄膜、软管、板材以及许多日用品；可用作电线电缆的保护套管、衬垫材料，还可用作设备衬里或复合衬里的中间防渗层等。

五、聚乙烯塑料(PE)

聚乙烯是乙烯的聚合物，按其生产方法可分为高压聚乙烯、中压聚乙烯和低压聚乙烯。

1. 聚乙烯的物理、力学性能

聚乙烯塑料的强度、刚度均远低于硬聚氯乙烯塑料，因此不适宜作单独的结构材料，只能用作衬里和涂层。

聚乙烯塑料的使用温度与硬聚氯乙烯塑料差不多，但聚乙烯塑料的耐寒性很好。

2. 聚乙烯塑料的耐蚀性能

聚乙烯有优越的耐蚀性能和耐溶剂性能，对非氧化性酸（盐酸、稀硫酸、氢氟酸等）、稀硝酸、碱和盐类均有良好的耐蚀性。在室温下，几乎不被任何有机溶剂溶解，但脂肪烃、芳烃、卤代烃等能使它溶胀；而溶剂去除后，它又恢复原来的性质。聚乙烯塑料的主要缺点是较易氧化。

3. 聚乙烯塑料的应用

聚乙烯塑料广泛用作农用薄膜、电器绝缘材料、电缆保护材料、包装材料等。聚乙烯塑料可制成管道、管件及机械设备的零部件，其薄板也可用作金属设备的防腐衬里。聚乙烯塑料还可用作设备的防腐涂层。这种涂层就是把聚乙烯加热到熔融状态使其黏附在金属表面，形成防腐保护层。聚乙烯涂层可以采用热喷涂的方法制作，也可采用热浸涂方法制作。

六、聚丙烯塑料（PP）

聚丙烯是丙烯的聚合物。近年来，聚丙烯的发展速度很快，是一种大有发展前途的防腐材料。

1. 物理、力学性能

聚丙烯塑料是目前商品塑料中密度最小的一种，其密度只有 $0.9\sim0.91g/cm^3$，虽然聚丙烯塑料的强度及刚度均小于硬聚氯乙烯塑料，但高于聚乙烯塑料，且其比强度大，故可作为独立的结构材料。

聚丙烯塑料的使用温度高于聚氯乙烯和聚乙烯，可达 100℃，如不受外力作用，在150℃时还可保持不变形。但聚丙烯塑料的耐寒性较差，温度低于 0℃，接近 -10℃时，材料变脆，抗冲击强度明显降低。另外，聚丙烯的耐磨性也不好。

2. 耐蚀性能

聚丙烯塑料有优良的耐蚀性能和耐溶剂性能。除氧化性介质外，聚丙烯塑料能耐几乎所有的无机介质，甚至到 100℃都非常稳定。在室温下，聚丙烯塑料除在氯代烃、芳烃等有机介质中产生溶胀外，几乎不溶解于所有的有机溶剂。

3. 应用

聚丙烯塑料可用作化工管道、储槽、衬里等，还可用作汽车零件、医疗器械、电器绝缘材料、食品和药品的包装材料等。若用各种无机填料增强，可提高其机械强度及抗蠕变性能，用于制造化工设备。若用石墨改性，可制成聚丙烯热交换器。

七、氟塑料

含有氟原子的塑料总称为氟塑料。随着非金属材料的发展，这类塑料的品种不断增加，目前主要的品种有聚四氟乙烯(简称 F-4)、聚三氟氯乙烯(简称 F-3)和聚全氟乙丙烯(简称 F-46)。

1. 聚四氟乙烯塑料 (PTFE)

（1）物理、力学性能

常温下聚四氟乙烯塑料的力学性能与其他塑料相比无突出之处，它的强度、刚性等均不如硬聚氯乙烯。但在高温或低温下，聚四氟乙烯的力学性能比一般塑料好得多。

聚四氟乙烯的耐高温、低温性能优于其他塑料，其使用温度范围为$-200 \sim 250℃$。

（2）耐蚀性能

聚四氟乙烯具有极高的化学稳定性，完全不与"王水"、氢氟酸、浓盐酸、硝酸、发烟硫酸、沸腾的氢氧化钠溶液、氯气、过氧化氢等作用。除某些卤化胺或芳香烃使聚四氟乙烯塑料有轻微溶胀现象外，酮、醛、醇类等有机溶剂对它均不起作用。对聚四氟乙烯有破坏作用的只有熔融态的碱金属（锂、钾、钠等）、三氟化氯、三氟化氧及元素氟等，但也只有在高温和一定压力下才有明显作用。另外，聚四氟乙烯不受氧或紫外线的作用，耐候性极好，如 0.1mm 厚的聚四氟乙烯薄膜，经室外暴露 6 年，其外观和力学性能均无明显变化。

聚四氟乙烯因其优越的耐蚀、耐候性能而被称为"塑料王"。

（3）表面性能及成型加工性能

聚四氟乙烯表面光滑，摩擦因数是所有塑料中最小的，可用于制作轴承、活塞环等摩擦部件。聚四氟乙烯与其他材料的黏附性很差。几乎所有固体材料都不能黏附在它的表面，这就给其他材料与聚四氟乙烯黏结带来困难。

聚四氟乙烯的高温流动性较差，因此难以用一般热塑性塑料的成型加工方法进行加工，只能将聚四氟乙烯树脂预压成型，再烧结制成制品。

（4）应用

聚四氟乙烯塑料除常用作填料、垫圈、密封圈以及阀门、泵、管子等各种零部件外，还可用作设备衬里和涂层。由于聚四氟乙烯的施工性能不良，使它的应用受到了一定的限制。聚四氟乙烯管制作的换热器见图 6-6。

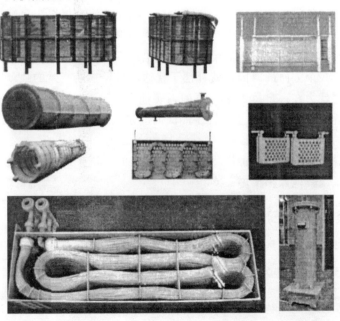

图 6-6 聚四氟乙烯管制作的换热器

2. 聚三氟氯乙烯塑料 (PCTFE)

聚三氟氯乙烯的强度、刚性均高于聚四氟乙烯，但耐热性不如聚四氟乙烯。

聚三氟氯乙烯的耐蚀性能优良，仅次于聚四氟乙烯，对无机酸（包括浓硝酸、王水等氧化性酸）、碱、盐、有机酸、多种有机溶剂等耐蚀能力优良，只有含卤素和氧的一些溶剂（如乙醚、醋酸乙酯、四氯化碳、三氯乙烯等）能使其溶胀，一般在常温下影响不大。不耐高温的氟、氟化物、熔融碱金属（钾、钠、锂等）、熔碱、浓硝酸和发烟硝酸、芳烃等。聚三氟氯乙烯吸水率极低、耐候性也非常优良。

聚三氟氯乙烯高温时（210℃以上）有一定的流动性，其加工性能比聚四氟乙烯好，可采用注塑、挤压等方法进行加工，也可与有机溶剂配成悬浮液，用作设备的耐蚀涂层。

聚三氟氯乙烯在化工防腐蚀中主要用于制作耐蚀涂层和设备衬里，还可制作泵、阀、管件和密封材料。

3. 聚全氟乙丙烯塑料 (FEP)

聚全氟乙丙烯是一种改性的聚四氟乙烯，耐热性稍次于聚四氟乙烯，而优于聚三氟氯乙烯，可在200℃的高温下长期使用。聚全氟乙丙烯的抗冲击性、抗蠕变性均较好。

聚全氟乙丙烯的化学稳定性极好，除使用温度稍低于聚四氟乙烯外，在各种化学介质中的耐蚀性能与聚四氟乙烯相仿。只有熔融碱金属、发烟硝酸、氟化氢对其有破坏作用。

聚全氟乙丙烯的高温流动性比聚三氟氯乙烯好，易于加工成型。可用模压、挤压和注射等成型方法制造各种零件，也可制成防腐涂层。

氟塑料换热器是20世纪60年代发展起来的一种新型换热设备，这种换热器在国外通称泰弗隆换热器，它是用氟塑料软管制成管束，制成管壳式或者沉浸式的换热器。一般情况下，管壳式换热器的腐蚀介质走管内，沉浸式换热器的腐蚀介质走管外。这种换热器是用管径很小的氟塑料管（较为普通的为 $\phi2.5mm \times 0.25mm$ 和 $\phi6mm \times 0.6mm$ 两种规格的管子）很多根（多达数千根）制成的管束。因为管径很小，所以非常紧凑，在较小的容积内可以容纳较大的传热面积，使得单位体积的传热能力有可能比金属的更好。氟塑料换热器由于采用了直径很小的管子，管壁很薄，热阻小，并且氟塑料很光滑，不易结垢，还因为软管在流体的流动状态下经常抖动，即使有沉淀结垢现象，也结不牢，容易剥落下来，随流体带走，所以不易结垢。有这几个方面的原因，就补偿了普通塑料导热性能差的缺点，因而其总传热效果仍然相当好，这就为在一定压力条件下的强腐蚀介质在相当高的温度下（如 160～170℃ 的 70% 左右的硫酸）的热交换装置开辟了广阔的前景。其还有重量轻、占地面积小等优点，是很有发展前途的一种新型换热设备。

氟塑料在高温时会分解出剧毒产物，所以在施工时，应采取有效的通风方法，操作人员应戴防护面具及采用其他保护措施。

八、氯化聚醚 (CPE)

氯化聚醚又称聚氯醚，具有良好的力学性能和突出的耐磨性能。吸水率低，体积稳定性好。氯化聚醚在温度骤变及潮湿情况下，也能保持良好的力学性能，它的耐热性较好，可在120℃的温度下长期使用。

氯化聚醚的耐蚀性能优越，仅次于氟塑料，除强氧化剂（如浓硫酸、浓硝酸等）外，能耐各类酸、碱、盐及大多数有机溶剂，但不耐液氯、氟、溴的腐蚀。

　　氯化聚醚的成型加工性能很好，可用模压、挤压、注射及喷涂等加工成型。成型件可进行车、铣、钻等机械加工。

　　氯化聚醚可用于制泵、阀、管道、齿轮等设备零件；也可用于防腐涂层；还可作为设备衬里。

九、聚苯硫醚（PPS）

　　聚苯硫醚（旧称聚苯撑硫）具有优良的耐热性能，可在 260℃ 下仍保持良好的抗拉强度和刚性。聚苯硫醚的体积稳定性优良，吸水率低。

　　聚苯硫醚的耐蚀性能优良，除强氧化性酸（如氯磺酸、硝酸、铬酸等）外，能耐强酸、强碱的作用，甚至在沸腾的盐酸和氢氧化钠中也较稳定。在 175℃ 以下不溶于所有溶剂，在较高温度中，能部分溶于二苯醚、氯化萘、联苯及某些脂肪族的酰胺类化合物中。

　　聚苯硫醚的成型工艺性能较好，可用作生产设备及零部件，也可应用于各种涂装工艺制成涂层。在高温和腐蚀环境中有一定用途。

第四节　玻　璃　钢

　　玻璃钢即玻璃纤维增强塑料，它是以合成树脂为黏结剂，玻璃纤维及其制品（如玻璃布、玻璃带、玻璃毡等）为增强材料，按一定的成型方法制成。由于它的比强度超过一般钢材，因此称为玻璃钢。

　　玻璃钢的重量轻、强度高，其电性能、热性能、耐蚀性能及施工工艺性能都很好。因此在许多工业部门都获得了广泛的应用。

　　玻璃钢的种类很多，通常可按所用合成树脂的种类来分类。即由环氧树脂与玻璃纤维及其制品制成的玻璃钢称为环氧玻璃钢；由酚醛树脂与玻璃纤维及其制品制成的玻璃钢称为酚醛玻璃钢等。目前，在化工防腐中常用的有环氧、酚醛、呋喃、聚酯四类玻璃钢。为了改性，也可采用添加第二种树脂的办法，制成改性的玻璃钢。这种玻璃钢一般兼有两种树脂玻璃钢的性能。常用的有环氧-酚醛玻璃钢、环氧-呋喃玻璃钢等。

　　玻璃钢由合成树脂、玻璃纤维及其制品以及固化剂、填料、增塑剂、稀释剂等添加剂组成。其中合成树脂和玻璃纤维及其制品对玻璃钢的性能起决定性作用。

一、主要原材料

1. 用作黏结剂的合成树脂

（1）环氧树脂

　　环氧树脂是指含有两个或两个以上的环氧基团的一类有机高分子聚合物。环氧树脂的种类很多，以二酚基丙烷（简称双酚 A）与环氧氯丙烷缩聚而成的双酚 A 环氧树脂应用最广。化工防腐中常用的环氧树脂型号为 6101（E-44）、634（E-42），均属此类。

　　① 环氧树脂的固化：环氧树脂可以热固化，也可以冷固化。工程上多用冷固化方法固化。环氧树脂的冷固化是在环氧树脂中加入固化剂后成为不熔的固化物，只有固化后的树脂才具有一定的强度和优良的耐腐蚀性能。

环氧树脂的固化剂种类很多，有胺类固化剂、酸酐类固化剂、合成树脂类固化剂等，最常用的为胺类固化剂，如脂肪胺中的乙二胺和芳香胺中的间苯二胺。这些固化剂都有毒性，使用时应加强防护措施。胺加成物固化剂有：二乙烯三胺与环氧丙烷丁基醚的加成物；间苯二胺与环氧丙烷苯基醚的加成物；乙二胺与环氧乙烷的加成物等。这些加成物一般具有使用方便、毒性小的优点。其他类型固化剂目前在防腐工程中应用还不多，许多固化剂虽可在室温下使树脂固化，然而一般情况下，加热固化所得制品的性能比室温固化要好，且可缩短工期。所以，在可能条件下，以采用加热固化为宜。

② 环氧树脂的性能：固化后的环氧树脂具有良好的耐蚀性能，能耐稀酸、碱以及多种盐类和有机溶剂，但不耐氧化性酸（如浓硫酸、硝酸等）。

环氧树脂具有很强的黏结力，能够黏结金属、非金属等多种材料。

固化后的环氧树脂具有良好的物理、力学性能，许多主要指标比酚醛、呋喃等优越。但其使用温度较低，一般在80℃以下使用。环氧树脂的工艺性能良好。

（2）酚醛树脂

酚醛树脂以酚类和醛类化合物为原料，在催化剂作用下缩合制成的。根据原料的比例和催化剂的不同可得到热塑性和热固性两类。在化工防腐中用的玻璃钢一般都采用热固性酚醛树脂。

① 酚醛树脂的固化：热固性酚醛树脂要达到完全固化，一般要经过 A、B、C 三个阶段。A 阶段树脂表现出可溶性质，即易溶于乙醇和丙酮，常温下具有流动性；B 阶段是树脂固化的中间状态，常温下已不溶于乙醇和丙酮，加热时变软；C 阶段是树脂固化的最终状态，是不溶不熔的固体产物。

热固性酚醛树脂长期存放，自己亦会达到 C 阶段，但这种固化过程到最后是非常缓慢的，在常温下很难达到完全固化，所以必须采用加热固化。加入固化剂能使它缩短固化时间，并能在常温下固化。

用于酚醛树脂的固化剂一般为酸性物质，因此施工时应注意不宜将加有酸性固化剂的酚醛树脂直接涂覆在金属或混凝土表面上，中间应加隔离层。常用的固化剂有苯磺酰氯、对甲苯磺酰氯、硫酸乙酯等，这些固化剂有的有毒，挥发出来的气体刺激性大，施工时应加强防护措施。就其性能而言，它们各有特点。为了取得较佳效果也常用复合固化剂，如对甲苯磺酰氯与硫酸乙酯等。用桐油钙松香改性可以改善树脂固化后的脆性。

② 酚醛树脂的性能：酚醛树脂在非氧化性酸（如盐酸、稀硫酸等）及大部分有机酸、酸性盐中很稳定，但不耐碱和强氧化性酸（如硝酸、浓硫酸等）的腐蚀。对大多数有机溶剂有较强的抗溶解能力。

酚醛树脂的耐热性比环氧树脂好，可达到 120～150℃，但酚醛树脂的脆性大，附着力差，抗渗性不好。

（3）呋喃树脂

呋喃树脂是指分子结构中含有呋喃环的树脂。常见的种类有糠醇树脂、糠醛-丙酮树脂、糠醛-丙酮-甲醛树脂等。

① 呋喃树脂的固化：呋喃树脂的固化可用热固化，也可采用冷固化。工程上常用冷固化。

呋喃树脂固化时所用的固化剂与酚醛树脂一样，如苯磺酰氯、硫酸乙酯等。不同的只是呋喃树脂对固化剂的酸度要求更高，所以在施工时同样应注意不能和金属或混凝土表面直接接触，中间应加隔离层，也应加强劳动保护。

② 呋喃树脂的性能：呋喃树脂在非氧化性酸（如盐酸、稀硫酸等）、碱、较大多数有机

溶剂中都很稳定，可用于酸、碱交替的介质中，其耐碱性尤为突出，耐溶剂性能较好。呋喃树脂不耐强氧化性酸的腐蚀。

呋喃树脂的耐热性很好，可在 160℃ 的条件下应用。但呋喃树脂固化时反应剧烈、容易起泡，且固化后性脆、易裂，可加环氧树脂进行改性。

（4）聚酯树脂

聚酯树脂是多元酸和多元醇的缩聚产物，用于玻璃钢的聚酯树脂是由不饱和二元酸（或酸酐）和二元醇缩聚而成的线性不饱和聚酯树脂。

① 不饱和聚酯树脂的固化：不饱和聚酯树脂的固化是在引发剂存在下与交联剂反应，交联固化成体型结构。

可与不饱和聚酯树脂发生交联反应的交联剂为含双键的不饱和化合物，如苯乙烯等。用作引发剂的通常是有机过氧化物，如过氧化苯甲酰、过氧化环己酮等。由于它们都是过氧化物，具有爆炸性，为安全起见，一般都掺入一定量的增塑剂（如邻苯二甲酸二丁酯等）配成糊状物使用。为促进反应完全，还需加入促进剂。促进剂的种类很多，不同的引发剂要不同的促进剂配套使用，常用的促进剂有二甲基苯胺、萘酸钴等。

不饱和聚酯树脂的整个固化过程也包括三个阶段，即：

凝胶——从黏流态树脂到失去流动性生成半固体状有弹性的凝胶；

定型——从凝胶到具有一定硬度和固定形状，可以从模具上将固化物取下而不发生变形；

熟化——具有稳定的化学、物理性能，达到较高的固化度。

不饱和聚酯树脂可在室温下固化，且具有固化时间短、固化后产物的结构较紧密等特点，因此不饱和聚酯树脂与其他热固性树脂相比具有最佳的室温接触成型的工艺性能。

② 不饱和聚酯树脂的性能：不饱和聚酯树脂在稀的非氧化性无机酸和有机酸、盐溶液、油类等介质中的稳定性较好，但不耐氧化性酸、多种有机溶剂、碱溶液的腐蚀。

不饱和聚酯树脂主要用作玻璃钢。聚酯玻璃钢加工成型容易，力学性能仅次于环氧玻璃钢，是玻璃钢中用得最多的品种。由于它的耐蚀性不够好，所以在某些强腐蚀性环境中，有时用它作为外面的加强层，里面则用耐蚀性较好的酚醛、呋喃或环氧玻璃钢。

2. 玻璃纤维及其制品

玻璃纤维及其制品是玻璃钢的重要成分之一，在玻璃钢中起骨架作用，对玻璃钢的性能及成型工艺有显著的影响。

玻璃纤维是以玻璃为原料，在熔融状态下拉丝而成的。玻璃纤维质地柔软，可制成玻璃布或玻璃带等织物。

玻璃纤维的抗拉强度高，耐热性好，可用到 400℃ 以上；耐蚀性好，除氢氟酸、热浓磷酸和浓碱外能耐绝大多数介质；弹性模量较高。但玻璃纤维的伸长率较低，脆性较大。

玻璃纤维按其所用玻璃的化学组成不同可分成有碱、无碱和低碱等几种类型。在化工防腐中无碱和低碱的玻璃纤维用得较多。

玻璃纤维还可根据其直径或特性分为粗纤维、中级纤维、高级纤维、超级纤维、长纤维、短纤维、有捻纤维、无捻纤维等。

二、成型工艺

玻璃钢的施工方法有很多，常用的有手糊法、模压法和缠绕法三种。

1. 手糊成型法

手糊成型是以不饱和聚酯树脂、环氧树脂等室温固化的热固性树脂为黏结剂，将玻璃纤维及其织物等增强材料粘接在一起的一种无压或低压成型的方法。它的优点是操作方便，设备简单，不受产品尺寸和形状的限制，可根据产品设计要求铺设不同厚度的增强材料，缺点是生产效率低，劳动强度大，产品质量欠稳定。由于其优点突出，因此在与其他成型方法竞争中仍未被淘汰，目前在中国耐蚀玻璃钢的制造中占有主要地位。

2. 模压成型法

模压成型是将一定质量的模压材料放在金属制的模具中，于一定的温度和压力下制成的玻璃钢制品的一种方法。它的优点是生产效率高，制品尺寸精确，表面光滑，价格低廉，多数结构复杂的制品可以一次成型，不用二次加工；缺点是压模设计与制造复杂，初期投资高，易受设备限制，一般只用于设备中、小型玻璃钢制品，如阀门、管件等。

3. 缠绕成型法

缠绕成型是连续地将玻璃纤维经浸胶后，用手工或机械法按一定顺序绕到芯模上，然后在加热或常温下固化，制成一定形状的制品。用这种方法制得的玻璃钢产品质量好且稳定；生产效率高，便于大批生产；比强度高，甚至超过钛合金。但其强度方向比较明显，层间剪切强度低，设备要求高。通常适用于制造圆柱体、球体等产品，在防腐方面主要用来制备玻璃钢管道、容器、储槽，可用于油田、炼油厂和化工厂，以部分代替不锈钢使用，具有防腐、轻便、持久和维修方便等特点。缠绕成型制成的玻璃钢储罐见图 6-7。

图 6-7　缠绕成型制成的玻璃钢储罐

三、耐蚀性能

一般说来，玻璃钢中的玻璃纤维及其制品的耐蚀性能很好，耐热性能也远好于合成树脂。因此，玻璃钢的耐蚀性能和耐热性能主要取决于合成树脂的种类。当然，加入的辅助组分（如固化剂、填料等）也有一定的影响。

合成树脂的耐蚀性能随品种的不同而不同。概括起来，环氧树脂、酚醛树脂、呋喃树脂、聚酯树脂的共性是不耐强氧化性酸类，如硝酸、浓硫酸、铬酸等；既耐酸又耐碱的有环氧树脂和呋喃树脂，呋喃树脂耐酸耐碱能力较环氧好。酚醛树脂和聚酯树脂只耐酸不耐碱，酚醛树脂的耐酸性比聚酯树脂好，与呋喃树脂相当。以玻璃纤维为增强材料制得的玻璃钢由于玻璃纤维不耐氢氟酸的腐蚀，所以它的制品也不耐氢氟酸，耐氢氟酸必须选用涤纶等增强材料。

在实际选用玻璃钢时，除应考虑其耐蚀性外，还要考虑玻璃钢的其他性能，如力学性能、耐热性能等。

玻璃钢有一系列的配方，即使所用树脂相同，只要配方不同，其性能也有差别，施工时必须根据使用条件，参照有关手册进行仔细选择，必要时要进行试验，而后确定配方。目前化工生产中自行施工时，用得较普遍的为环氧玻璃钢、环氧-酚醛玻璃钢、环氧-呋喃玻璃钢等。

四、应用及经济评价

1. 应用

（1）设备衬里

玻璃钢用作设备衬里既可单独作为设备表面的防腐蚀覆盖层，又可作为砖、板衬里的中间防渗层。这是玻璃钢在化工防腐蚀中应用最广泛的一种形式。

（2）整体结构

玻璃钢可用来制作大型储运设备、管道等。目前多用于制作储罐、管道，如玻璃钢储罐（见图 6-7）、玻璃钢管道（见图 6-8）、玻璃钢离心泵（见图 6-9）。随着化学工业的发展，大型玻璃钢化工设备的应用范围越来越广。

图 6-8 玻璃钢管道

图 6-9 玻璃钢离心泵

（3）外部增强

玻璃钢可用于塑料、玻璃等制的设备和管道的外部增强，以提高强度和保证安全。如用玻璃钢增强的硬聚氯乙烯制的铁路槽车效果很好。用得较为普遍的是用玻璃钢增强的各种类型的非金属管道。

2. 经济评价

用玻璃钢制成的设备与不锈钢相比，在都满足耐蚀性能的前提下，价格要便宜得多，运输、安装费用也要少得多，是应用很广泛的防腐材料。

第五节 橡 胶

橡胶的用途很广，主要用来制作各种橡胶制品，因其具有良好的耐蚀及防渗性能，所以被广泛用于金属设备的防腐衬里或复合衬里中的防渗层。橡胶分为天然橡胶和合成橡胶两大类。

一、天然橡胶

天然橡胶是用橡胶树的树汁经炼制制得的，它是不饱和异戊二烯的高分子聚合物，这是一种线性聚合物，只有经过交联反应使之成为网状大分子结构才具有良好的物理、力学性能及耐蚀性能。天然橡胶的交联剂多用硫黄，其交联过程称为硫化。

硫化的结果使橡胶在弹性、强度、耐溶剂性及耐氧化性能方面得到改善。根据硫化程度的高低，即含硫量的多少可分为软橡胶（含硫量 2%～4%）、半硬橡胶（含硫量 12%～20%）和硬橡胶（含硫量 20%～30%）。软橡胶的弹性较好，耐磨，耐冲击振动，适用于温度变化大和有冲击振动的场合。但软橡胶的耐蚀性能及抗渗性则比硬橡胶差些。硬橡胶由于交联度大，故耐蚀性能、耐热性和机械强度均较好，但耐冲击性能则较软橡胶差些。

天然橡胶的化学稳定性能较好，可耐一般非氧化性酸、有机酸、碱溶液和盐溶液腐蚀，但在氧化性酸和芳香族化合物中不稳定。

二、合成橡胶

目前合成橡胶有十几个品种可供选用，这里仅介绍在化工防腐中较为常用的几个品种。

1. 氯丁橡胶

氯丁橡胶是由单体氯丁二烯聚合而成的。氯丁橡胶具有优良的耐油性、耐溶剂性、耐臭氧、耐老化、耐酸碱、耐磨等性能，但耐寒性较差，若将氯丁橡胶溶于适当的溶剂，可用于耐蚀涂料，使用温度可达 90℃，且附着力良好，其板材可用于设备衬里。

2. 丁苯橡胶

丁苯橡胶是由丁二烯和苯乙烯以 75：25（质量比）的配比聚合而成的。丁苯橡胶根据硫化剂用量的不同，可制成软质胶板和硬质胶板，丁苯橡胶的耐蚀性与天然橡胶类似，但软质橡胶不耐盐酸的腐蚀。

3. 丁腈橡胶

丁腈橡胶是由丁二烯和丙烯腈以一定比例聚合而成的。丁腈橡胶的耐油性、耐溶剂性能非常好，耐蚀性能与丁苯橡胶相似。

4. 丁基橡胶

丁基橡胶是由异戊二烯和异丁烯聚合而成的。丁基橡胶具有优良的耐酸碱性能、耐老化性能和耐热耐寒性能，对酸、酮、酯类极性溶剂均稳定，但不耐烃、芳烃和卤代烃的作用。

5. 氯磺化聚乙烯橡胶

氯磺化聚乙烯橡胶由氯气与二氧化硫处理聚乙烯溶液而制得。氯磺化聚乙烯橡胶具有良好的耐磨、耐大气、耐臭氧性能，在强氧化介质（如 60%硫酸、20%硝酸等）、碱液、过氧化物、盐溶液及许多有机介质中稳定。但不耐油、四氯化碳、芳香族等化合物的腐蚀。氯磺化聚乙烯橡胶可作为涂料，也可制成衬里胶板。

6. 氟橡胶

氟橡胶是含氟原子的橡胶，主要品种有全氟丙烯与偏二氟乙烯的聚合物及三氟氯乙烯与偏二氟乙烯的聚合物。氟橡胶的耐蚀性能与氟塑料相似，在强酸、强碱、强氧化剂、大多数有机介质及其他许多介质中都很稳定，氟橡胶耐溶剂性能较差，氟橡胶的耐高温性能也很好，可用于高温、强腐蚀环境。

7. 聚异丁烯橡胶

聚异丁烯是由单体异丁烯聚合而成的。聚异丁烯的耐蚀性优良，其耐酸碱性能比天然橡胶和某些合成橡胶好。但聚异丁烯橡胶板的弹性、耐热性差，使用温度一般不超过 60℃。聚异丁烯可用胶浆直接衬贴作为衬里层，而不需硫化。橡胶衬里层的整体性强，致密性高，抗渗透性好，与金属基体的黏结力强，并具有一定的弹性、韧性。因此广泛用于抗冲击、耐磨蚀、耐蚀的环境中。

三、应用及经济评价

橡胶在过程装备中主要用于设备的衬里或作为衬里的隔离层，也可制成涂料用于外防腐。合成橡胶用量大于天然橡胶。橡胶衬里设备比不锈钢要便宜，与衬耐酸瓷板相当。ϕ25m 内部衬胶磷酸储罐见图 6-10，衬胶管道、管件见图 6-11。

图 6-10　ϕ25m 内部衬胶磷酸储罐

图 6-11　衬胶管道、管件

第六节　硅酸盐材料

硅酸盐材料是化工过程中常用的一类耐蚀材料，包括化工陶瓷、玻璃、化工搪瓷等。这类材料一般均具有极好的耐蚀性、耐热性、耐磨性、电绝缘性和耐溶剂性，但这类材料大多性脆、不耐冲击、热稳定性差。又因其主要成分为 SiO_2，故不耐氢氟酸及碱的腐蚀。

一、化工陶瓷

化工陶瓷按组成及烧成温度的不同，可分为耐酸陶瓷、耐酸耐温陶瓷和工业瓷三种。耐酸耐温陶瓷的气孔率、吸水率都较大，故耐温度急变性较好，容许使用温度也较高，而其他两类的耐温度急变性和容许使用温度均较低。

化工陶瓷的耐蚀性能很好，除氢氟酸和含氟的其他介质以及热浓磷酸和碱液外，能耐几乎其他所有的化学介质，如热浓硝酸、硫酸，甚至"王水"。

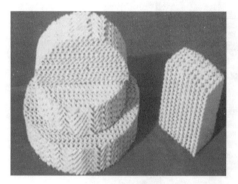

图 6-12　陶瓷波纹填料

化工陶瓷制品是化工生产中常用的耐蚀材料。许多设备都用它制作耐酸衬里，也常用于制作耐酸地坪；陶瓷制的塔器、容器和管道常用于生产和储存、输送腐蚀性介质；陶瓷泵、阀等都是很好的耐蚀设备。化工陶瓷是一种应用非常广泛的耐蚀材料。陶瓷波纹填料见图 6-12，耐酸陶瓷泵见图 6-13，耐酸陶瓷泵配件见图 6-14，耐酸陶瓷砖、板见图 6-15，耐酸陶瓷阀见图 6-16。

但是，由于化工陶瓷是一种典型的脆性材料，其抗拉强度小，冲击韧性差，热稳定性低，不能用于制造耐内压容器，所以在安装、维修、使用中都必须特别注意。应该防止撞击、振动、应力集中、骤冷骤热等，还应避免大的温差范围。

图 6-13　耐酸陶瓷泵

图 6-14　耐酸陶瓷泵配件

图 6-15　耐酸陶瓷砖、板

图 6-16　耐酸陶瓷阀

二、玻璃

玻璃是有名的耐蚀材料，其耐蚀性能随其组分的不同有较大差异，一般说来玻璃中 SiO_2 含量越高，其耐蚀性越好。

玻璃的耐蚀性能与化工陶瓷相似，除氢氟酸、热浓磷酸和浓碱以外，几乎能耐一切无机酸、有机酸和有机溶剂的腐蚀，但玻璃也是脆性材料，具有和陶瓷一样的缺点。

玻璃光滑，对流体的阻力小，适宜制作输送腐蚀性介质的管道和耐蚀设备，又由于玻璃是透明的，能直接观察反应情况且易清洗，因而玻璃可用来制作试验仪器。

目前用于制造玻璃管道的主要有低碱无硼玻璃和硼硅酸盐玻璃，用于制造设备的为硼硅酸盐玻璃。这类玻璃耐热性差，但价格低廉，故应用较广，这类玻璃也是制造试验室仪器的主要材料。

玻璃在化工中应用最广的是制作管道，为克服玻璃易碎的缺点，可用玻璃钢增强或钢衬玻璃管道的方法，还发展了高强度的微晶玻璃。玻璃管道见图 6-17，玻璃冷凝器见图 6-18，玻璃反应釜见图 6-19。

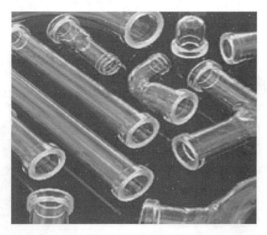

图 6-17　玻璃管道

玻璃制化工设备有塔器、冷凝器、泵等。如使用得法，效果都很好。

石英玻璃不仅耐蚀性好（含 SiO_2 达 99％），而且有优异的耐热性和热稳定性。加热 $700 \sim 900℃$，迅速投入水中也不开裂，长期使用温度高达 $1100 \sim 1200℃$，目前主要用于制作试验仪器和有特殊要求的设备。

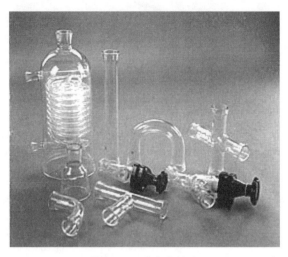

图 6-18　玻璃冷凝器　　　　　　　　　图 6-19　玻璃反应釜

三、化工搪瓷

化工搪瓷（又称搪玻璃）是将含硅量高的耐酸瓷釉涂敷在钢（铸铁）制设备表面上，经900℃左右的高温灼烧使瓷釉紧密附着在金属表面而制成的。

化工搪瓷设备兼有金属设备的力学性能和瓷釉的耐蚀性能的双重优点。除氢氟酸和含氟离子的介质、高温磷酸、强碱外，能耐各种浓度的无机酸、有机酸、盐类、有机溶剂和弱碱的腐蚀。此外，化工搪瓷设备还具有耐磨、表面光滑、不挂料、防止金属离子干扰化学反应污染产品等优点，能经受较高的压力和温度。

化工搪瓷设备有储罐、反应釜、塔器、热交换器和管道、管件、阀门、泵等。大量用来制作精细化工过程设备。化工搪瓷反应釜见图6-20，化工搪瓷碟片式冷凝器见图6-21。

图 6-20　化工搪瓷反应釜　　　　　　　图 6-21　化工搪瓷碟片式冷凝器

化工搪瓷设备虽然是钢（铸铁）制壳体，但搪瓷釉层本身仍属脆性材料，使用不当容易损坏，因此运输、安装、使用都必须特别注意。

四、辉绿岩铸石

辉绿岩铸石是将天然辉绿岩熔融后，再铸成一定形状的制品（包括板、管及其他制品）。它具有高度的化学稳定性和非常好的抗渗透性。

辉绿岩铸石的耐蚀性能极好，除氢氟酸和熔融碱外，对一切浓度的碱及大多数的酸都耐蚀，它对磷酸、醋酸及多种有机酸也耐蚀。辉绿岩铸石在多种无机酸中腐蚀时，只在最初接触的数十小时内有较显著的作用，以后即缓慢下来，再过一段时间，腐蚀完全停止。

化工中用得最普遍的是用辉绿岩板作设备的衬里。这种衬里设备的使用温度一般在150℃以下为宜。辉绿岩铸石的脆性大，热稳定性小，使用时应注意避免温度的骤变。辉绿岩粉常用作耐酸胶泥的填料。灰绿岩铸石耐磨管道见图6-22，灰绿岩铸石耐磨管道安装现场见图6-23。

图 6-22　灰绿岩铸石耐磨管道　　　　图 6-23　灰绿岩铸石耐磨管道安装现场

辉绿岩铸石的硬度很大，故也是常用的耐磨材料（如球磨机用的球等），还可用于制作耐磨衬里或耐蚀耐磨的地坪。

五、天然耐酸材料

天然耐酸材料中常用作结构材料的为各种岩石。在岩石中用得较为普遍的则为花岗石。各种岩石的耐酸性决定于其中二氧化硅的含量、材料的密度以及其他组分的耐蚀性和材料的强度等。

花岗石是一种良好的耐酸材料。其耐酸度很高，可达97％~98％，高的可达99％。花岗石的密度很大，孔隙率很小。但是由于密度大，所以热稳定性低，一般不宜用于超过200~250℃的设备，在长期受强酸侵蚀的情况下，使用温度范围应更低，一般以不超过50℃为宜。花岗石的开采、加工都比较困难，且结构笨重。

花岗石可用来制造常压法生产的硝酸吸收塔、盐酸吸收塔等设备，较为普遍的为花岗石砌筑的耐酸储槽、耐酸地坪和酸性下水道等。花岗岩砖板衬砌的反应槽见图6-24，花岗岩砖板衬砌的酸性污水池见图6-25。

图 6-24 花岗岩砖板衬砌的反应槽

图 6-25 花岗岩砖板衬砌的酸性污水池

石棉也属于天然耐酸材料，长期以来用于工业生产中，是工业上的一项重要的辅助材料，有石棉板、石棉绳等，也常用作填料、垫片和保温材料。

六、水玻璃耐酸胶凝材料

水玻璃耐酸胶凝材料包括水玻璃耐酸胶泥、砂浆和混凝土，它们是以水玻璃为胶结剂，氟硅酸钠为硬化剂，再加耐酸填料按一定比例调制而成，在空气中凝结硬化成石状材料。这种材料的机械强度高、耐热性能好、化学稳定性也很好，具有一般硅酸盐材料的耐蚀性，耐强氧化性酸的腐蚀，但不耐氢氟酸、高温磷酸及碱的腐蚀，对水及稀酸也不太耐蚀，且抗渗性差。

图 6-26 水玻璃耐酸混凝土槽

水玻璃胶泥常用作耐酸砖板衬里的黏结剂。水玻璃混凝土、砂浆主要用于制作耐酸地坪、酸洗槽、储槽、地沟及设备基础等。水玻璃耐酸混凝土槽见图 6-26。

第七节 不透性石墨

石墨分为天然石墨和人造石墨两种，在防腐中应用的主要是人造石墨。人造石墨是由无烟煤、焦炭与沥青混捏压制成型，于电炉中焙烧，在 1400℃左右所得到的制品叫炭精制品，再于 2400～2800℃高温下石墨化所得到的制品叫石墨制品。

石墨具有优异的导电、导热性能，线胀系数很小，能耐温度骤变。但其机械强度较低，性脆，孔隙率大。

石墨的耐蚀性能很好，除强氧化性酸（如硝酸、铬酸、发烟硫酸等）外，在所有的化学介质中都很稳定。

虽然石墨有优良的耐蚀、导电、导热性能，但由于其孔隙率比较高，这不仅影响到它的机械强度和加工性能，而且气体和液体对它有很强的渗透性，因此不宜制造化工设备。为了弥补石墨的这一缺陷，可采用适当的方法来填充孔隙，使之具有"不透性"。这种经过填充孔隙处理的石墨即为不透性石墨。

一、种类及成型工艺

1. 种类

常用的不透性石墨主要有浸渍石墨、压型石墨和浇注石墨三种。

2. 成型工艺

① 浸渍石墨：浸渍石墨是人造石墨用树脂进行浸渍固化处理所得到的具有"不透性"的石墨材料。用于浸渍的树脂称浸渍剂。在浸渍石墨中，固化了的树脂填充了石墨中的孔隙，而石墨本身的结构没有变化。

浸渍剂的性质直接影响到成品的耐蚀性、热稳定性、机械强度等指标。目前用得最多的浸渍剂是酚醛树脂，其次是呋喃树脂、水玻璃以及其他一些有机物和无机物。

浸渍石墨具有导热性好、孔隙率小、不透性好、耐温度骤变性能好等特点。

② 压型石墨：压型石墨是将树脂和人造石墨粉按一定配比混合后经挤压和压制而成。它既可以看作是石墨制品，又可看作是塑料制品，其耐蚀性能主要取决于树脂的耐蚀性，常用的树脂为酚醛树脂、呋喃树脂等。

与浸渍石墨相比，压型石墨具有制造方便、成本低、机械强度较高、孔隙率小、导热性差等特点。

③ 浇注石墨：浇注石墨是将树脂和人造石墨粉按一定比例混合后，浇注成型制得的。为了具有良好的流动性，树脂含量一般在50％以上。浇注石墨制造方法简单，可制造形状比较复杂的制品，如管件、泵壳、零部件等，但由于其力学性能差，所以目前应用不多。

二、性能

石墨经浸渍、压型、浇注后，性质将引起变化，这时其表现出来的是石墨和树脂的综合性能。

1. 物理、力学性能

① 机械强度：石墨板在未经"不透性"处理前，结构比较疏松，机械强度较低，而经过处理后，由于树脂的固结作用，强度较未处理前要高。

② 导热性：石墨本身的导热性能很好，树脂的导热性较差。在浸渍石墨中，石墨原有的结构没有破坏，故导热性与浸渍前变化不大，但在压型石墨和浇注石墨中，石墨颗粒被热导率很小的树脂所包围，相互之间不能紧密接触，所以导热性比石墨本身要低，而浇注石墨的树脂含量较高，其导热性能更差。

③ 热稳定性：石墨本身的线胀系数很小，所以热稳定性很好，而一般树脂的热稳定性都较差。在浸渍石墨中，由于树脂被约束在空隙里，不能自由膨胀，故浸渍石墨的热稳定性

只是略有下降。但压型石墨和浇注石墨的情况就不是这样了，它们随温度的升高，线胀系数增加很快，所以它们的热稳定性与石墨相比要差得多，不过不透性石墨的热稳定性比许多物质要好，在允许使用温度范围内，不透性石墨均可经受任何温度骤变而不破裂和改变其物理、力学性能。不透性石墨的这一特点为热交换器的广泛使用和结构设计提供了良好的条件，也是目前许多非金属材料所不及的。

④ 耐热性：石墨本身的耐热性很好，树脂的耐热性一般不如石墨，所以不透性石墨的耐热性取决于树脂。

总的说来，石墨在加入树脂后，提高了机械强度和抗渗性，但导热性、热稳定性、耐热性均有不同程度的降低，并且与制取不透性石墨的方法有关。

2. 耐蚀性能

石墨本身在400℃以下的耐蚀性能很好，而一般树脂的耐蚀性能比石墨要差一些，所以，不透性石墨的耐蚀性有所降低。不透性石墨的耐蚀性取决于树脂的耐蚀性。在具体选用不透性石墨设备时，应根据不同的腐蚀介质和不同的生产条件，选用不同的不透性石墨。

三、应用及经济评价

1. 应用

不透性石墨在化工防腐中的主要用途是制造各类热交换器，也可制成反应设备、吸收设备、泵类和输送管道等。还可以用于制作设备的衬里材料。这类材料尤其适用于盐酸工业。矩形块孔式石墨换热器见图6-27，列管式石墨换热器见图6-28。

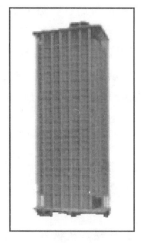

图 6-27　矩形块孔式石墨换热器　　　　图 6-28　列管式石墨换热器

2. 经济评价

石墨制换热器目前用得比较广泛，价格与不锈钢相当或略低，但它可以用在不锈钢无法应用的场合（如含 Cl^- 的介质）。石墨作为内衬材料，价格比耐酸瓷板略贵。但在有传热、导静电及耐氟化物的工况下只能使用石墨作为衬里材料。

思 考 题

1.非金属材料与金属材料相比具有哪些主要特点？

2.涂料的组成可以分为哪几部分？各起什么作用？

3.塑料有哪些主要特性？其基本组成有哪些？

4.玻璃钢的基本组分有哪些？为什么称之为玻璃钢？

5.天然橡胶按含硫量不同可分为哪几类？各有什么特点？

6.硅酸盐材料一般具有哪些特点？在使用过程中应注意哪些问题？

7.不透性石墨主要有哪几种？各有什么特点？

习　　题

1.什么是重防腐涂料？玻璃鳞片涂料与一般涂料相比有哪些特殊作用？

2.热固性塑料和热塑性塑料各有何特点？这两类塑料能重复应用吗？为什么？

3.简述环氧树脂、酚醛树脂、呋喃树脂的耐酸碱性。

4.酚醛树脂可直接涂刷在钢铁表面吗？为什么？

第 七 章

常用化工防腐蚀方法及施工技术

造成金属腐蚀的原因很多，影响因素也十分复杂，由于材料品种成千上万，腐蚀环境千差万别，显然不可能用一种防腐措施来解决一切腐蚀问题。随着全面腐蚀控制的推广以及腐蚀与防护学科的不断发展，腐蚀管理与控制水平也在不断提高。在本章中将对化工防腐蚀中常用的表面覆盖层、电化学保护及缓蚀剂保护等防腐蚀方法作简单介绍。

第一节　表面清理

不论采用金属的还是非金属的覆盖层，也不论被保护的表面是金属还是非金属，在施工前均应进行表面清理，以保证覆盖层与基底金属的良好结合力。表面清理包括采用机械或化学、电化学方法清理金属表面的氧化皮、锈蚀、油污、灰尘等污染物，也包括防腐施工前的水泥混凝土设备的表面清理。

一、机械清理

机械清理是广泛采用的较为有效的表面清理技术，一般可分为两种方式。一种方式是由机械力或风力带动各种工具敲打、打磨金属表面来达到除锈的目的。另一种方式是用压缩空气带动固体磨料直接喷射到金属表面，用冲击力和摩擦方式来达到除锈的目的。

1. 手工除锈

用钢丝刷、锤、铲等工具除锈。为了减轻劳动强度，提高效率，发展了多种风动、电动的除锈工具，在大型的比较平坦的金属表面，还可采用遥控式自动除锈机。手动钢丝刷见图7-1，电动钢丝刷见图7-2，气动钢丝除锈器见图7-3。

图 7-1　手动钢丝刷

图 7-2　电动钢丝刷

手工除锈方法劳动强度大、效率低，除锈效果适用于覆盖层对金属表面要求不太高时，或其他方法不方便应用时的场合。

(a) 直头气动除锈器

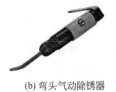

(b) 弯头气动除锈器

图 7-3　气动钢丝除锈器　　　　　　　　　　图 7-4　气动除锈器

2. 气动除锈

对于局部破坏的搪玻璃设备，现场修复时对表面要求非常高，不但锈要除得干净，还要有很好的粗糙度，气动除锈器即可满足上述要求。气动除锈器的除锈头为一錾子，錾子有直头和弯头两种，见图 7-4，所用的气压为 $0.4 \sim 0.6 MPa$，现场用氧气瓶即可满足动力要求，振动频率为 70Hz，装置重 1.9kg，小巧灵活，便于携带。

3. 喷射除锈

喷射清理是以压缩空气为动力，带动磨料通过专用的喷嘴，高速喷射到金属表面，靠冲击与摩擦力除去锈层和污物。清理所用的磨料有激冷铁砂、铸钢碎砂、铜矿砂、铁丸或钢丸、金刚砂、硅质河砂、石英砂等，因为多数磨料都叫砂，所以也习惯把这种除锈方法称为喷砂除锈。

喷砂装置由空气压缩机、喷砂罐、喷嘴等组成。移动式的喷砂设备还便于现场施工。吸入式喷砂不需砂罐，砂粒被压缩空气的气流在喷嘴处吸入，然后由喷嘴喷出，但效率较低。喷砂机见图 7-5，各种硬质合金喷砂枪见图 7-6。

图 7-5　喷砂机　　　　　　　图 7-6　各种硬质合金喷砂枪

喷砂清理中最大的问题是粉尘问题，必须采取有效措施以保护操作人员的身体健康。除操作人员自身防护外，还可以采用下列方法以避免硅尘的危害。

① 采用铁丸代替石英砂，可避免硅尘。

② 采用湿法喷砂，即将砂与水在罐中混合，然后像干法喷砂一样操作。水中要加入一

定量的亚硝酸钠，以防止钢铁生锈。但是由于亚硝酸对环境有害，因此这种方法在有些场合不适用，并且大量的水和湿砂都要处理，冬天还会结冰，所以受到一定限制，化工厂用得不多。

③ 采用密闭喷砂，即将喷砂的地点密闭起来，操作人员不与粉尘接触，这是一种较为有效的劳动保护方法，但对大型设备不适用。

④ 喷砂操作前，还应按喷砂设备安全操作规程的有关规定进行检查，操作中必须遵守安全规定。

喷砂后应用压缩空气将金属表面的灰尘吹净，并在规定的时间内涂上底漆或采用其他措施防止再生锈。在潮湿的天气，喷砂后要在 2h 内涂上底漆。

喷砂除锈法不仅清理迅速、干净，并且还使金属表面产生一定的粗糙度，使覆盖层与基底金属能更好地结合，是目前广为采用的表面清理方法。

除上述两种常用的机械清理方法外，还有抛丸清理法、高压水除锈、抛光、滚光、火焰清理等方法，可根据具体情况选用。

二、化学、电化学清理

1. 化学除油

沾在金属表面的油污，影响表面覆盖层与基底金属的结合力，因此，不论是金属的或非金属的覆盖层，施工前均要除油。尤其是电镀，微小的油污都会严重影响到镀层的质量。对于酸洗除锈的工件，如有油污，酸洗前也应除油。

化学除油方法有多种，最简单的是用有机溶剂清洗，常用的溶剂有汽油、煤油、三氯乙烯、四氯化碳、酒精等。其中以汽油用得较多。清理时可将工件浸在溶剂中，或用干净的棉纱（布）浸透溶剂后擦洗。由于溶剂多数对人体有害，所以应注意安全。

除用溶剂清洗外，还可用碱液清洗。一般用氢氧化钠及其他化学药剂配成溶液，在加热的条件下进行除油处理。

对于小批量的电镀工件，油污不很严重时可用合成洗涤剂清洗。

2. 电化学除油

电化学除油法是将金属置于一定配方的碱溶液中作为阴极（阴极除油法）或阳极（阳极除油法），配以相应的辅助电极，通以直流电一段时间，以除去油污。电化学除油效果好，速度快，主要用于一些对表面处理有较高要求而工件形状又不太复杂的场合。

3. 酸洗除锈

酸洗除锈是一种常用的化学清理方法，这种方法就是将金属在无机酸中浸泡一段时间以清除其表面的氧化物。常用的酸洗液有硫酸、盐酸或硫酸与盐酸的混合酸。为防止酸对基体金属的腐蚀，常在酸中按一定比例加入缓蚀剂。升高酸温可提高酸洗效率。酸洗操作必须注意安全，尤其是在高温条件下，更要加强安全与劳动保护措施。酸洗可采用浸泡法、淋洗法及循环清洗法等。酸洗后先用水洗净，然后用稀碱液中和，再用热水冲洗和低压蒸汽吹干。

有些场合不宜喷砂，而又有条件采用酸洗膏时，还可采用酸洗膏除锈。酸洗膏实际上就是用酸洗的酸加上缓蚀剂和填料制成膏状物，用它涂在被处理的金属表面上，待锈除掉后，用水冲洗干净，再涂以钝化膏（重铬酸盐加填料等），使金属钝化以防再生锈。另一种酸洗膏含有磷酸，可起磷化作用，酸洗后不必进行钝化处理，可以保持数小时不锈。

4. 锈转化剂清理

锈转化剂清理法是一种新型的钢铁表面清理方法。这种方法就是将锈转化剂的两种组分按一定比例混合后经 1h，采用刷涂、辊涂等方法涂于钢铁表面（表面带有一定水分也可施工），利用锈转化剂与锈层反应，在钢铁表面形成一层附着紧密、牢固的黑色的转化膜层，这层膜具有一定的保护作用，可暴露在大气中 10～15 天而不再生锈；同时转化膜与各种涂料及合成树脂均有良好的结合力，适用于各种防腐涂料工程及以合成树脂为黏结剂的防腐衬里工程。应用锈转化剂进行钢铁表面清理具有施工周期短、工作效率高、劳动强度低、工程费用省、无环境污染等特点，是一种高效、经济的清理方法。

三、混凝土结构表面处理

混凝土和水泥砂浆的表面作防腐覆盖层以前需要进行处理。要求表面平整，没有裂缝、毛刺等缺陷，油污、灰尘及其他脏物都要清理干净。

新的水泥表面防腐施工前要烘干脱水，一般要求水分含量不大于 5%～6%。如果是旧的水泥表面，则要把损坏的部分和腐蚀产物都清理干净。如带酸性残留物质，还要用稀的碳酸钠中和后再用水冲洗干净，待干燥至水分含量不大于 5%～6% 时，方可进行施工。

混凝土表面找平一般可用水泥砂浆，但水泥砂浆处理不好会引起找平层起翘、分层、脱壳等，水泥砂浆找平不如树脂胶泥找平，这种找平层的效果好得多，但要多费一些树脂。

第二节　表面覆盖层

用耐蚀性能良好的金属或非金属材料覆盖在耐蚀性能较差的材料表面，将基底材料与腐蚀介质隔离开来，以达到控制腐蚀的目的，这种保护方法称为覆盖层保护法。这样的覆盖层称为表面覆盖层。

表面覆盖层保护法是防腐蚀方法中应用最普通的一种，也是最重要的方法之一。它不仅能大大提高基底金属的耐蚀性能，而且能节约大量的贵重金属和合金。

表面覆盖层主要有金属覆盖层和非金属覆盖层两大类。

一、金属覆盖层

金属覆盖层一般有金属镀层和金属衬里两大类。

（一）金属镀层

金属镀层主要包括电镀、化学镀、热喷涂（喷镀）、热浸镀等，这类覆盖层多数是有孔的，并且很薄。喷镀虽可喷得很厚，但仍是多孔的。因此，这类覆盖层应考虑到它们在介质中的电化学行为，才能起到应有的防护效果。

根据金属覆盖层在介质中的电化学行为可将它们分为阳极性覆盖层和阴极性覆盖层两类。

① 阳极性覆盖层：这种覆盖层的电极电位比基体金属的电极电位负。使用时，即使覆

盖层的完整性被破坏，也可作为牺牲阳极继续保护基体金属免遭腐蚀。阳极性覆盖层的保护性能主要取决于覆盖层的厚度，覆盖层越厚，其保护效果越好。在一定条件下的锌、镉、铝对碳钢为阳极性覆盖层。

② 阴极性覆盖层：这种覆盖层的电极电位比基体金属的电极电位正。使用时，只能机械地保护基体金属免遭腐蚀，一旦覆盖层的完整性被破坏，将会与基体金属构成腐蚀电池，加快基体金属腐蚀。阴极性覆盖层的保护性能取决于覆盖层的厚度和孔隙率，覆盖层越厚，孔隙率越低，其保护性能越好。一般情况下，镍、铜、铅、锡等对碳钢为阴极性覆盖层。

由于金属的电极电位随介质条件的变化而变化，因此，金属覆盖层是阳极性覆盖层还是阴极性覆盖层也不是绝对的。例如，通常锡的电极电位比铁正，对铁而言是阴极性覆盖层，但在有机酸中，锡的电极电位比铁负，对铁来说却成了阳极性覆盖层。所以，金属覆盖层的性质取决于环境和具体情况，在选择这类覆盖层时，应充分考虑这一问题。

这里将重点介绍在化工防腐中应用较为广泛的热喷涂，对其他的技术镀层作简单介绍。

1. 热喷涂

（1）热喷涂定义

热喷涂是利用热源将金属或非金属材料熔化、半熔化或软化，并以一定速度喷射到基体表面，形成涂层的方法。

热喷涂技术则是用热喷涂方法制备涂层的技术，包括工艺、材料、装备、检测及基础理论等。

由定义可知，用热喷涂制备涂层的关键是热源和喷涂材料。喷涂材料在热源中被加热加速的过程以及颗粒与基材表面结合的过程，是喷涂过程中的关键环节。热喷涂所涉及的各方面的技术和研究课题，都是由此展开的。金属喷涂作业见图7-7，金属喷涂产品见图7-8，电弧喷涂机见图7-9。

图 7-7　金属喷涂作业

图 7-8　金属喷涂产品

（2）热喷涂原理

热喷涂有多种方法，各有特点，但无论哪种方法，其喷涂过程、涂层形成原理和涂层结构基本相同。从喷涂材料进入热源到形成涂层，喷涂过程一般经历四个阶段，即加热熔化阶段→熔滴雾化阶段→雾滴飞行阶段→强烈碰撞阶段。

① 加热熔化阶段：热喷涂过程中，首先是喷涂材料被加热熔化，对于线材，当端部进入热源的高温区域，即被加热熔化，形成熔滴；对于粉末，进入高温区域后，在行进的过程中被加热熔化或软化。

② 熔滴雾化阶段：线材端部形成的熔滴，在外加压缩气流或热源自身射流的作用下，使熔滴脱离线材并将其雾化成细微的熔粒向前喷射。粉末则由气流或热源射流推动向前喷射。

③ 雾滴飞行阶段：熔融或软化的雾滴颗粒向前喷射，在飞行过程中，雾滴先被加速，然后则随着距离的增加而减速。

④ 强烈碰撞阶段：当带着一定温度和速度的雾滴颗粒接触工件时，产生强烈的碰撞并最终形成涂层。

图 7-9　电弧喷涂机

涂层的形成过程为：碰撞→变形→凝固→收缩。

当涂层的雾滴颗粒强烈撞击工件时，碰撞的瞬间，颗粒的动能转化成热能传给基材，并沿凹凸不平的表面产生变形，变形的颗粒迅速冷凝并产生收缩，呈扁平状黏结在基材表面。就这样，喷涂的粒子束不断地冲击工件表面，产生碰撞→变形→凝固→收缩，变形颗粒与工件表面之间，以及颗粒与颗粒之间互相交错地黏结在一起，从而形成涂层。

（3）热喷涂分类

热喷涂的分类是根据热源来分的。目前用于热喷涂的热源主要有燃气和电，主要的类型有火焰喷涂、电弧喷涂和等离子喷涂，用于防腐作业中，现场施工多用丝材火焰喷涂和电弧喷涂。

（4）热喷涂材料

目前在化工防腐中常用的热喷涂材料有铝、锌、铝锌合金及不锈钢，其性能参见第五章有关内容。

（5）热喷涂方法

① 线材火焰喷涂：线材火焰喷涂通常是采用氧-乙炔燃烧火焰作为热源，喷涂材料为线材的热喷涂方法，其工作原理见图 7-10。

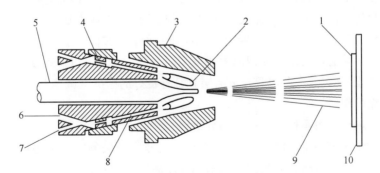

图 7-10　线材火焰喷涂工作原理

1—涂层；2—燃烧火焰；3—空气帽；4—气体喷嘴；5—线材或棒材；
6—氧气；7—乙炔气；8—压缩空气；9—喷涂射流；10—基体

对喷涂材料的加热熔化和雾化是通过线材火焰喷枪（俗称气喷枪）实现的。喷枪通过气阀分别引入乙炔、氧气和压缩空气，乙炔和氧气混合后在喷嘴出口处产生燃烧火焰。喷枪内的驱动机构通过送丝滚轮带动线材连续地通过喷嘴中心孔送入火焰，在火焰中被加热熔化。压缩空气通过空气帽呈锥形的高速气流，使熔化的材料从线材端部脱离，并雾化成细微的颗粒，在火焰及气流的推动下，喷射到经过预处理的基材表面形成涂层。为适应不同直径和不同材质和线材，采用不同的喷嘴和空气帽，并调节送丝速度。在特殊场合下，也采用惰性气体作为雾化气流。线材火焰喷涂的涂层，其结构为明显的层状结构，涂层中含有明显的气孔和氧化物夹渣。

② 电弧喷涂：电弧喷涂是将两根被喷涂的金属丝作为自耗性电极，利用其端部产生的电弧作为热源来熔化金属，用压缩气流雾化的热喷涂方法。这是很早就采用的喷涂方法，随着不断完善和发展，其应用正在继续扩大。其工作原理如图 7-11 所示，端部成一定角度（30°～60°）的连续送进的两根金属丝，分别接直流电源的正、负极。在金属丝端部短接的瞬间，由于高电流密度，接触点产生高热，使得在两根金属丝间产生电弧。在电源的作用下，维持电弧稳定燃烧。在电弧发生点的背后由喷嘴喷射出的高速气流（通常是压缩空气），使熔化的金属脱离并雾化成微粒，在高速气流的推动下喷射到经过预处理的基材表面形成涂层。

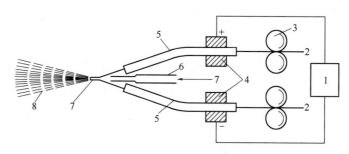

图 7-11　电弧喷涂工作原理
1—直流电源；2—金属丝；3—送丝滚轮；4—导电块；5—导电嘴；6—空气喷嘴；7—电弧；8—喷涂射流

电弧喷涂涂层也是典型的层状组织结构，与线材火焰喷涂相比，由于电弧喷涂熔粒温度高，粒子变形量大，而提高了涂层结合强度。

电弧喷涂和火焰喷涂相比具有生产率高（对于喷涂同种金属线材，电弧喷涂的喷涂速率一般是火焰喷涂的 3 倍以上）、喷涂成本低（电弧喷涂的施工成本比火焰喷涂要降低 30% 以上）、涂层结合强度高（涂层结合强度比火焰喷涂一般提高 50% 以上），另外电弧喷涂可以方便地制备假合金涂层：只需要使用两根成分不同的金属丝就可以制备出假合金涂层，以获得独特的综合性能。例如，铜-钢假合金涂层就具有良好的耐磨、减摩和导热性能。

（6）热喷涂操作

简单地说，热喷涂的操作主要由三部分组成。

① 表面清理：热喷涂前钢铁基体表面需要进行非常彻底的喷射或抛射除锈，钢铁基体表面应无可见的油脂、污垢、氧化皮、铁锈和油漆涂层等附着物，任何残留的痕迹应仅是点状或条纹状的轻微色斑，同时需要有一定的粗糙度，一般按规定应达到 Sa $2\frac{1}{2}$ 以上。

② 操作参数：

a. 喷涂距离：喷涂距离指喷嘴端面到基材表面的射流轴线距离，一般 100～150mm 为宜。

b.喷涂角度：喷涂角度是指喷涂射流轴线与基材表面切线之间的夹角，一般不能小于 45°。

c.喷枪移动速度：喷枪移动速度是指在喷涂过程中喷枪沿基材表面移动的速度，一般为 7～18m/min。

③ 封闭处理：热喷涂涂层的孔隙率可以从小于 1％到大于 15％，孔隙有连贯和不连贯的，有的涂层孔隙互相连接并且从表面延伸到基体。封孔作为一种后处理方法，以填充这种孔隙，防止或阻止腐蚀介质浸入到基材表面。

一般用低黏性的封闭（孔）剂来提高钢铁件的涂锌、铝及其合金涂层的耐蚀性能。可选用的封闭剂主要有乙烯基树脂、酚醛、改进型环氧酚醛树脂或聚氨酯树脂。

环氧树脂、环氧酚醛树脂和硅树脂可用于耐蚀涂层的封闭，在允许的使用温度和环境下保持耐蚀性能。煤焦油环氧树脂可用于浸渍在淡水或海水中的涂层。

对于高温，氧化物气氛，用铝作填料的硅树脂封闭剂，使用温度可高达 480℃。

（7）热喷涂应用

① 在钢铁构件上喷涂锌、铝、不锈钢等耐腐蚀金属或合金涂层，对钢铁构件进行长效防护。

② 在钢铁件电弧喷铝，可以产生微区的渗铝层用于防止高温氧化，工作温度为 120～870℃。短效保护可达 1150℃。

③ 在钢铁件上喷涂不锈钢或其他耐磨金属，用于耐磨蚀防护。

采用热喷涂可以大幅度提高产品的使用性能和延长使用寿命，已在石油、化工、航空航天、机械、电子、钢铁冶金、能源、交通、食品、轻纺、广播电视、兵器等各个领域里都不同程度应用，并在高新技术领域里发挥了作用。

2. 电镀

利用直流电或脉冲电流作用从电解质中析出金属，并在工件表面沉积而获得金属覆盖层的方法叫电镀。

用电镀的方法得到的镀层多数是纯金属，如金、铂、银、铜、锡、镍、镉、铬、锌等，但也有合金的镀层，如黄铜、锡青铜等。电镀的装置示意如图 7-12 所示。电镀时将待镀件作为阴极与直流电源的负极相连，将镀层金属作为阳极与直流电源的正极相连，电镀槽中放入含有镀层金属离子的盐溶液及必要的添加剂。当接通电源时，阳极发生氧化反应，镀层金属溶解（如 $Cu \longrightarrow Cu^{2+} + 2e$）。阴极发生还原反应，溶液中的镀层金属离子析出（如 $Cu^{2+} + 2e \longrightarrow Cu$）。也就是作为阳极的镀层金属不断溶解，同时在作为阴极的工件表面不断析出，使工件获得镀层。此时电镀液中盐浓度基本不变。如果阳极是不溶性的，则须间歇地向电镀液中添加适量的盐，以维持电镀液的浓度。电镀层的厚度可由工艺参数和时间来控制，当镀层达到要求的厚度时，则可自电镀液中取出工件。

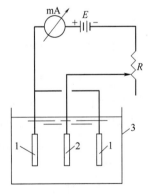

图 7-12　电镀装置示意
1—阳极；2—阴极（工件）；3—电镀槽

电镀层与工件的结合力较强，且具有一定的耐蚀和耐磨性能，但有一定程度的孔隙率。电镀主要用于细小、精密的仪器仪表零件的保护，抗磨蚀的轴类的修复等。另外，由于电镀层外表美观，故常用于装饰。

3. 化学镀

利用化学反应使溶液中的金属离子析出，并在工件表面沉积而获得金属覆盖层的方法叫化学镀。

用化学镀的方法不需消耗电能。它的特点是不受工件形状的影响，只要镀液能达到的地方均可获得均匀致密的镀层。一般情况下化学镀层较薄，可采用循环镀的方法获得较厚的镀层。

化学镀层在施工良好的情况下可做到基本无孔，故耐蚀性良好，但由于这种镀层的质量不易保证，对镀前表面处理要求很高，对镀液成分、温度及其他操作指标的控制均要求较严，因而使它的应用受到一定的限制。

在化工防腐蚀中用得较多的是化学镀镍磷合金，即将工件放在含镍盐、次磷酸钠及其他添加剂的弱酸性溶液中，利用次磷酸钠将 Ni^{2+} 还原为镍，并沉积在工件表面，从而获得镀镍层。化学镀镍的工件，常用作抗强碱性溶液、氯化物、氟化物的腐蚀；由于镀层硬度较高，可用于需要耐磨的场合，如高级塑料模表面镀上镍磷合金，可使模具寿命成倍提高；化学镀层由于抗氧化能力强，且导电性好，在电子行业中可代替镀银。

4. 热浸镀和渗镀

热浸镀是将工件浸入盛有比自身熔点更低的熔融金属槽中，或以一定的速度通过熔融金属槽，使工件涂敷上低熔点金属覆盖层。用这种方法难以得到均匀的镀层。

对金属进行热浸镀的条件是，只有当基体金属与镀层金属可以形成化合物或固溶体时才可进行，否则熔融金属不能黏附在工件表面。

渗镀是利用热处理的方法将合金元素的原子扩散入金属表面，以改变其表面的化学成分，使表面合金化，故渗镀又叫表面合金化。在防腐蚀中用得较普遍的是渗铝，机械工业中渗碳、渗氮是常用的方法。渗铝钢耐热，抗高温氧化，也可防止多种化学介质的腐蚀。渗铝钢的制造方法有多种，其中之一就是在钢表面喷铝后再按一定的操作工艺在高温下热处理，使铝向钢表层内扩散，形成渗铝层。此外，还有渗铬、渗硅等，可用于小型零件的防腐，但尚不普遍。

（二）金属衬里

金属衬里就是把耐蚀金属衬在基体金属（一般为普通碳钢）上，如衬铅、衬钛、衬铝、衬不锈钢等。衬里的方法多种多样。铅衬里也可用作块状材料（如耐酸砖、板等）衬里的中间层，铅可衬也可搪，搪铅就是把铅熔融搪在金属表面上，可以起到衬铅的作用，并且紧密地熔焊在基体金属上，不会鼓泡。但铅在熔化时铅蒸气有毒，必须加强安全措施，以防操作人员中毒。

还有一种获得金属衬里的方法叫双金属，双金属是用热轧法将耐蚀金属覆盖在基体金属上制成的复合材料。如在钢板上压上一层不锈钢板或薄镍板，或将纯铝压在铝合金上，这样就可以使价廉的或具有优良力学性能的基体金属与具有优良耐蚀性能的表层合金很好地结合起来，达到节省材料或提高强度的目的。这类材料一般都为定型产品。

上述方法获得的金属衬里，一般都是完整无孔的，且都具有一定的厚度，只要施工得当，就可起到该材料应有的耐蚀作用。

二、非金属覆盖层

在金属设备上覆上一层有机或无机的非金属材料进行保护是化工防腐蚀的重要手段之一。根据腐蚀环境的不同，可以覆盖不同种类、不同厚度的耐蚀非金属材料，以得到良好的防护效果。

（一）涂料覆盖层

采用涂料覆盖层具有许多优点，如施工简便，适应性广，在一般情况下涂层的修理和重涂都比较容易，成本和施工费用也较低，因此在防腐工程中，应用广泛，是一种不可缺少的防腐措施。涂层防腐不单用于设备的外表面，而且在设备内也得到了成功使用，如尿素造粒塔的内壁涂层防腐，油罐、氨水储罐内的涂层防腐等都收到了很好的使用效果。但涂层一般都比较薄，较难形成无孔的涂膜，且力学性能一般较差，因而在强腐蚀介质、冲刷、冲击、高温等场合，涂层易受破坏而脱落，故在苛刻的条件下应用受到一定限制。目前主要用于设备、管道、建筑物的外壁和一些静止设备的内壁等方面的防护。

1. 涂层的保护机理

一般认为涂层是由于下面三个方面的作用对金属起保护作用的。

① 隔离作用：金属表面涂覆涂料后，相对来说就把金属表面和环境隔开了，但薄薄的一层涂料是难以起到绝对的隔离作用的，因为涂料一般都有一定的孔隙，介质可自由穿过而到达金属表面对金属构成腐蚀破坏。为提高涂料的抗渗性，应选用孔隙少的成膜物质和适当的固体填料，同时增加涂层的层数，以提高其抗渗能力。

② 缓蚀作用：借助涂料的内部组分（如红丹等防锈颜料）与金属反应，使金属表面钝化或生成保护性的物质，以提高涂层的防护作用。

③ 电化学作用：介质渗透涂层接触到金属表面就会对金属产生电化学腐蚀，如在涂料中加入比基体金属电位更负的活性金属（如锌等），就会起到牺牲阳极的阴极保护作用，而且锌的腐蚀产物较稳定，会填满膜的空隙，使膜紧密，腐蚀速度因而大大降低。

2. 涂料覆盖层的选择

涂料覆盖层的合理选择是保证涂层具有长效防护效果的重要方面，其基本原则如下。

① 涂层对环境的适应性：在生产过程中，腐蚀介质种类繁多，不同场合引起腐蚀的原因也不尽相同，因此在选择涂层时应充分考虑到被保护物的使用条件应与涂层的适用范围相一致。

② 被保护的基体材料与涂层的适应性：如钢铁与混凝土表面直接涂刷酸性固化剂的涂料时，钢铁、混凝土就会遭受固化剂的腐蚀。在这种情况下，应涂一层相适应的底层。又如有些底漆适用于钢铁，有些底漆适用于有色金属，使用时必须注意它们的适用范围等。

③ 施工条件的可能性：有些涂料需要一定的施工条件，如热固化环氧树脂涂料就必须加热固化，如条件不具备，就要采取措施或改用其他品种。

④ 涂层的配套：底漆与面漆必须配套使用方能达到应有的效果，否则会损害涂层的保护性能。具体的配套要求可查看产品说明书或有关资料。

⑤ 经济上的合理性：在满足防腐蚀要求和寿命的前提下，选择价廉的防腐涂料可提高经济效益。

3. 涂覆方法

涂料的涂覆方法有多种，可根据具体情况选择不同的涂覆方法。最简单的是涂刷法，这种方法所用的设备工具简单，能适用于大部分涂料施工，但施工质量在很大程度上取决于操作的熟练程度，工效较低；对于无法涂刷的小直径管子，可采用注涂法；喷涂法效率较高，但设备比较复杂，需要喷枪和压缩空气；热喷涂可以提高漆膜质量，还可以节约稀释剂，但需要加热装置；静电喷漆是一种利用高电位的静电场的喷漆技术，大大降低漆雾的飞散，比一般喷漆损耗小得多，改善了劳动条件，也提高了漆膜质量，但设备更为复杂，同时由于电压很高，必须采用妥善的安全措施；电泳涂装是一种较新型的涂装技术，它与电镀相似，适用于水溶性涂料。

4. 施工工艺

由于防腐涂料种类很多，各种防腐涂料施工方法不尽相同，不过一般说来，其涂层结构及施工程序遵循如下规则。

① 表面清理：根据涂料种类不同，选择适当的表面清理方法。

② 涂底漆：底漆是直接涂在被保护物表面上，是整个涂层的基础，起到防蚀、防锈和防水的作用。

③ 刮涂腻子：当底漆表面干后即可在底漆表面刮涂腻子，将腻子刮涂在物面的凹坑处，起到平整物面的作用，干燥后应打磨光滑。

④ 中间涂层：在腻子干燥打磨后，将中间漆涂刷在腻子上，起到填补腻子细孔的作用，同时也可作为底漆与面漆的过渡层以提高黏结力。

⑤ 涂刷面漆：在中间漆层表面干后即可涂刷面漆，面漆是直接与腐蚀介质接触的涂层，其性能直接关系到涂层的耐蚀能力。一般要求具有一定的厚度，但一次涂刷过厚会影响涂层的质量，故应采用分层涂刷以获得所需厚度，每层涂刷时应等上一层表干后进行。

⑥ 养护：涂刷完成后，应根据涂料的具体要求采用自然固化或加热固化。不管采用哪种方法均应等涂层实干后方可投入使用。

（二）玻璃钢衬里

玻璃钢在防腐领域中应用最早、最广的是作为设备衬里。

1. 树脂的选用

针对环境介质的腐蚀性，正确选用耐蚀树脂是选材过程中首先要考虑的问题。目前，耐蚀玻璃钢衬里常用的树脂有环氧树脂、酚醛树脂、呋喃树脂、聚酯树脂等。其中环氧树脂的性能显得较为优越，它黏附力高，固化收缩率小，固化过程中没有小分子副产物生成，其组成玻璃钢的线胀系数与基体钢材差不多，因此它是一种比较理想的玻璃钢衬里用树脂，一些耐蚀性较好，但黏附性能较差的树脂，用环氧改性后，既可保持原有的耐蚀性，又提高了其黏附能力。如呋喃树脂由于黏附力差，不宜单独用作玻璃钢衬里，经环氧改性后，效果较好。

2. 玻璃纤维的选用

用于耐腐蚀玻璃钢的玻璃纤维主要选择中碱(用于酸性介质)或无碱(用于碱性介质)无捻粗纱方格玻璃布。一般选用厚度 $0.2 \sim 0.4 \mathrm{mm}$，经纬密度为 $(4 \times 4) \sim (8 \times 8)$纱根数$/\mathrm{cm}^2$。

3. 玻璃钢衬里层结构

玻璃钢衬里层主要起屏蔽作用，应具有耐蚀、抗渗以及与基体表面有良好的黏结强度等方面的性能，故其结构一般由以下几部分构成。

① 底层：底层是在设备表面处理后为防止钢铁返锈而涂覆的涂层，底层的好坏决定了整个衬里层与基体的黏结强度。因此，必须选择黏附力高的、线胀系数与基体尽可能接近的树脂。环氧树脂是比较理想的胶黏剂，所以设备表面处理后多数涂覆环氧涂料，为了使涂层的线胀系数接近于碳钢的线胀系数，树脂内应加入适当的填料。

② 腻子层：主要是填补基体表面不平的地方，通过腻子的找平，提高玻璃纤维制品的铺覆性能。腻子层所用的树脂基本上与底层相同，只是填料多加些，使之成为胶泥状的物料。

③ 玻璃钢增强层：主要起增强作用，使衬里层构成一个整体。为了提高抗渗性，每一层玻璃织物都要保证被树脂所浸润，并有足够的树脂含量。

④ 面层：主要是富树脂层。由于它直接与腐蚀介质接触，故要求有良好的致密性、抗渗能力，并对环境有足够的耐蚀、耐磨能力。

当然，对同一种树脂玻璃钢衬里来说，衬层越厚，抗渗耐蚀的性能就越好。对主要用于耐气体腐蚀或用作静止的腐蚀性不大的液体储槽来说，一般衬贴 3～4 层玻璃布就可以了。如果环境条件苛刻，并考虑到手糊玻璃钢抗渗性差的弱点，一般都要求衬层厚度在 3mm 以上。但盲目增加玻璃钢衬层的厚度是没有必要的，因为一般说来玻璃钢衬层在 3～4mm 已具有足够的抗渗能力，而设备的受力要求完全是由外壳来承受的。

4. 施工工艺

目前玻璃钢衬里多用手糊施工，其施工工艺有分层间断衬贴（间歇法）与多层连续衬贴（连续法）两种。其中间歇法是每贴一层布待干燥后再贴下一层布直至所需厚度，而连续法则是连续将布一层接一层贴上去直至所需厚度。显然间歇法施工周期长但质量较易保证，而连续法则大大地缩短了施工周期，但质量不如间歇法。一般来说，当衬里层不太厚时宜采用间歇法，而对较厚的衬里层则可采用连续法。

玻璃钢施工工艺的简单流程：基体表面处理→涂刷底层→刮腻子→衬布→养护→质量检查。

（三）橡胶衬里

橡胶衬里是把预先加工好的板材粘贴在金属表面上，其接口可以通过搭边黏合，因此橡胶的整体性较强，没有像涂料或玻璃钢衬里固化前由于溶剂挥发等所产生的针孔或气泡等缺陷。橡胶衬里层一般致密性高，抗渗性强，即使衬层局部地区与基体表面离层，腐蚀介质也不容易透过。

橡胶衬里具有一定的弹性，而且韧性一般都比较好，它能抵抗机械冲击和热冲击，可应用于受冲击或磨蚀的环境中。

橡胶衬里可单独作为设备内防腐层，也可作为砖板衬里的防渗层。

天然橡胶和合成橡胶均可作为橡胶衬里材料，但目前仍以天然橡胶为主。

1. 橡胶板的选用

橡胶板有硬质胶、半硬质胶和软质胶三种。由于胶种和硫化方法不同，它们的使用范围也不相同。一般来说，硬质胶由于配方加入较多的硫黄，并经过较长时间的硫化处理，因而通常它比软质胶有更好的耐蚀性、耐热性，抗老化及对气体抗渗透性能也较佳，硬质胶与金属的黏结力强。半硬质胶的化学稳定性与硬质胶相似，耐寒性能较硬质胶好，能承受冲击，与金属的黏结性能良好。软质胶具有较好的弹性，能承受较大的变形，但它的耐蚀性、抗渗性和与金属黏结性等均比硬质胶差，表 7-1 列出了三种橡胶衬里的选择及适用范围。

表 7-1　橡胶衬里的选择及适用范围

项　　目	硬 质 胶	半 硬 质 胶	软 质 胶
化学稳定性	优	好	良
耐热性	好	好	良
耐寒性	差	良	优
耐磨性	良	好	优
抗冲击性	差	差	优
抗老化性	差	优	好
抗气体渗透性	优	良	差
弹性	差	差	优
与金属黏结力	优	优	良
使用温度范围/℃	0～+85	−25～+75	
使用压力范围	公称压力≤0.6MPa(表压)，真空度≤0.079MPa(操作温度+40℃时，真空度<0.093MPa)	公称压力≤0.6MPa(表压)	
适用范围	槽车、塔、储槽管件、搅拌器、反应釜、离心机	反应釜、管件、离心机、排风机、储槽、槽车	受冲击、摩擦、温差变化较大的设备

2. 衬胶层结构选择

衬胶层结构可分为单层、双层和三层复合结构。衬胶层一般为 1～2 层，每层厚度为 2～3mm，总厚度为 2～6mm，有时也可选用三层复合结构，但总厚度不超过 8mm。

单层衬里适用于气体介质、腐蚀性较弱和磨损不严重的液体介质中的一般管道或设备。

双层衬里常采取两层为硬质胶或半硬质胶，在有磨损和温差变化时也可选用硬质胶作底层，软质胶为面层的双层结构。双层衬胶是目前最常见的衬里结构。

三层衬里是在物料的腐蚀性较强、磨损情况较严重、温差变化较突出等特殊工况条件时，考虑到硬质胶和半硬质胶不能适应的情况下所采取的衬里形式。常见有软质胶为底层、硬质胶或半硬质胶为中间层，软质胶为面层的结构。但也有的选用硬-软-硬的三层衬里形式。硬质胶为底层，可发挥硬质胶与金属黏结力较强的优点，中间层的软质胶可为整体衬里的缓冲应变层，而表面层的硬质胶则有提高衬里的耐蚀性和抗介质渗透作用。

3. 硫化方法的选择

硫化就是把衬贴好的橡胶板用蒸汽加热，使橡胶与硫化剂（硫黄）发生反应而固化的过程。硫化后使橡胶从可塑态变成固定不可塑状态，经硫化处理的衬胶层具有良好的物理、力学性能和稳定性。

硫化一般在硫化罐中进行，即将衬贴好胶板的工件放入硫化罐中，向罐内通蒸汽加热进行硫化。实际操作中一般都是根据胶板的品种，控制蒸汽压力和硫化时间来完成硫化过程。

蒸汽压力一般控制在大约 0.3MPa，逐步升压和逐步降压。此外还有加压缩空气硫化的方法，这种方法就是先通入压缩空气，再逐渐通入蒸汽置换冷空气，按一定操作工艺进行硫化，这种方法可以缩短硫化时间，对衬里层质量也有好处。大型设备不能在硫化罐内硫化，如能经受一定压力，可以向设备内直接通蒸汽进行硫化。采用这种方法，硫化前需进行必要的准备工作，如装配蒸汽管、冷凝水排出管和必要的保温措施等。采用这种硫化方法，操作压力的选择决定于设备的强度，当设备不能安全地承受 0.3MPa 蒸汽压时，必须降压操作。而操作压力又决定硫化时间，一般说来操作压力越低，硫化时间越长。不能承受压力的设备或无盖的设备采用敞口硫化，即在设备内注满水或盐类溶液，用蒸汽盘管加热使水沸腾进行硫化，其硫化时间决定于衬胶层厚度和温度，一般说来时间较长，操作较为复杂，质量不易保证。

4. 施工工艺

橡胶衬里施工工艺过程：基体表面处理→刷胶浆→修整缺陷→刷胶浆→胶板贴合→中间检查→硫化→检查及修补。

（四）砖板衬里

砖板衬里是在金属或混凝土设备的表面衬以耐腐蚀砖板从而达到对设备的防腐蚀作用。它是化工设备防腐蚀应用较早的技术之一。其适用范围决定于胶泥和砖板的物理、力学性能和耐蚀性能。因而在进行化工设备砖板衬里时，应根据设备的工艺操作条件进行胶泥和耐酸砖板的选择，并进行合理的衬里结构设计和施工，以期达到优良的防腐蚀效果。

砖板衬里具有较好的耐蚀性、耐热性和机械强度，一些难以用其他方法解决的腐蚀问题，采用砖板衬里，往往能得到较好解决。

砖板衬里设备的主要缺点是抗冲击性、热稳定性较差，施工周期较长，因而给生产带来一些不便。

1. 常用胶泥的品种、成分、配比及主要性能

砖、板衬里的黏结剂俗称胶泥，它是砖板衬里的主要材料之一。砖板衬里的适用范围及应用效果主要决定于所选用的胶泥。胶泥由黏结剂、固化剂、耐蚀填料及添加剂等组成。根据所用原料的不同，胶泥的性能亦不相同。目前国内外常用的耐蚀胶泥主要有两大系列：水玻璃胶泥和树脂胶泥。

（1）水玻璃胶泥

水玻璃胶泥主要有钠水玻璃胶泥和钾水玻璃胶泥两种。

① 钠水玻璃胶泥：钠水玻璃胶泥以钠水玻璃、固化剂与耐酸粉料按一定比例配制而成。由于它具有优异的耐蚀性能，良好的力学性能，且价格便宜、施工方便，已成为砖板衬里中最常用的耐蚀胶泥之一。

钠水玻璃胶泥对大多数的强氧化性酸、无机酸、有机酸和大多数的盐类等均有优良的耐蚀性能。

钠水玻璃胶泥具有良好的物理、力学性能，特别是与一些无机材料（如耐酸瓷板、铸石板、花岗岩等）有较好的黏结强度。

钠水玻璃胶泥具有良好的耐热性和热稳定性，其线胀系数与钢铁接近，因此作为钢壳的内部衬里所产生的热应力较小，有利于碳钢基体的设备在高温下使用，最高可在 400℃下使用。

钠水玻璃胶泥能在短期内胶凝、初硬，可常温施工，常温固化，施工非常方便。

钠水玻璃胶泥原料丰富，价格便宜。

钠水玻璃胶泥的缺点是孔隙率大、抗渗性差，与硫酸、醋酸、磷酸等易生成钠盐，导致体积变化，产生裂纹、掉砖等。除采用1G1耐酸灰外，钠水玻璃胶泥不宜用于稀酸和水作用的场合，在氟及含氟化合物、碱、热浓磷酸中钠水玻璃胶泥也不能使用。

钠水玻璃胶泥常用的施工配比见表7-2。

表 7-2 水玻璃耐酸胶泥常用的施工配比

名　　称	胶泥配比(质量比)		
	1	2	3
钠水玻璃	100	—	100
钾水玻璃	—	100	—
氟硅酸钠	15～18	—	—
铸石粉	255～270	—	—
瓷粉	(200～250)	—	—
石英粉∶铸石粉为 7∶3	(200～250)	—	—
石墨粉	(100～150)	—	—
KP1 粉料	—	240～250	—
1G1 耐酸灰	—	—	240～250

注：1. 氟硅酸钠用量是按水玻璃中氧化钠含量的变动而调整的，氟硅酸钠纯度按100%计。

2. 括号内为替换填料配比，可任选一种使用，下同。

② 钾水玻璃胶泥：钾水玻璃胶泥是以钾水玻璃和 KP1 粉料按一定的配比配制而成的。KP1 粉料包含了钾水玻璃的固化剂、耐酸粉料和添加剂。

与钠水玻璃胶泥相比，钾水玻璃胶泥与钢铁、砖板的黏结性更好。抗渗性也比钠水玻璃胶泥好，故可用于稀酸，并可短期在水中使用。

钾水玻璃胶泥耐热性比钠水玻璃好，但作为衬里使用时，考虑到衬里所用砖板的性能及其他因素，故衬里设备一般也不宜在高于 400℃ 的条件下使用。

钾水玻璃胶泥无毒，对施工环境及操作人员均无危害。

钾水玻璃胶泥的价格比钠水玻璃高。

钾水玻璃胶泥的常用施工配比见表7-2。

（2）树脂胶泥

砖板衬里常用的树脂胶泥包括酚醛胶泥、呋喃胶泥、环氧胶泥等，还包括由上述树脂为基础的改性胶泥，如环氧-酚醛胶泥、环氧-呋喃胶泥等。

① 酚醛胶泥：酚醛胶泥由酚醛树脂、固化剂、填料等按一定配比配制而成，它是砖板衬里工程中应用最为广泛的树脂胶泥之一。

酚醛胶泥的耐酸性能优异，对 70% 以下的硫酸、各种浓度的盐酸和磷酸、大部分的有机酸及大部分 pH<7 的酸性盐类均有良好的耐蚀性能，但不能用于硝酸、浓硫酸、次氯酸、氯气等强氧化性介质中，也不能用于氢氧化钠、碳酸钠、氨水等碱性介质中。

酚醛胶泥的机械强度、抗渗性都不错，黏结力也较好，其中与耐酸砖板、不透性石墨板的黏结性能较好，而与铸石板的黏结力较差。

酚醛胶泥的耐热性比较好，作为衬里用胶泥，在某些场合下使用温度可达 150℃。以石墨粉为填料的酚醛胶泥具有良好的导热性能，可衬砌不透性石墨板用于传热设备。

酚醛胶泥由于采用酸性固化剂，不能直接用于金属或混凝土表面，衬砌板时，应先以环氧树脂涂层作过渡层涂于金属或混凝土表面，然后再进行砖板衬砌。

酚醛胶泥常用的施工配比见表 7-3。

表 7-3　酚醛胶泥常用的施工配比

名　称		胶泥配比(质量比)	
		1	2
酚醛树脂		100	100
固化剂	(1)苯磺酰氯	6～10	
	(2)对甲苯磺酰氯	(8～12)	
	(3)硫酸乙酯[硫酸：乙醇为 1：(2～3)]	(6～8)	
	(4)NL 型固化剂		6～10
	(5)复合固化剂		
	对甲苯磺酰氯：硫酸乙酰为 7：3	(8～12)	
	苯磺酰氯：硫酸乙酯为 1：1	(6～10)	
稀释剂:丙酮或乙醇			0～5
填料	(1)石英粉	150～200	150～200
	(2)瓷粉	(150～200)	(150～200)
	(3)铸石粉	(180～230)	(180～230)
	(4)石英粉：铸石粉为 8：2	(150～200)	
	(5)硫酸钡	(180～220)	
	(6)石墨粉	(180～230)	(90～120)

注：1.配比 1 的固化剂可任选一种。
2.填料可任选一种。

② 呋喃胶泥：呋喃胶泥是以各种呋喃树脂、固化剂和填料等按一定配比配制而成的，由于它的耐蚀性、耐热性均较好，所以在很多场合得到广泛应用。

呋喃胶泥包括由糠醇树脂、糠醛-丙酮树脂、糠醛-丙酮-甲醛树脂配制的糠醇胶泥、糠酮胶泥及糠酮甲醛胶泥，还包括由 YJ 呋喃树脂配制的 YJ 呋喃胶泥。

呋喃胶泥具有良好的耐蚀性，在 70％以下的硫酸、各种浓度的盐酸、磷酸、醋酸等大多数酸中耐蚀性良好，也可用于 40％以下的氢氧化钠等大多数碱性介质中，所以呋喃胶泥可用于酸碱交替的场合，但不能应用于硝酸、浓硫酸、铬酸、次氯酸等强氧化性介质中。

呋喃胶泥具有比酚醛胶泥更好的耐热性，在某些场合使用温度可达 180℃，但 YJ 呋喃胶泥的使用温度不宜超过 140℃。

呋喃胶泥的脆性较大、抗冲击性能较差、收缩率较高、黏结性能也较差，这对它的应用带来一定的影响，可通过环氧树脂进行改性。

呋喃胶泥与酚醛胶泥一样，也采用酸性固化剂，故不能直接用于金属或混凝土表面，衬砌砖板时，也要先用环氧树脂涂层作为过渡层，涂于金属或混凝土表面，然后再进行砖板衬砌。

呋喃胶泥常用的施工配比见表 7-4。

③ 环氧胶泥：环氧胶泥由环氧树脂、固化剂、稀释剂及填料等按一定配比配制而成。

环氧胶泥具有较好的耐蚀性，可用于中等浓度的硫酸、盐酸与磷酸等酸中，也可用于浓度低于 20％的氢氧化钠等碱性介质中，但其耐酸性不如酚醛胶泥和呋喃胶泥，耐碱性不如呋喃胶泥，同酚醛胶泥和呋喃胶泥一样，也不能用于氧化性介质中。

表 7-4　呋喃胶泥常用的施工配比

名　称		胶泥配比(质量比)			
		糠醇树脂	糠酮树脂	糠酮甲醛树脂	YJ 呋喃树脂
呋喃树脂		100	100	100	100
稀释剂:甲苯或丙酮		0～10	0～10	0～10	
固化剂	苯磺酰氯	10			
	苯磺酰氯:磷酸为 4:(3.5～5)	(8～12)			
	硫酸乙酯[硫酸:乙醇为(2～3):1]		10～14	10～14	
增塑剂	亚磷酸三苯酯(液体)	10	10		
填料	石英粉或瓷粉	130～200	130～200	130～200	
	石英粉:铸石粉为 9:1 或 8:2	(130～180)	(130～180)	(130～180)	
	硫酸钡	(180～220)	(180～220)		
	石墨粉	(80～150)	(130～180)	(80～150)	
	YJ 呋喃粉				350～400

注：1.固化剂按呋喃树脂品种选用；填料可任选一种。
　　2.耐氢氟酸工程，填料应选用硫酸钡粉或石墨粉。

　　环氧胶泥具有优异的物理、力学性能，其机械强度、黏结力、固化收缩率远优于酚醛胶泥和呋喃胶泥。故环氧树脂可用来改性酚醛胶泥和呋喃胶泥。

　　环氧树脂的耐热性较酚醛胶泥和呋喃胶泥差。一般使用温度不超过 100℃，在腐蚀性强的介质中使用温度更低。

　　环氧胶泥常用的施工配比见表 7-5。

表 7-5　环氧胶泥常用的施工配比

名　称		胶泥配比(质量比)	
		1	2
环氧树脂 E-44		100	
环氧树脂 E-42			100
固化剂	乙二胺	6～8	6～7
	乙二胺:丙酮为 1:1	(12～16)	(12～14)
	间苯二胺	(15)	(15)
	二乙烯三胺	(10～12)	(10～12)
	590 号	(15～20)	(15～20)
	苯二甲胺	(19～20)	(19～20)
	聚酰胺	(40～48)	(40～48)
	T31	(15～40)	(15～40)
	C20	(20～25)	(20～25)
	NJ-2 型	(15～20)	(15～20)
增塑剂:邻苯二甲酸二丁酯		10	10
填料	石英粉(或瓷粉)	150～250	150～250
	铸石粉	(180～250)	(180～250)
	硫酸钡	(180～250)	(180～250)
	石墨粉	(100～160)	(100～160)

注：1.乙二胺用量以乙二胺为 100%计，若纯度不足时，应换算增加。
　　2.固化剂和填料可任选一种使用。

④ 改性胶泥：改性胶泥是根据实际需要，通过酚醛树脂或呋喃树脂与环氧树脂复合而得到的系列复合树脂胶泥，其兼具两种胶泥的优点，故综合性能比较好。

改性胶泥常用的施工配比见表 7-6。

表 7-6　改性胶泥常用的施工配比

名　　称		胶泥配比（质量比）	
		1	2
黏结剂	环氧树脂	70	70
	酚醛树脂	30	
	呋喃树脂		30
固化剂	乙二胺	6～8	6～8
	T31	(25～30)	(25～30)
增塑剂	邻苯二甲酸二丁酯	0～10	0～10
填料	铸石粉	(180～220)	180～220
	石英粉或瓷粉	150～200	(150～200)
	石墨粉	(80～120)	(90～150)

注：固化剂和填料可任选一种。

（3）常用胶泥的最高使用温度及物理、力学性能　常用胶泥的最高使用温度见表 7-7。常用胶泥的物理、力学性能见表 7-8。

表 7-7　常用胶泥的最高使用温度

种　类	名　　称	最高使用温度/℃	种　类	名　　称	最高使用温度/℃
水玻璃胶泥	钠水玻璃胶泥	400	树脂胶泥	环氧胶泥	100
	钾水玻璃胶泥	400		环氧改性酚醛胶泥	120
树脂胶泥	酚醛胶泥	150		环氧改性呋喃胶泥	150
	呋喃胶泥	180			

2. 胶泥的配制

胶泥配制过程中，搅拌是保证施工质量的一个重要工序，不能掉以轻心。搅拌可采用机械搅拌，即在搅拌机内进行搅拌，机械搅拌可以使各种成分充分搅匀，搅拌效果较好，每次搅拌完成后，搅拌机内拌好的料一定要清除干净，施工完毕后要及时清理。在胶泥配制量较少时也可采用人工搅拌，人工搅拌效果比机械搅拌差些，不过只要认真操作也可以达到配制要求。人工搅拌一般用塑料或搪瓷容器，配制前应清洁配制时所需的机具和容器。

3. 常用砖板的品种、成分及主要性能

砖板衬里中常用的耐腐蚀砖板主要有耐酸陶瓷砖板、铸石板、不透性石墨板等。

① 耐酸陶瓷砖板：耐酸陶瓷的品种很多，在砖板衬里防腐蚀工程中应用较多的是耐酸砖板和耐酸耐温砖板。耐酸陶瓷的主要化学成分见表 7-9。

耐酸陶瓷耐蚀性能优异，除氢氟酸、含氟介质、热浓磷酸和热浓碱以外，能耐各种无机酸、有机酸、盐类溶液及各种有机溶剂。

表 7-8　常用胶泥的物理、力学性能

名　称	密度 /(g/cm³)	抗压强度 /MPa	抗拉强度 /MPa	线胀系数 /℃⁻¹	热导率 /[W/(m·℃)]	抗渗透性（水压不透）/MPa	黏结力/MPa			
							与钢	与陶瓷	与石墨板	与铸石板
钠水玻璃胶泥	1.8~2.1	39~49	2.5~4.4	$(10\sim11)\times10^{-6}$	0.8~1.15	0~6	2.0~2.5	2.0~2.5	3.1	—
钾水玻璃胶泥	1.4~1.5	>30	>3	—	1.7	1.0	>2	>3	—	—
酚醛胶泥	1.4~2.3	59~78	>6.8	$(23\sim30)\times10^{-6}$	0.7~1.2	1.6	3.4~3.9	1.0~2.0	>3.8	>0.78
糠醇胶泥	1.4~2.5	44~58	>7.4	$(24\sim27)\times10^{-6}$	—	1.6	2.9~3.9	1.0~2.0	2.0~3.9	—
糠酮胶泥	1.6~2.2	58~68	>7.4	$(22\sim25)\times10^{-6}$	—	1.6	—	1.0~2.0	—	—
糠酮甲醛胶泥	1.6~2.2	58~68	>7.4	—	—	1.6	—	1.0~2.0	—	>0.8
YJ呋喃胶泥	2.0	>68	>5.9	$(21\sim22)\times10^{-6}$	—	1.6	—	>1.5	—	—
环氧胶泥	1.4~2.2	78~108	8.8	—	—	1.6	4.9	>4.4	>5.9	—
环氧改性酚醛胶泥	1.4~2.2	68~88	>8.3	—	—	1.6	—	>2.9	>5.4	—
环氧改性呋喃胶泥	1.5~2.2	68~88	>8.3	—	—	1.6	—	>2.9	—	—

注：钠水玻璃的抗渗透性为 1G1 水玻璃胶泥的数值。

表 7-9　耐酸陶瓷的主要化学成分

化学成分	SiO_2	Al_2O_3	Fe_2O_3	CaO	MgO	Na_2O	K_2O
含量/%	60~70	20~30	0.5~3.0	0.3~1.0	0.1~0.8	0.5~3.0	1.5~2.0

耐酸陶瓷强度高，孔隙率小，介质不易渗透；缺点是质地较脆，抗冲击能力差，传热系数低，不宜用于需要传热的设备。耐酸砖板热稳定性较差，也不适用于温差变化较大的场合。耐酸耐温砖板的热稳定性较好，可用于某些急冷急热的部位。

耐酸陶瓷砖板有素面和釉面之分，当衬砌多层砖板时，内层砖板应选用素面砖板，釉面砖板只可作面层。

② 铸石板：铸石板是以辉绿岩、玄武岩、工业废渣（冶金废渣、化工废渣及煤矸石等）加入一定的掺和剂（角闪岩、白云石、萤石等）和结晶剂（铬铁矿粉等），经高温熔化、浇铸成型、结晶、退火等工序而制成的。在砖板衬里防腐蚀工程中常用的是辉绿岩铸石板。

铸石板的主要化学成分见表 7-10。

表 7-10　铸石板的主要化学成分

化学成分	SiO_2	Al_2O_3	Fe_2O_3	CaO	MgO	Ti_2O	K_2O+Na_2O
含量/%	47~52	15~20	14~17	8~11	6~8	1~1.7	3~4

铸石板的 SiO_2 含量并不高，但由于它经过高温熔融，结晶后形成了结构致密和均匀的普通辉绿岩晶体；同时又由于铸石与酸、碱作用后，表面会逐步形成一层硅的铝化合物薄膜，这层薄膜在达到一定厚度，即在铸石表面与酸、碱介质之间形成了一层保护膜，最后使介质的化学腐蚀趋于零，这是铸石能够高度耐蚀的主要原因。

铸石板除了氢氟酸、含氟介质、热磷酸、熔融碱外，对各种酸、碱、盐类及各种有机介质都是耐蚀的。

铸石板强度高，硬度高，耐磨性好，孔隙率小，介质难以渗透。缺点是脆性较大，不耐冲击，传热系数小，热稳定性差，不能用于有温度剧变的场合。

铸石板因为太硬，现场难以加工，衬里异形结构部位应选用异型铸石板。

③ 不透性石墨板：石墨分天然石墨和人造石墨，人造石墨是由无烟煤、焦炭与沥青混捏压制成型，于煅烧炉中煅烧而成。

石墨的主要化学成分为碳，具有良好的耐蚀性能。除硝酸、浓硫酸、次氯酸等强氧化性介质外，能耐大多数酸、各种浓度的碱、大多数的盐类及有机介质的腐蚀。

石墨的导热性能非常好，耐热性与热稳定也很好。缺点是强度较低，质地较脆，不耐冲击，孔隙率高，介质易渗透。

为了弥补石墨孔隙率高、强度低的缺点，需对其进行不透性处理制成不透性石墨制品，经过这样处理后制成的不透性石墨制品具有较高的强度和较低的孔隙率，根据处理方法的不同，不透性石墨板主要可分为浸渍石墨和压型石墨。

浸渍石墨板是将石墨加工成板材，然后以合成树脂或水玻璃浸渍、固化而成。常用的合成树脂有酚醛树脂和呋喃树脂。压型石墨是以石墨粉与合成树脂混合后，在加热状态下进行挤压与固化，制成各种规格的板材或管材。

不透性石墨的性能综合了石墨和树脂的性能，一般来说，除强氧化性介质外能耐大多数酸、碱、盐的腐蚀（以酚醛树脂及水玻璃制得的不透性石墨不耐碱的腐蚀），机械强度及抗渗性均有较大程度提高。耐热性、热稳定性较石墨要差，但远好于树脂，常用于需要传热及温差变化较大的场合。

4. 砖板的加工

砖板衬里用的砖板，在衬砌前应仔细挑选，去除不合格的产品。经过挑选合格的砖板应清洗干净，并烘干备用。在正式衬砌砖板前，应先在衬砌位置进行砖板预排，当砖板排列尺寸不够时，不能用碎砖板或胶泥填塞，需对砖板进行加工。将砖板加工到适当尺寸，使之与实际需要的尺寸相符。砖板加工一般可用手工（手锤和錾子）或用砖板切割机切割。

5. 砌筑、衬里操作

（1）砌筑、衬里操作的一般规定

① 衬里结构：砖板衬里根据所用工况条件的不同一般可分为下列几种形式。

a. 单层衬里：即在设备基体上衬一层砖板，其结构如图 7-13 所示。

b. 多层衬里：即在设备基体上衬二层或二层以上的砖板，其结构如图 7-14 所示。

c. 复合衬里：即在设备基体与砖板衬里层之间加衬隔离层，其结构如图 7-15 所示。

采用如水玻璃、呋喃等胶泥衬砌时，可在基体底面上涂上或在隔离层面上均匀撒上一层粒径为 1～1.5mm 的石英砂粒，可增强胶泥的结合力。

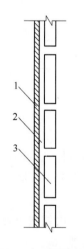

图 7-13　单层衬里
1—基体；2—胶泥；3—砖板

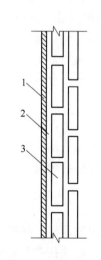

图 7-14　多层衬里
1—基体；2—胶泥；3—砖板

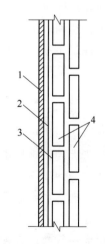

图 7-15　复合衬里
1—基体；2—隔离层；3—胶泥；4—砖板

② 砖板排列原则：在进行砖板衬里时，砖板必须错缝排列，这对单层衬里来说，可提高衬里层的强度，而对多层衬里来说通过层与层之间的错缝，不仅可以提高结构强度，还可以增加防渗透能力。一般来说，对于立衬设备，环向砖缝为连续缝，轴向砖缝应错开；对于卧衬设备，环向砖缝应错开，轴向砖缝为连续缝。

砖板的排列可参见图 7-16。

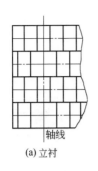
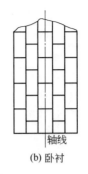

图 7-16　砖板的排列

③ 砖缝形式：砖板衬里胶泥缝的结构形式分为挤缝和勾缝两种。

挤缝是指砖板衬砌时，将衬砌的基体表面按 1/2 结合层厚度涂抹胶泥，然后在砖板的衬砌面涂抹胶泥，中部胶泥涂量应高于边部，然后将砖板按压在应衬砌的位置，用力揉挤，使砖板间及砖板与基体间的缝隙充满胶泥的操作方法。揉挤时只能有手挤压，不能用木槌敲打，挤出的胶泥应及时用刮刀刮去，并应保证结合层的厚度与胶泥缝的宽度。

勾缝是指采用抗渗性较差、成本较低的胶泥（一般用水玻璃胶泥）衬砌砖板，而砖板四周砖缝用树脂胶泥填满的操作方法。勾缝操作时，要按规定留出砖板四周结合缝的宽度和深度。为了保证结合缝的尺寸，可在缝内预埋等宽的木条或硬聚氯乙烯板条，在砖板结合层固化后，取出预埋条，清理干净预留缝，然后刷一遍环氧树脂打底。对于以水玻璃胶泥作为结合层的衬里，在用环氧树脂打底前，应对胶泥进行酸化处理。待环氧树脂打底层固化后将树脂胶泥填入缝内，并用与缝等宽的灰刀将胶泥用力压实，不得存在空隙，胶泥缝表面要铲平，并清理干净。

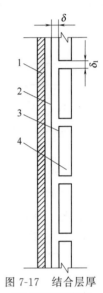

图 7-17　结合层厚度与胶泥缝宽度
1—基体；2—隔离层；
3—胶泥；4—砖板；
δ—结合层厚度；
δ_1—胶泥缝宽度

④ 砖板结合层厚度与胶泥缝的宽度：砖板衬里中结合层的厚度与胶泥缝的宽度按所用材料及施工方法的不同而有所不同。其结构见图 7-17，结合层与胶泥尺寸应符合表 7-11 的要求。

（2）衬砌砖板的一般程序

耐蚀砖板衬里施工程序：基体表面处理→刷底涂料→隔离层施工→加工砖板→胶泥配制→砖板衬砌→衬砌质量检查→缺陷修补→养护固化→酸化处理→组装封口→交付使用。

6. 后处理

砖板衬砌后的设备应进行充分固化，这是保证砖板衬里施工质量的重要因素，只有经过充分固化，胶泥才能达到其应具有的性能。对于多层衬里结构，每衬一层砖板后都应该进行中间固化处理，水玻璃胶泥衬里固化后还应进行酸化处理。

（1）水玻璃胶泥

① 常温固化：采用水玻璃胶泥衬砌砖板的衬里设备，常温固化期不应少于 10 天。对于用水玻璃胶泥衬砌的多层衬里，每衬一层后应在 25～30℃条件下经 35～36h 的中间固化处理，才能进行下一层衬砌施工。环境温度低时应适当延长中间固化时间。

表 7-11　砖板衬里结合层厚度与胶泥缝宽度　　　　　　　　　　　　　mm

块材种类	水玻璃胶泥衬砌				勾　缝		树脂胶泥衬砌	
	结合层厚度		灰缝宽度					
	钠水玻璃胶泥	钾水玻璃胶泥	钠水玻璃胶泥	钾水玻璃胶泥	缝宽	缝深	结合层厚度	胶泥缝宽度
标形耐酸瓷砖、缸砖	7～8	6～8	2～3	4～6	6～8	15～20	7～8 YJ呋喃胶泥（4～6）	2～3 YJ呋喃胶泥（2～4）
板形耐酸瓷砖、耐酸陶板	4～5	5～7	1～2	3～4	6～8	10～12	3～4 YJ呋喃胶泥（4～6）	1～1.5 YJ呋喃胶泥（2～4）
浸渍石墨板	4～5		1～2				3～4	1～1.5 YJ呋喃胶泥（2～4）
铸石板	4～5	5～7	1～2	4～6			3～4	1～1.5

　　② 酸化处理：采用水玻璃胶泥衬砌砖板的衬里设备，常温固化后还应进行酸化处理。

　　对钠水玻璃胶泥可用 40% 左右的硫酸或 20%～25% 浓度的盐酸涂刷在胶泥缝上进行酸化处理，每间隔 8h 以上涂刷 1 次，涂刷次数应不低于 4 次。

　　对钾水玻璃胶泥可用 KP1 处理液涂刷在胶泥缝上进行表面处理，每间隔 4h 以上涂刷 1 次，涂刷次数应不低于 3 次。

　　酸化处理可用干净的拖把蘸酸擦拭，也可将酸浇在衬砌面上拖擦，浇酸时应注意安全。每次酸化处理前，应清除胶泥表面析出的白色结晶物。

　　衬里固化与酸化处理期间应注意不能使衬里设备与水或水蒸气接触。

　　（2）树脂胶泥

　　采用树脂胶泥衬砌砖板的衬里设备，常温固化期与所用胶泥的品种有关，常用树脂胶泥的常温固化期见表 7-12。

表 7-12　常用树脂胶泥的常温固化期

胶　泥　名　称	固化时间/d	胶　泥　名　称	固化时间/d
环氧胶泥	7～10	环氧酚醛胶泥	7～15
酚醛胶泥	20～25	环氧呋喃胶泥	20～25
呋喃胶泥	15～20		

　　注：1. 固化温度低于 20℃ 时，固化时间应适当延长。

　　2. 表中呋喃胶泥的固化期是指糠醇、糠醛型呋喃胶泥，其他类型呋喃胶泥的固化期应根据试验确定。

　　（3）加热固化

　　砖板衬砌后的设备除可采用常温固化，必要时也可以进行加热固化。

　　需经加热固化的砖板衬里设备，加热固化条件见表 7-13。热处理时，衬里表面受热应均匀，严防局部过热。热处理的升温速度不应大于每小时 10℃，降温速度不应大于 15℃/h，严禁骤然升降温度。

表 7-13　衬里热处理时间　　　　　　　　　　　　h

胶泥种类	温　　度/℃									
	常温	常温～40	40	40～60	60	60～80	80	80～100	100	100～120	120
水玻璃胶泥	24	2	4	2	8	2	24	—	—	—
酚醛胶泥	24	2	4	2	4	2	8	2	16	—
呋喃胶泥	24	2	4	2	4	2	12	2	8	2	12
环氧胶泥	24	2	4	2	4	2	12	—	—	—
环氧改性酚醛胶泥	24	2	4	2	4	2	8	2	16	—
环氧改性呋喃胶泥	24	2	4	2	4	2	12	2	8	2	12

注：1.当设备结构或施工现场不具备高温热处理条件时，可适当降低热处理上限温度但应延长 60～100℃之间恒温时间。

　　2.当设计温度≤100℃时，表中 100℃以后栏不作要求。

第三节　电化学保护

根据金属电化学腐蚀理论，如果把处于电解质溶液中的某些金属的电位降低，可以使金属难于失去电子，从而大大降低金属的腐蚀速度，甚至可使腐蚀完全停止。也可以把金属的电位提高，使金属钝化，人为地使金属表面形成致密的氧化膜，降低金属的腐蚀速度。这种通过改变金属/电解质溶液的电极电位从而控制金属腐蚀的方法称为电化学保护。

电化学保护分为阴极保护和阳极保护两种。

一、阴极保护

阴极保护是将被保护的金属与外加直流电源的负极相连，在金属表面通入足够的阴极电流，使金属电位变负，从而使金属溶解速度减小的一种保护方法。

阴极保护的应用已有一百多年历史，但大规模使用于输油管的阴极保护，开始于 20 世纪 30 年代。在国际上它早已是一种比较成熟的商品技术，提供典型的设计并成套随设备安装。中国邮电系统电缆装置已使用阴极保护装置。使用比较广泛的是埋置于土壤中的地下管线、储槽以及受海水、淡水腐蚀的设备，如桥桩、闸门、平台，中国一些油气的输油管线也使用了阴极保护。在西气东输为全长四千多公里的输送天然气管道上也采用了阴极保护和涂层保护的联合保护措施。

阴极保护分为牺牲阳极保护和外加电流阴极保护两种。前者是依靠电位较负的金属（例如锌）的溶解来提供保护所需的电流，在保护过程中，这种电位较负的金属为阳极，逐渐溶解牺牲掉，所以称为牺牲阳极保护，实质上它们构成了电偶腐蚀电池；而后者则依靠外部的电源来提供保护所需的电流，这时被保护的金属为阴极；为了使电流能够通过，还需要用辅助阳极，这里主要介绍外加阴极电流的阴极保护。

1. 原理

阴极保护的原理从电化学腐蚀的热力学角度来看，阴极保护就是改变被腐蚀金属的电位，使它向负方向进行，即阴极极化。

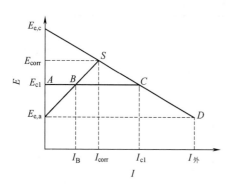

图 7-18   阴极保护原理的极化曲线

图 7-18 所示为阴极保护原理的极化曲线。设电极表面阳极反应和阴极反应的平衡电极电位分别为 $E_{e,a}$ 和 $E_{e,c}$，在同一电极系统中，阳极和阴极互相极化交于点 S，S 点所对应的电位为 E_{corr} 及对应的腐蚀电流为 I_{corr}。

如果从外部把电流输入该电极系统，使金属进行阴极极化，此时电位将从 E_{corr} 向负的方向变化，阴极极化曲线 $E_{e,c}S$ 从 S 点向 C 点方向延长。

当金属电位极化到 E_{c1} 时，这时所需的阴极极化电流为 I_{c1}，相当于 AC 线段。这个电流由两个方面提供，其中 BC 段这部分电流是外加的，而 AB 段这部分电流是阳极腐蚀所提供的电流，表明金属还未停止腐蚀，其腐蚀电流为 I_B。

如果电极继续阴极极化，使电位到达 $E_{e,a}$，即到达金属的平衡电极电位，由图 7-18 可看出，此时腐蚀电流就为零，金属被完全保护。这时外加阴极电流 $I_外$，即为达到完全保护所需的电流。

2. 主要参数

在阴极保护中判断金属结构是否达到最理想的保护常用最小保护电位及最小保护电流密度这两个基本参数来说明。

（1）最小保护电位

从图 7-18 中可以看出，阴极保护时，使腐蚀过程停止时的电位，其数值等于腐蚀电池中阳极的平衡电极电位（$E_{e,a}$），这时的电位称为最小保护电位。常用这个参数来判断阴极保护是否充分。但实际上，未必一定要达到完全保护状态。一般容许在保护后有一定程度的腐蚀，必须注意保护电位不可太负，否则可能产生"过保护"，即达到了析氢电位而析氢，引起金属的氢脆。

最小保护电位与金属材料、环境介质的组成、浓度等因素有关。一些参数可以从文献中查到，但一般应通过试验来测定。

（2）最小保护电流密度

使金属腐蚀速度达到最低程度所需的最小电流密度称为最小保护电流密度。这个数值的大小与金属材料种类、表面状态、介质条件等有较大关系。一般介质的腐蚀性越强，所需的保护电流密度越大。同时，当金属活性增大，表面粗糙度加大，介质的温度、压力、流速加大或保护系统的总电阻减小时，都会增大保护电流密度。

最小保护电流密度要通过试验测得，但由于影响保护电流密度的因素很多，数值变化很大，可以从几十分之一毫安每平方米变化到几百毫安每平方米。在保护过程中，当电位一定时，电流密度却受种种条件的影响而有变化。因此，它只是次要的保护参数。常由已确定的保护电位值在极化曲线上找出对应的保护电流密度。

3. 应用条件

不是任何金属结构或设备都可以使用阴极保护的，必须符合一定的条件与范围。

（1）材料

对被保护的金属材料在所处的介质中容易发生阴极极化，即只要通以较小的阴极电流就可以使其电位较大地负移，否则进行阴极保护时耗电量太大，常用的金属材料（如碳钢、铅、铜及其合金等）都可采用阴极保护。

处于钝态的金属，如果外加阴极极化可能使其活化而加速腐蚀，因而不宜用阴极保护。

（2）介质条件

被保护的金属必须处在电解质溶液中才能受到阴极保护，同时被保护结构周围的电解质溶液的量要大，以建立连续的电路，保护电流才可通过电解液层均匀分布到金属表面各部分使之得到保护。

一般适用介质有土壤、中性盐溶液、河水、海水、碱、弱酸溶液（例如磷酸、有机酸等）。对腐蚀性强的电解质因所需保护电流很大、消耗电能大，不宜采用阴极保护；在大气、气体介质及其他不导电的介质中不能应用阴极保护。

（3）结构

被保护设备的结构形状一般不宜太复杂，结构复杂的设备在靠近辅助阳极部位电流密度大，远离辅助阳极部位电流密度小，得不到足够的保护电流。甚至不起保护作用，产生"遮蔽现象"。

4. 应用

阴极保护主要用在水和土壤中的金属结构上，但一般必须用于设备结构简单、介质腐蚀性不太强的环境中；阴极保护除可防止一般的均匀腐蚀外，还可以防止一些材料的点蚀、晶间腐蚀、冲击腐蚀、选择性腐蚀等。

目前，各国对阴极保护都非常重视，阴极保护的标准相继出台，我国城建部门出台的强制标准中规定；城镇燃气系统埋地管道均需采用阴极保护，阴极保护技术正逐步应用到国民经济各个部门以及人民生活中。

二、阳极保护

阳极保护是将被保护的金属构件与外加直流电源的正极相连，在电解质溶液中使金属构件阳极极化至一定电位，使其建立并维持稳定的钝态，从而阳极溶解受到抑制，腐蚀速度显著降低，使设备得到保护。

阳极保护是较新的保护技术，应用较阴极保护要晚得多。中国于 1961 年开始研究，1967 年起应用于碳铵生产的碳化塔设备上，获得了显著的效果。

1. 原理

阳极保护的基本原理，就是使处在腐蚀区的金属电位正向移动，进入钝化区。

显然，只有对活性-钝性金属通以外加阳极电流才可使它阳极极化，从而在一定的电解质溶液中建立和维持钝态。

从钝化曲线上（见图 1-22），可以清楚地观察到金属在进行阳极保护时的动力学特征。

具有钝化特性的金属结构在进行阳极保护时，将它接在直流电源的正极上，通以一定的电流，观察电位，当电位达到 $E_临$ 时，电流密度为 $i_临$，金属开始钝化，随后当电位继续升高时电流密度下降至最小值，这一电流密度即是为了维持金属钝化膜的稳定所需要的电流密度，称为维钝电流密度 $i_维$，这时金属的电位维持在钝化区内，电位可在一定范围内波动但电流不变，保护效果最佳。

对于没有钝化特征的金属，它的阳极极化曲线不是 S 形，表示这种金属不能采用阳极保护。

2. 主要参数

由于阳极保护的关键问题是使被保护金属建立和维持钝态。因此最主要的保护参数是临界电流密度、维钝电流密度和钝化区电位范围。

（1）临界电流密度（$i_{临}$）

$i_{临}$ 越小表示金属不必有很大的阳极极化电流即可使金属钝化，这样所需的电量就小，可选用小容量的电源设备，同时也减少被保护金属在建立钝化过程中的阳极溶解。

（2）维钝电流密度（$i_{维}$）

$i_{维}$ 表示维持金属设备的钝态所需电流密度的大小；$i_{维}$ 小表示金属在维持钝态下的溶解速度小（也即钝化时的腐蚀速度小），保护效果好，同时也说明了维持金属钝化所需电量消耗少，节省运行费用，因而 $i_{维}$ 越小越好。

（3）钝化区电位范围

钝化区电位范围越宽越好，范围越宽，保护过程中允许被保护设备的电位变化范围越宽，在操作运行过程中不会因电位受外界因素影响而造成设备的活化或过钝化，可靠性好。这样，对控制电位的仪器设备及参比电极的要求就不必太高。

钝化区电位范围受金属材料、腐蚀介质的成分、浓度、温度及 pH 值的影响。

3. 应用条件

① 阳极保护只能应用于活性-钝性金属，如钛、不锈钢、碳钢和镍基合金等，而且，由于电解质成分影响钝态，它只能用于一定环境。如使用得当，不仅可以控制这些金属的全面腐蚀，而且能防止点蚀、应力腐蚀破裂、晶间腐蚀等局部腐蚀。对不能钝化的金属，如增高电位，则会使腐蚀速度显著增加。

② 阳极保护不能保护气相部分，只能保护液相中的金属设备。对于液相，要求介质必须与被保护的构件连续接触，并要求液面尽量稳定。

介质中的卤素离子浓度超过一定的临界值时不能使用，否则这些活性离子会影响金属钝态的建立。

③ $i_{维}$、$i_{临}$ 这两个参数要求越小越好。

4. 应用

在化工过程中，阳极保护应用于硫酸生产中的结构物，如碳钢储槽、各种换热器、三氧化硫发生器等。氨水及铵盐溶液中结构物的阳极保护有碳化塔、氨水储槽等，效果都较显著。

三、联合保护

单独采用阴极保护或阳极保护对大面积结构或设备的保护要消耗较大的电流，因而常与其他方法联合起来使用，可减少耗电量，称为联合保护，常用的有以下几种方法。

1. 阴极保护与涂层的联合保护

这是一种行之有效的防护措施。对于大面积的结构，如用涂料与阴极保护相结合，由于绝大部分阴极面积为涂料所覆盖，电流的消耗大为降低。同时又克服了单独采用涂料容易出现针孔和局部损坏等许多缺点。联合保护所用涂料要有良好的耐电流作用的性能，有较高的耐保护电压性能以及良好的耐蚀性。如环氧基涂料就适宜于用作在一定环境中的联合保护涂料。

2. 阴极保护与缓蚀剂的联合保护

阴极保护与缓蚀剂的联合防护可起到很好的效果。有些系统单独采用缓蚀剂或是效果不大，或是耗药量较大，不经济，在这种情况下可采用联合保护。另外，有些表面复杂的结构单独用阴极保护，由于遮蔽作用，保护效果不好。如果单独用缓蚀剂，效果又不显著。此时采用阴极保护与缓蚀剂的联合保护就可得到比较理想的效果。

3. 阳极保护与涂层联合保护

单纯的阳极保护主要缺点是临界钝化电流大，需要大容量的直流电源设备才能建立钝化，这样就增加了投资费用。另外，单一的阳极保护，当生产中液面波动或断电时，容易引起活化，活化后重新建立钝化比较困难。采用阳极保护与涂料联合防腐后，钝化时只需将涂料覆盖不严的地方（如针孔、破损）进行致钝，由于阳极面积大大减小，$i_{临}$也相应大大减小，活化后重新钝化也容易得多。

4. 阳极保护与缓蚀剂联合保护

阳极保护与缓蚀剂联合保护也能降低临界电流密度，例如硝酸铵、尿素混合液中加重铬酸钠，尿素、氨水混合液中加硫氰化钠等无机缓蚀剂。

四、阳极保护与阴极保护的比较

阳极保护和阴极保护都属于电化学保护，适用于电解质溶液中液相部分的保护，不能保护气相部分，但阳极和阴极保护又具有各自的特点。

① 从原理上讲，一切金属在电解液中都可进行阴极保护，而阳极保护只适用于金属在该介质中能进行阳极钝化的条件下，否则会加速腐蚀，因而阳极保护的应用范围比阴极保护要窄得多。

② 阴极保护时，不会产生电解腐蚀，保护电流也不代表腐蚀速度。如果电位控制得当，可以停止腐蚀。而阳极保护开始要大电流建立钝化，这个临界电流要比日常保护电流大百倍，因此电源容量要比阴极保护大得多。而且阳极保护要经过较大的电解腐蚀阶段，钝化后仍有与维钝电流密度相近的腐蚀速度。

③ 阴极保护时电位偏离只是降低保护效率，不会加速腐蚀，而阳极保护电位如果偏离钝化电位区则会加速腐蚀，为此阳极保护一般采用恒电位仪控制在最佳保护电位。

④ 对强氧化性介质（强腐蚀性介质），如硫酸、硝酸，采用阴极保护时需要的电流很大，工程上无使用价值。但强氧化性介质却有利于生成钝化膜，可实施阳极保护。

⑤ 阴极保护时，如果电位过负，则设备可能有产生氢脆的危险。而阳极保护时设备是阳极，氢脆只会发生在辅助阴极上，危险性要小得多。

⑥ 阴极保护的辅助电极是阳极，可以溶解，要找到强腐蚀性化工介质中在阳极电流作用下耐蚀的阳极材料不大容易，使得阴极保护在某些化工介质中的应用受到限制。而阳极保护的辅助电极是阴极，本身也得到一定程度的保护。

一般来讲，在强氧化性介质中可优先考虑采用阳极保护。在既可采用阳极保护，也可采用阴极保护，并且二者保护效果相差不多的情况下，则应优先考虑采用阴极保护。如果氢脆不能忽略，则要采用阳极保护。

第四节 缓 蚀 剂

在腐蚀环境中，通过添加少量能阻止或减缓金属腐蚀的物质使金属得到保护的方法，称为缓蚀剂保护。而这种能阻止或减缓金属腐蚀的物质就是缓蚀剂，又叫腐蚀抑制剂。

应用缓蚀剂保护具有投资少、收效快、使用方便等特点，因而广泛地应用于石油、化工、钢铁、机械、动力、运输等部门，是十分重要的防腐方法之一。

但缓蚀剂的应用也有一定的局限性，缓蚀剂有极强的针对性，如对某种介质和金属具有较好效果的缓蚀剂，对另一种介质或金属就不一定有效，甚至有害。因此使用时应根据具体情况严格选择。同时缓蚀剂只能用在封闭和循环的体系中，且不适宜在高温下使用。另外，污染及废液回收处理问题也应慎重考虑。

一、分类

由于缓蚀剂的应用广泛，种类繁多，加之缓蚀机理复杂，所以直到现在，还没有一个完善的分类方法，表 7-14 列出了几种常见缓蚀剂的分类方法及分类依据。

表 7-14 各种类型缓蚀剂的分类方法及其分类依据

分类依据		名 称		说 明
按作用机理分类	对阴极、阳极腐蚀过程的抑制作用	阳极型缓蚀剂		抑制金属腐蚀的阳极去极化过程
		阴极型缓蚀剂		抑制金属腐蚀的阴极去极化过程
		混合型缓蚀剂		同时抑制金属腐蚀的阴极、阳极去极化过程
	按抑制作用的性质	吸附型缓蚀剂		通过化学或物理吸附，抑制腐蚀过程
		成膜型缓蚀剂:钝化型缓蚀剂 （氧化型缓蚀剂）		氧化剂，促进金属表面形成钝化膜
		沉淀型缓蚀剂		与金属腐蚀产物或介质中物质形成沉淀保护膜
按缓蚀剂成分分类		无机物缓蚀剂		一般用于中性水介质
		有机物缓蚀剂		一般用于酸性水介质、油介质、大气
按介质性质分类		水溶性缓蚀剂	中性	pH＝5～9
			酸性	pH≤1～4
			碱性	pH≥10～12
		油溶性缓蚀剂		油漆、防锈油、石油中间物中使用
		气相缓蚀剂		用于天然气、锅炉蒸汽、大气腐蚀的抑制
按使用场合分类		酸洗、酸浸用缓蚀剂 切削油用缓蚀剂 锅炉水、冷却水用缓蚀剂 汽车冷却系统用缓蚀剂 除冰雪盐水用缓蚀剂 包装、防锈用缓蚀剂(包括防锈纸) 防锈油缓蚀剂 油气井用缓蚀剂 油气井酸化用缓蚀剂 炼油厂用缓蚀剂 ……		

二、影响因素

1. 浓度的影响

浓度对缓蚀效率的影响，一般有三种情况。

① 缓蚀效率随缓蚀剂浓度的增加而提高。大多数有机及无机缓蚀剂在酸性及中性介质中，都属于这种情况。

② 缓蚀效率与浓度的关系有一极值，也就是当浓度增大到一定数值后，缓蚀效果最好，再增大浓度，缓蚀效率反而降低了。因此，使用这类缓蚀剂时应注意控制用量，不宜过多，以免影响缓蚀效率。盐酸介质中的醛类缓蚀剂即属于这类情况。

③ 当浓度不足时，缓蚀剂不但不起缓蚀作用，反而加速金属腐蚀。因此，对这类缓蚀剂应加足用量，大多数的阳极型缓蚀剂均属这种情况。

2. 温度的影响

温度对缓蚀效率的影响有三种情况。

① 缓蚀效率随温度的升高而降低。大多数有机及无机缓蚀剂均属这种情况。

② 缓蚀效率在一定的温度范围内不随温度的变化而变化。用于中性水溶液和水中的不少缓蚀剂属于这种情况。

③ 缓蚀效率随温度的升高而提高。这类缓蚀剂在介质温度较高时，有较大的实用价值。

3. 流速的影响

介质的流速对缓蚀效率的影响一般有三种情况。

① 缓蚀效率随介质流速的增加而降低。大多数缓蚀剂都属于这种情况。

② 缓蚀效率随介质流速的增加而提高。

③ 缓蚀效率随介质流速的增加，在缓蚀剂浓度不同时出现不同的变化。

除缓蚀剂的浓度、介质的温度、流速对缓蚀效率有影响外，介质中的一些杂质如 Fe^{3+}、S^{2-} 等离子对缓蚀效率也有较大影响，使用时应当注意。

三、应用

缓蚀剂的应用十分广泛，在中性、酸性或碱性溶液等环境中均能使用。现将某些缓蚀剂的应用范围列于表 7-15。

表 7-15　某些缓蚀剂的应用范围

应用范围	缓蚀剂名称	应用范围	缓蚀剂名称
酸性介质溶液中	醛、胺、季铵盐、硫脲、杂环化合物（吡啶、喹啉、咪唑啉、亚砜）、松香胺、乌洛托品、酰胺、若丁等	气相腐蚀介质	亚硝酸二环己胺、碳酸环己胺、亚硝酸二异丙胺等
		混凝土中	铬酸盐、硅酸盐、多磷酸盐
碱性介质溶液中	硅酸钠、8-羟基喹啉、间苯二酚、铬酸盐	微生物环境	烷基胺、氯化酚盐、苄基季铵盐、2-硫醇苯并噻唑
		防冻剂	铬胺盐、磷酸盐
中性水溶液	多磷酸盐、铬酸盐、硅酸盐、碳酸盐、亚硝酸盐、苯并三唑、2-硫醇苯并噻唑、亚硫酸钠、氨水、肼、环己胺、烷基胺、苯甲酸钠	采油、炼油及化学工厂	烷基胺、二胺、脂肪酸盐、松香胺、季铵盐、酰胺、氨水、氢氧化钠、咪唑啉、吗啉、酰胺的聚氧乙烯化合物、磺酸盐、多磷酸锌盐
盐水溶液中	磷酸盐＋铬酸盐、多磷酸盐、铬酸盐＋重碳酸盐、重铬酸盐	油、气输送管线及油船	烷基胺、二胺、酰胺、亚硝酸盐、铬酸盐、有机重磷酸盐、氨水、碱

一些系统中常用的缓蚀剂见表 7-16。

表 7-16　一些系统中常用的缓蚀剂

系　　统	缓　蚀　剂	保护金属	浓　　度
饮用水	$Ca(HCO_3)_2$	钢、铸铁、其他	10×10^{-6}
	聚磷酸盐	Fe、Zn、Cu、Al	$(5 \sim 10) \times 10^{-6}$
	Na_2SiO_3	Fe、Zn、Cu	$(10 \sim 20) \times 10^{-6}$
	$Ca(HCO_3)_2$	钢、铸铁、其他	10×10^{-6}
	Na_2CrO_4	Fe、Zn、Cu	$(200 \sim 500) \times 10^{-6}$
	$NaNO_2$	Fe	$(10 \sim 15) \times 10^{-6}$
	聚磷酸盐	Fe	$(10 \sim 15) \times 10^{-6}$
冷却水	铬酸盐+磷酸盐	Fe	$(30 \sim 70) \times 10^{-6} + (5 \sim 10) \times 10^{-6}$
	铬酸盐+锌	Fe、Al	$(15 \sim 30) \times 10^{-6} + (1 \sim 5) \times 10^{-6}$
	铬酸盐+锌+磷酸盐	Fe	$(15 \sim 25) \times 10^{-6} + (2 \sim 5) \times 10^{-6} + (2 \sim 5) \times 10^{-6}$
	苯二氮唑	Cu	1×10^{-6}
	硅酸盐	Fe	$(3 \sim 50) \times 10^{-6}$
	NaH_2PO_4	Fe、Zn、Cu	10×10^{-6}
	聚磷酸盐	Fe、Zn、Cu	10×10^{-6}
锅炉水	肼	Fe	$(0.1 \sim 0.3) \times 10^{-6} (<600psi)$
			$(0.05 \sim 0.1) \times 10^{-6} (>600psi)$
	Na_2CO_2	Fe	$(30 \sim 50) \times 10^{-6}$
	氨	Fe	中和作用缓蚀剂
	十八烷基胺	Fe	$(1 \sim 3) \times 10^{-6}$
	吗啉	Fe	中和作用缓蚀剂
	$Ca(HCO_3)_2$	Fe、Cu、Zn	10×10^{-6}
	Na_2CrO_4	Fe、Cu、Zn	0.1%
盐水、卤水	苯甲酸钠	Fe	0.5%
	Na_2SiO_3	Fe	0.01%
油田盐水	季铵盐	Fe	$(10 \sim 25) \times 10^{-6}$
	咪唑啉	Fe	$(10 \sim 25) \times 10^{-6}$
	松香胺醋酸酯	Fe	$(5 \sim 25) \times 10^{-6}$
	可可胺醋酸酯	Fe	$(5 \sim 25) \times 10^{-6}$
	甲醛	Fe	$(50 \sim 100) \times 10^{-6}$
	Na_2SiO_3	Zn	10×10^{-6}
海水	$NaNO_2$	Fe	0.5%
	$Ca(HCO_3)_2$	各种	取决于 pH
	Na_2CrO_4	Fe、Pb、Cu、Zn	$0.1\% \sim 1\%$
引擎冷却液	$NaNO_2$	Fe	$0.1\% \sim 1\%$
	硼砂	Fe	1%
乙二醇/水	硼砂+巯基苯并噻唑	各种	$1\% + 0.1\%$
	NaI	Fe	200×10^{-6}
浓 H_3PO_4 及大多数的酸类	硫脲	Fe	1%
	磺化蓖麻油	Fe	$0.5\% \sim 1\%$
	As_2O_3	Fe	0.5%
	Na_3AsO_4	Fe	0.5%
	吗啉	Fe	可变的
	氨	Fe	可变的

续表

系　统	缓　蚀　剂	保护金属	浓　　度
浓 H_3PO_4 及大多数的酸类	乙二胺	Fe	可变的
	环己胺	Fe	可变的
	$NaCr_2O_7$	Fe	0.2%～1%
合成氨脱除 CO_2	$NaVO_3$（或 V_2O_5）	Fe	0.2%～1%
系统的热钾碱溶液	As_2O_3	Fe	140g/L（同时是催化剂）
	Na_2SiO_3	Fe	1g/L
	$NaNO_2$	Fe	＞2%
	$NaVO_3$＋酒石酸锑钾＋酒石酸	Fe	0.1%＋0.1%＋0.001%
乙醇胺脱碳	$NaVO_3$＋酒石酸锑钾＋苯并三氮唑	碳钢	0.03%＋0.005%＋0.05%
	苯甲酸代胺	Fe	可变的
密封气氛	亚硝酸二异丙胺	Fe	可变的
	甲基环己胺碳酸盐	Fe	可变的
	$Z_{11}CrO_4$（黄色）	Fe、Zn、Cu	可变的
涂层缓蚀剂	$CaCrO_4$（白色）	Fe、Zn、Cu	可变的
	铅丹（Pb_3O_4）	Fe	可变的
	乙基苯胺	Fe	0.5%
	巯基苯并噻唑	Fe	0.1%
盐酸	吡啶＋苯肼	Fe	0.5%＋0.5%
	松香胺＋氧化烯	Fe	0.2%
	乌洛托品	Fe	10%（HCl）～0.1%
硫酸	苯基吖啶	Fe	0.5%

注：psi 为每平方英寸磅（表压），1psi＝6894.76Pa。

第五节　防腐工程施工中的自动化和智能化

传统的防腐工程施工过程，主要还是依靠人工操作来完成，但人工操作存在许多问题，比如劳动强度大，施工随意性大，施工环境恶劣等，导致施工质量难以保证，施工效率低。对于大型工件的防腐蚀施工，利用自动化和智能化可有效地解决上述问题。下面以风力发电机的塔筒、桥梁钢箱梁自动喷砂、喷涂锌（合金）涂层为例，简单介绍自动化、智能化在防腐工程施工中的应用。

一、海上风力发电机塔筒的自动喷砂、自动喷涂锌（合金）涂层设备

风能是绿色可再生能源，发展风力发电对解决能源危机及环保均有着重要意义，海洋风能资源丰富，发展海上风电具有广阔的前景。但海洋环境具有强烈的腐蚀性，对风力发电机有严重的腐蚀，因此对海上风力发电机的防腐等级要求非常高。

风力发电机塔筒在风力发电机组中起支撑作用。一套风塔因其经济价值非常高，塔筒重量体积都很大，通常都是百米左右的高度，安装后不易维修，所以在风塔制造时防腐涂层体系为终身防护体系，要求十分严格。一般都采用使用年限达到至少 15 年以上的防腐涂料配套体系。目前海上风力发电机塔筒常用的防腐体系为：喷锌（或锌铝合金）＋涂料。其制作锌及锌铝合金涂层一般采用电弧喷涂，通过人工操作来完成。人工操作制得的涂层存在涂层厚度不均匀、附着力低等质量问题，且施工效率低，施工环境恶劣。

随着自动控制技术、人工智能技术的发展，我国已经开发了塔筒表面自动喷砂、自动喷锌（及锌合金）设备。

1. 海上风力发电机塔筒自动喷砂装置

使用自动喷砂装置，可以极大地降低工人劳动强度，提高施工效率，同时由于自动操作，可以保持喷砂枪与塔筒的距离及喷射角度，对于提高喷射质量有很大帮助，其完全可以达到 GB/T 8923.1 规定的 Sa3，粗糙度标准 $80 \sim 130 \mu m$，满足喷锌的要求。喷砂效率为人工喷砂的数倍。

图 7-19 为 AT-TTPS（W）塔筒外壁自动喷砂机在工作中。

图 7-19　AT-TTPS（W）塔筒外壁自动喷砂机在工作中

2. 海上风力发电机塔筒自动喷锌装置

一台风力发电机塔筒通常由四到五节塔节组成，每节外表面积一般在 $200 \sim 300 m^2$（含法兰端面）。目前，多数塔筒制造企业在对塔筒外表面全喷锌的操作基本都是使用电弧喷涂机人工作业，由于工人喷锌作业需要穿着笨重的防护服，戴防毒面具，操作不便，劳动强度大。

按 GB/T 9793 的要求，喷砂后需要在 4h 内完成喷锌作业，按照每人每台设备喷涂效率约为 $15 m^2/h$，这样一个塔节需要 $4 \sim 5$ 台设备同时作业才能在规定时间内完成喷锌，工人在全防护的状态下连续工作 4h，很难坚持，而且人工作业对喷涂参数的控制（如喷枪与工件的距离，喷枪和工件的喷射角度等）有很大的随意性，加上人工喷涂对喷涂层厚度的均匀性很难掌握，这样对喷涂的质量有很大的影响。因此如果可以固定喷枪和塔筒之间的距离及角度并让喷涂机自行运作，这样不仅可以大大减轻工人的劳动强度，也能极大地提高喷涂质量。

采用塔筒自动喷涂装置，由于喷枪角度和距离可以方便地调整，所以对不同规格的塔筒均可以调节到所需的角度和距离，提高塔筒喷涂装置的适用性。

采用塔筒自动喷涂装置喷涂效率可达 $25 \sim 30 m^2/h$，$200 \sim 300 m^2$ 的塔筒，用三台装置可在 4h 内完成喷涂，满足标准规定的要求。熟练的工人，一个人可同时操作两三台设备，不仅工人的劳动强度大大降低，也节省了大量的人工。

采用塔筒自动喷涂装置，在喷涂过程中始终保持喷枪与塔筒的距离和角度，同时喷枪的移动速度基本均匀，使得喷涂层的质量远高于人工喷涂。

塔筒自动喷涂装置还具有操作简单、移动灵活的特点。

图 7-20 为 AT-TTPT2 型塔筒自动喷涂机在工作中。

图 7-20　AT-TTPT2 型塔筒自动喷涂机在工作中

二、海洋桥梁钢箱梁自动喷砂、自动喷涂锌（合金）涂层设备

随着我国交通建设的发展，跨海大桥也越来越多，海洋桥梁同海洋风电一样，其寿命与腐蚀控制的方法有着很大的关系。国际上通常的防腐方法是对桥梁的钢结构采用喷锌（或锌铝合金）+涂料的防腐体系。

与风力发电机塔筒防腐不同，桥梁的钢箱梁更大更重，且施工中不能移动或转动，钢箱梁底部空间较小，人工操作不便，采用人工喷砂和喷涂时间长，质量难控制，劳动强度高，很多业主都要求采用自动化或智能化施工，以保证施工质量及施工效率。我国已经开发了针对钢箱梁底板喷砂和喷锌的智能设备。

钢箱梁底板智能喷砂、智能喷锌设备是将自动喷砂或自动喷锌设备搭载在智能 AGV 小车上，小车按设定的线路和速度运行，自动喷砂或自动喷锌设备不停地自动喷砂或喷锌，这样小车按设计线路走完，则完成了这部分的喷砂或喷锌操作，采用智能喷砂或智能喷锌设备可以无须大量的人工，每台设备只需一个人监控，这样不仅大大地减轻了劳动强度，提高施工效率，同时也极大地提高喷砂或喷锌的质量。

图 7-21 为 AT-QLPS 桥梁钢箱梁智能喷砂设备，图 7-22 为 AT-QLPT 桥梁钢箱梁智能喷锌设备。

图 7-21　AT-QLPS 桥梁钢箱梁智能喷砂设备　　图 7-22　AT-QLPT 桥梁钢箱梁智能喷锌设备

思 考 题

1. 表面清理方法主要有哪些？在喷砂清理中为避免硅尘常采用哪些方法？
2. 为什么采用金属覆盖层时必须考虑其电化学性质？
3. 选择涂料覆盖层应考虑哪些因素？
4. 玻璃钢衬里结构分哪几层？各有什么作用？
5. 砖板衬里的衬里结构一般有哪几种形式？胶泥缝的形式有哪几种？
6. 阴极保护可分为哪几种方法？
7. 什么叫缓蚀剂？
8. 简单归纳化工生产过程中常用的防腐蚀措施。

习　　题

1. 当镀锌铁皮上存在"针孔"时，会产生什么现象？
2. 涂料覆盖层为什么能起保护金属的作用？
3. 大多数橡胶衬里后为何需经硫化处理？常用的硫化方法有哪些？
4. 砖板衬里时为何常加衬隔离层？

第 八 章

防腐蚀案例分析

第一节 防腐蚀成功案例分析

工程材料的腐蚀破坏给国民经济和社会生活造成的严重危害已越来越为人们所认识。目前石油、化工、海洋、冶金、能源、矿山和铁路等一些重点企业已经能够从源头抓起，加强防腐蚀设计，制定设计规范与标准，科学合理地选用材料；能够从经济观点出发，选择合理有效的防护措施。下面一些案例分析表明了科学地防腐蚀对促进经济建设有着重要意义，而违反防腐蚀规律则必然会受到惩罚。

一、金属防腐蚀成功案例

[事例 1] 储存 50％NaOH 的 5000m³ 碳钢储罐内壁涂层防护

世界经济一体化离不开现代物流，大宗化学品的物流过程主要靠船舶、储罐、槽车等设备完成。传统的运送 NaOH 设备是用碳钢或不锈钢材料来制作的。碳钢价廉物美，在苛性碱中钝化，能用于储存 50％NaOH，但与空气接触会产生腐蚀，腐蚀产物会污染产品，使产品变混浊，降低产品质量。奥氏体不锈钢能耐 50％NaOH 的腐蚀，也不会污染产品，但工程造价较高。采用碳钢加防腐蚀措施既可满足耐蚀要求，又能使工程造价大幅下降，符合企业的经济利益最大化和国家提倡的绿色防腐节约资源的社会要求。

(1) 防腐设计

① 腐蚀机理分析。

a. 腐蚀环境：储存 50％NaOH 的 5000m³ 碳钢储罐内部的腐蚀环境为：50％NaOH、H_2O（空气中的）、O_2（空气中的）、温度≤50℃。

b. 腐蚀机理：50％NaOH 可使碳钢钝化，如果碳钢表面没有锈层，即使不做任何防护，充满 50％NaOH 的碳钢储罐也不会发生明显的腐蚀。然而，当储罐中的 NaOH 被放空后，留在壁上的 NaOH 是有吸水性的，它可以吸收空气中的水分，当空气进入罐内，氧（O_2）在水的作用下，与钢铁发生反应，产生电化学腐蚀。

阴极反应式 $\qquad O_2 + 2H_2O + 4e \longrightarrow 4OH^-$

阳极反应式 $\qquad 2Fe \longrightarrow 2Fe^{2+} + 4e$

电化学腐蚀反应式 $\qquad 2Fe + O_2 + 2H_2O \longrightarrow 2Fe(OH)_2$

② 防腐蚀选材。碳钢储罐在空罐状态下是会发生腐蚀的，必须要加以防护。所选择的防护材料要满足以下要求。

a. 能长期抵抗腐蚀环境的侵蚀，即在 50% NaOH、H_2O（空气中的）、O_2（空气中的）、温度 ≤ 50℃ 的条件下不发生腐蚀；

b. 易于施工；

c. 价格便宜。

选择喷涂 316L 不锈钢加改性环氧酚醛涂料封闭可满足上述要求。

③ 涂层厚度设计。根据相关标准结合工程实践，涂层厚度为：喷涂 316L 不锈钢涂层厚度为 100μm，改性环氧酚醛涂料封闭层干膜厚度为 250μm，总涂层厚度为 350μm。

④ 储罐小接管、法兰选材。储罐上有供物料进出及安装辅助装置的许多接管、人孔等，当接管尺寸直径小于 300mm、且长径比（长度/直径）大于等于 1.5 时，称为小接管，小接管及法兰若进行金属喷涂，质量难以保证，所以这些小接管及法兰应选用 316L 不锈钢材料。

（2）防腐蚀作业

① 防腐蚀作业规范和标准准备。

a. 表面清理标准：采用喷砂处理方式，磨料采用带棱角的颗粒状材料，清洁度达到 Sa3（GB/T 8923.1），表面粗糙度达到 100～150μm（GB/T 13288.1）。

b. 喷涂不锈钢标准：JB/T 6974—1993 线材喷涂碳钢及不锈钢。

c. 改性环氧酚醛涂料封闭层施工规范。

② 人、材、机管理。

a. 人的管理：防腐蚀作业过程中，人是最关键的因素，只有管理好人才能保证工程质量，该项防腐蚀作业队伍里，除了项目经理外，至少要配备持证的施工员、检验员、安全员和若干名作业工人（喷砂工、金属喷涂工等），各司其职，相互配合。

b. 材料管理：主要材料包括喷砂磨料、不锈钢丝材、改性环氧酚醛涂料和涂料稀释剂，管理范围包括：查验材料合格证、规格、批号、数量与订货合同相符，选择合适的存放地方，进出库记录，检测记录等。

c. 机器设备及检测仪器管理：机器设备及检测仪器是工程质量的硬件保障，该工程的主要设备、仪器如下。

ⓐ 压缩空气设备：9m³/min、0.8MPa 螺杆式空气压缩机，10m³/min 冷冻干燥机，精密过滤器等。

ⓑ 喷涂不锈钢设备：电弧喷涂机。

ⓒ 改性环氧酚醛涂料封闭作业器材：30MPa 高压无气喷涂机或油漆辊筒、漆刷等。

ⓓ 检测仪器：露点仪（可同时测量环境温度、表面温度、露点和相对湿度）、磁性测厚仪、清洁度对比图、粗糙度对比板、标准厚度板（片）、附着力拉伸仪等。

③ 防腐蚀作业技术。

a. 表面清理。表面清理是防腐蚀工程中非常重要的、必不可少的、不能马虎的前处理工序，目的是清除金属表面的油污、油脂、盐分、锈迹和灰尘等。

ⓐ 磨料：该工程由于储罐较大，表面清理等级要求又很高（为表面清理最高级），应采用喷砂处理，磨料采用由鹅卵石破碎而成的石英砂，其颗粒尺寸为 2～4mm，石英砂应干燥清洁，包装材料用高强度密闭编织袋，运输车辆应有雨布遮盖，防止在储运过程中破损和被

雨水淋湿。

ⓑ 喷砂作业环境：表面温度大于等于露点＋3℃，为了满足这个条件，罐内的相对湿度应不超过83％。

ⓒ 清洁度检查：清洁度达到GB/T 8923.1中的Sa3。

ⓓ 表面粗糙度检查：表面粗糙度达到GB/T 13288.1中的$100\sim150\mu m$。

ⓔ 供附着力检测的平行试样表面清理：平行试样材质与储罐材质相同；尺寸为长×宽×厚＝200mm×150mm×20mm；数量为1；平行试样与储罐的表面清理要求完全一样，同时进行。

因储罐表面积较大，每次喷砂面积不宜过大，为了保证在喷涂不锈钢时表面不返锈，不锈钢喷涂必须在表面清理后4h内完成，所以整个施工过程是分成若干阶段进行的。

b. 316L不锈钢喷涂。

ⓐ 喷涂不锈钢作业环境，与喷砂作业环境相同。

ⓑ 平行试样喷涂与储罐的表面喷涂要求完全一样，同时进行。

ⓒ 涂层厚度检测。采用磁性测厚仪，每个班要测量100个点，最小涂层厚度大于等于$100\mu m$。

ⓓ 涂层附着力检测。在平行试样上采用拉拔试验方法，5个点的平均附着力大于等于5MPa，且最小点的附着力大于等于3.5MPa。具体操作方法为：将5个标准拉拔头用专用胶水均匀地黏结在经喷涂过不锈钢的平行试样上，待完全固化后，附着力拉伸仪缓慢地用力，直至将拉拔头拉脱为止，拉伸仪显示的读数即为该拉拔头的附着力。

c. 改性环氧酚醛封闭层作业。

ⓐ 封闭层作业环境：与喷砂作业环境相同且环境温度大于等于5℃。

ⓑ 平行试样封闭层作业与储罐的表面喷涂要求完全一样，同时进行。

ⓒ 改性环氧酚醛涂料封闭层干膜厚度为$250\mu m$，如果采用高压无气喷涂，每道喷涂厚度为$80\sim100\mu m$，必须经过3次喷涂才能满足厚度要求，为了防止每道涂层之间漏涂，相邻两道涂层的涂料颜色要有区别，便于检查。若是采用辊涂，每道涂层厚度约为$40\sim60\mu m$，必须经过更多次的作业才能满足厚度要求，相邻两道涂层的涂料颜色也要有所区别。

d. 涂层最终质量检查。

ⓐ 目测。涂层最终质量检查首先经过目测，做到无漏涂、开裂、气泡、杂质等明显缺陷。

ⓑ 固化度检测。用白布蘸无水乙醇后在涂层上反复擦拭，白布上无颜色、涂层不粘手为合格。

ⓒ 厚度检测。采用磁性测厚仪，每平方米至少要测量1个点，该储罐内表面面积约为$1700m^2$，测量点需2000个，均匀分布。涂层平均总厚度大于等于$350\mu m$，且最小点的涂层总厚度（大于等于涂层总厚度的90％）大于等于$315\mu m$，小于$350\mu m$且大于$315\mu m$的点数不超过200个（不超过总测量点的10％）。

ⓓ 涂层附着力检测。与不锈钢涂层附着力检测方法相同，采用拉拔试验方法，在平行试样上进行，5个点的平均附着力大于等于5MPa，且最小点的附着力大于等于3.5MPa。

上述检测全部合格即该工程为合格，交付使用。该储罐已使用了5年，涂层仍然很好。

[**事例2**] 某市燃气系统防腐蚀

某市燃气系统防腐蚀工作中，天然气的长输管线长度75km，材质为普通碳钢，压力等级为 0.32~1.6MPa，规格为 ϕ377mm×7mm 的螺旋焊缝钢管，外防腐层为加强级石油沥青玻璃丝布。为了加强其防腐效果，在设计时同步考虑了阴极保护加防腐涂层双重保护方案，并在长输管线施工的同时，建设了外加电流阴极保护站（浅埋阳极）对长输管线进行阴极保护。每个站采用一台恒电位仪。长输管线的年阴极保护电费在 300 元左右，每年用于长输管线的综合维护费用为 5 万元。长输管线自投产以来，由于采用了外防腐层加阴极保护的综合防腐措施，效果很好，其外壁完好如初。尽管 16 年来长输管线外防腐层曾多次遭到人为破坏，但由于有阴极保护措施，没有发现任何因外防腐层破损而造成的腐蚀穿孔现象，保证了长输管线的长期安全运行。长输管线的设计使用寿命是 16 年，现在已经使用 16 年整了，按现在情况看，至少还可以再使用 16 年。长输管线阴极保护设施建设费用总计为113.8 万元，以这么低的投资，再加上 16 年的运行电费及维护费不足 200 万元。当年长输管线的建设费用为 3000 余万元。通过采取可靠的防腐蚀措施，延长了长输管线的使用寿命，等于为该市燃气股份有限公司节省了 2800 万元的新长输管线建设费用，经济效益是非常可观的。

[**事例 3**]　聚乙烯醇生产流程改进

某厂醋酸蒸发器用 0Cr17Ni14Mo3 不锈钢制造。操作压力 0.08MPa，操作温度 135~140℃。醋酸蒸气进混合器与乙炔混合，由于醋酸温度高，以及压力、冲刷等因素联合作用，0Cr17Ni14Mo3 不锈钢也只能用几个月。

后来改进工艺流程，将乙炔气直接通入蒸发器，使醋酸蒸发温度下降到 80~85℃，蒸发器的腐蚀大大减轻，见图 8-1。

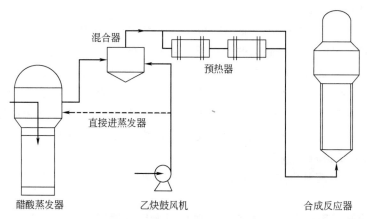

图 8-1　聚乙烯醇生产流程改进

分析　这是通过工艺改造成功解决设备腐蚀问题的一个典型事例，很有借鉴意义。

温度对金属腐蚀的影响是很大的，虽然具体变化可能各不相同，但可以肯定的是，在大多数情况下，温度升高都使金属腐蚀速度增大。许多时候温度升高几摄氏度，可能使金属的腐蚀速度增大几倍，由耐蚀等级降为不耐蚀。所以在选择材料时需要对材料将应用于什么样的环境温度给予足够重视。同样，在制定工艺参数控制指标时应将温度限制在材料的耐蚀温度范围内。在设备运行中特别要防止超过规定温度，否则可能造成设备严重腐蚀破坏。

在某些时候，设备腐蚀问题难以从选材上解决，如有可能调整工艺参数，适当降低温度，往往可以取得事半功倍的效果。当然，降低温度可能对生产带来不利影响，但如果设备腐蚀问题得不到解决，对生产的影响会更大。本事例的解决方案是很理想的，修改了工艺路线，将乙炔气直接通入蒸发器，使蒸发器内醋酸蒸气的分压减小，醋酸的蒸发温度也降低了。这样，既解决了蒸发器的腐蚀，又不影响生产。退一步，即使达不到这样的效果，对生产造成一些不利，如果综合经济效益是好的，那这样做也是值得的。

二、非金属防腐蚀成功案例

[事例4] 尿素造粒塔刮料平台防腐工程

某厂造粒塔刮料平台为钢筋混凝土构筑物，由于混凝土本身的多孔性，在化工停车检修时，尿素吸湿潮解后，尿液逐渐渗入水泥砂浆。混凝土内在干湿交替条件下，尿液会生成白色结晶，由于体积膨胀，产生较大内应力，从而导致混凝土、水泥砂浆层出现裂纹、裂缝、疏松、脱落流水等现象，使建筑结构遭受腐蚀破坏。从原设计和施工中，两个刮料平台均进行了不同材料的砖板衬里的防腐处理，但由于整个平台是一个较大的刚性体，热胀冷缩产生的收缩应力不但使砖板衬里的勾缝胶泥被拉裂，而且使塔底钢筋混凝土楼板也出现裂缝，裂缝自刮料机轴中心向四周呈辐射状分布。尿液从砖板衬里裂缝处渗到底层；从塔底裂缝处渗出，尤以刮料机轴 2～3m 范围渗漏严重。在塔底下部常有块状结晶物倒挂，其他部位也有类似结晶物析出，且两个塔情况相似。尿液对塔底建筑物造成严重腐蚀破坏。两个刮料平台投产使用多年以来，虽然也进行过多次防腐修补处理，但也只是对腐蚀破坏严重部位局部修补，并未根本解决这里的严重腐蚀问题。

根据两个刮料平台已采用的几种防腐措施存在的问题和原因分析，采取的新措施中，重点是加强防腐层整体性强度和抵抗收缩应力所造成的破坏力，并重新设计。施工程序为：

① 拆除并清除已损坏的原防腐结构层；

② 找平层施工；

③ 橡胶隔离层施工；

④ 防腐层及环氧砂浆施工；

⑤ 环氧玻璃钢施工。

年产 16 万吨尿素造粒塔刮料平台实施防腐改造工程施工后，从 1991 年 3 月使用到 1995 年 3 月，大修时作了详细检查，情况良好。1994 年 11 月，又将此防腐方案推广用到年产 48 万吨尿素造粒塔刮料平台。同以前的防腐措施比较，有以下特点。

① 加强了整个防腐结构的完整性；

② 用橡胶板作隔离层，增加了弹性；

③ 加厚了环氧砂浆厚度；

④ 在面上增设了三层厚型玻璃布拼成的玻璃钢；

⑤ 对渗漏严重的刮料机轴中心部位采取了加强防腐的补救措施。

通过在年产 16 万吨尿素造粒塔近五年的使用，情况良好。因而，该平台实施的防腐改进方案，是可行的。

第二节 防腐蚀失败案例分析

尽管中国腐蚀科学和技术已经取得了长足进步，但由于中国是发展中国家，防腐科技水平还不高，防腐蚀的制度和措施还不健全。在大规模经济建设的同时也在更多的领域中暴露出防腐蚀过程中的许多问题。

一、金属防腐蚀失败案例

1. 设计不当

在腐蚀控制的各个环节中，防腐蚀设计是极为重要的一环。合理的设计不仅可以使材料的耐蚀性能充分发挥出来，而且可以弥补材料内在性能的不足。特别重要的是，很多局部腐蚀破坏事故，如电偶腐蚀、缝隙腐蚀、应力腐蚀、磨损腐蚀是由于设计不合理所造成的，这方面的例子很多，下面举例说明。

[**事例 1**]　　美国佛罗里达海湾区停车场，照明灯的柱子是用碳钢管制造的。钢管底部的平板用埋在混凝土底座的长螺栓固定。为了美观，将底板和螺栓、螺母等用一个钢板箱盖起来，如图 8-2 所示。这种设计在美国普遍采用。后来钢柱倒了。检查表明，被箱子盖起来的部分发生广泛腐蚀，钢管已不能承受自身重量，而箱外部分的钢柱则完好。有趣的是，有些没有安装钢板箱的灯柱却未发生腐蚀问题。看来，腐蚀原因在钢板箱上。

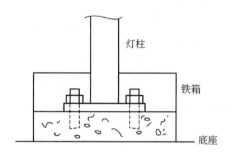

图 8-2　用钢板箱将底板和螺栓、螺母罩起来的灯柱

分析　　这是设计不良的典型例子。海湾区空气湿度大，白天气温高，夜间发生水汽凝结。由于不可能完全密封，水汽可进入箱内，当气温低时，在箱内的钢柱和螺栓、螺母上形成冷凝液；气温高时箱内的水汽由于闭塞条件而难以排除。即这种封闭箱内的局部环境很难随外部大气变化而平衡。钢板箱这个相对密闭的潮湿箱内，造成一个停滞的潮湿的局部环境。而敞露灯柱的腐蚀环境条件与箱内灯柱部分相比就要温和一些，夜晚在灯柱上结的水汽，白天会散失，因为空气是流通的。

当然，并不是说敞露的灯柱就不会腐蚀。灯柱处于空气中经受大气腐蚀，而大气的腐蚀性与空气的湿度和污染程度有很大关系。试验表明，当空气湿度超过临界湿度（对钢板，大约为 85%），金属的腐蚀速度迅速增大。城市特别是工业区大气的腐蚀性比农村大气严重，海岸地区大气比内地特别是沙漠地区大气的腐蚀性严重。本事例中的大气腐蚀性应是较大的，所以灯柱钢管一定采用了涂层保护。

对箱内灯柱部分的腐蚀问题提出了各种解决办法。美观自然是市政建设的重要要求，因此去掉箱子的设计是不能接受的。选用更耐蚀的材料费用太高，镀锌只能略为增长使用寿命。如果仍然要使用箱子，看来最简单也是最经济的办法是在箱子各边开通风孔，以消除箱内的停滞状态，使白天气温高时箱内的水汽容易散去。

同样道理，在仓库中保持良好通风（自然通风和强制通风），使湿气容易排出仓库，也是防止储存金属零部件生锈的一种有效措施。

2. 制造安装不当

加工制造和储运安装是机器设备建设过程的重要环节，也是腐蚀控制的重要环节。制造、储运和安装中的每一步都将对设备在服役中的耐腐蚀行为产生影响。腐蚀控制对加工制造、储运安装的基本要求是：不能造成材料性能劣化，增加机器设备发生腐蚀的机会。

[事例 2] 某厂一条输送浓硫酸的碳钢管道（直径 38mm），在进行了 10 天的检修后，刚刚投入使用，就发生出乎意料的泄漏，检查管道已被腐蚀穿。原来该管道有一根蒸汽伴热管。为使碳钢管与蒸汽伴热管不直接接触而造成过热，在碳钢管与蒸汽伴热管之间设置有分隔块，使它们保持一定间距。而在这次检修中，分隔块被忘记装上了！

分析 化工生产装置需要停产检修，以保证下一个生产周期运行正常。对设备防腐蚀管理来说，就是检查设备的腐蚀状况，修理或更换已发生腐蚀不能维持到下一次停工的部件或设备。检修工作往往是"时间紧，任务重"，提高工作速度自然很重要。但是必须注意每个细节，并保证施工质量。否则会适得其反，在解决旧的腐蚀问题的时候又造成了新的腐蚀问题。如本事例中，忘记了安装分隔块，造成碳钢管与蒸汽伴热管直接接触而过热，使浓硫酸温度升高，对碳钢的腐蚀大大加剧。

3. 操作不当

设备的设计、制造安装对其耐蚀性能有很大影响。这在前面的事例中已进行了比较充分的说明。设备的运行和操作同样具有十分重要的作用。操作是否平稳影响到设备的耐蚀性能和使用寿命。因为工艺操作参数也就是设备所处的腐蚀环境参数。只有操作参数在设备材料允许的耐蚀环境以内，设备才有足够的耐蚀性能；如果超出了设备材料的耐蚀性环境条件范围，腐蚀破坏事故的发生也就在所难免了。

[事例 3] 某化工厂输送发烟硝酸的管线上有一个钛截止阀，使用不到一年发生爆炸。爆炸是在操作人员拧动阀门的一瞬间发生的。据操作日志记载，硝酸浓度为 $98.4\%\sim99.4\%$，温度为 $70\sim85℃$。正常状态下硝酸含水 $0.6\%\sim1.3\%$，而爆炸前操作条件极不稳定。

分析 钛是一种耐蚀性能优良的金属材料，钛对一切浓度及温度高出正常沸点的硝酸有突出的耐蚀性，在 $177℃$ 的 65% 硝酸中钛的腐蚀速度小于 $0.05mm/a$。因此，钛广泛用于制造加热硝酸的设备。钛对发烟硝酸的耐蚀性非常好，发烟硝酸是用作火箭和其他宇宙飞船燃料系统中的氧化剂。不过，钛在发烟硝酸中有自燃倾向，还可能发生应力腐蚀破裂。钛在发烟硝酸中的自燃与硝酸中的含水量和 NO_2 含量有关，也与使用情况和材料加工条件有关。一般认为，发烟硝酸含水量小于 2%（有的资料为 1.5%），NO_2 含量大于 6%（有的资料为 2.5%），钛有自燃危险。如果钛的冷变形量大于 65%，在发烟硝酸中使用不安全。如果钛部件受到冲击、摩擦、受热或电火花，会诱发钛着火。所以，用钛制设备处理发烟硝酸时，应控制发烟硝酸的含水量，含水量必须大于 2%，同时应注意避免冲击、摩擦产生电火花。

就本事例而言，正常操作时发烟硝酸的含水量符合要求，当操作条件不稳定时，可能使含水量达不到 2% 的最低极限，拧动阀门的摩擦和震动诱发了钛截止阀的自燃爆炸。

尽管这里涉及的是钛在发烟硝酸中自燃这个特殊腐蚀现象，但事例中因操作不稳、工艺参数波动而造成设备腐蚀，却具有普遍意义。

4. 检修不当

在材料、结构、强度设计之后，经过加工制造和储运安装，设备将由图纸变为实物，再经过试运行，就可以投入使用了。生产过程中都安排检修计划，而检修一般总是"时间紧，任务重"，为了抢时间，赶进度，往往容易忽视腐蚀控制的要求，也容易出现不文明施工的情况。

[事例 4]   在一家食品厂有一条机动运输线，它的一个滚筒的支持轴（316L 不锈钢制）突然断裂从一端掉下。这个直径 100mm、长 3000mm 的轴位于系统操作员上面300mm、后面 1000mm 处。当轴掉下时，操作员虽吓了一跳，但幸好未受伤。初步调查发现在轴的破断处及其附近有焊珠。原来在事故前几天，计划停工期间对运输系统进行检修，曾在轴上方进行过碳钢结构焊接，焊珠落到了轴上。

事后分析，破坏情景是这样的：焊珠对轴的局部加热产生应力，焊珠熔化使轴表面局部合金组成被稀释，焊珠生锈形成腐蚀产物，其下面腐蚀条件强化。在应力和局部腐蚀环境作用下，被稀释的局部区域发生应力腐蚀裂纹。应力腐蚀的发展造成偏心的负载和很高的局部应力集中。另外在循环应力作用下轴产生机械疲劳。应力腐蚀破裂和疲劳裂纹的发展，使轴的强度大大丧失，最后因过载而断裂。

分析   这个事例的确是很不寻常的，因为它造成了那样惊人的一幕。但是它又有其必然性，因为在高处进行焊接时，焊珠总是危险的。高温焊珠从高处四面飞溅，不仅可能造成人员伤害，而且也会造成设备损坏，如将控制阀的塑料薄膜管烧成孔，引起火灾等。所以，在高处焊接时需要对下面的其他设备采取保护措施，如用玻璃纤维毡限制焊珠飞溅。

这个事例还说明，奥氏体不锈钢对局部腐蚀（孔蚀、缝隙腐蚀、应力腐蚀）是很敏感的，因此，不管是运行期间还是停工检修期间，都要避免无关的物质与不锈钢机械或设备接触，引起不应有的腐蚀破坏。如果这种情况已经发生，就应检查受影响的程度，以确定是否需要采取补救措施。如本事例中，焊接完成后应检查下面的不锈钢轴，将掉落在表面的焊珠和其他污物清除干净。

二、非金属防腐蚀失败案例

1. 设计不当

[事例 5]   某厂钛白粉工程有一个卫生排气净化站，站内有一个酸性污水处理池，池长 4m，宽 2m，高 4.5m，为混凝土结构。为了解决污水处理池的腐蚀问题，原设计在混凝土基体表面衬贴环氧煤焦油玻璃钢作隔离层，再在玻璃钢表面用沥青胶泥砌筑耐酸瓷砖。完工后发现防腐蚀层的隔离效果不好，池底部四周多处往池内渗地下水。如果投入使用，池内酸性污水可能渗入地下，危及 6m 远处的氯化尾气大烟囱的地基。为了防止渗漏，决定在池内瓷砖表面再衬硬聚氯乙烯（PVC）板。在池底铺了 100～150mm 厚的石英砂，起找平和缓冲作用。PVC 板与池内壁的瓷砖之间的空隙用水玻璃砂浆填实。在池两面的 PVC 板之间设置了 $\phi160mm$ 的 PVC 管做主加强管。

使用一段时间后，发现底部 PVC 板凸起，最高处达到 150mm，使中间的加强管断裂。

分析   这里的问题也是设计不良。池底的石英砂含有空气，而四周的 PVC 板与池壁之间被密封。当 50～60℃的废酸水进入处理池，石英砂被加热，空气膨胀，因无处可以逸出，便向上顶 PVC 板。PVC 属于热塑性塑料，其马丁耐热温度为 65℃。在 50～60℃温度长期作用下会产生蠕变，导致底部 PVC 板衬里结构凸起程度越来越大。由于 PVC 板衬里结构严重变形，ϕ160mm 的 PVC 主加强管也被拉裂了。

所以，解决这个问题的方法就是给膨胀的空气出路。

2. 表面处理不当

[事例 6]　一个钢结构搭建在海岸环境中，原来的涂层系统选材、设计和施工没有问题，使用一直良好。若干年后加工工艺改变，需要对设备和结构进行修改，修改后的设备部分重新涂了漆，而未修改部分保持原状。后来进行检查，未修改区的涂层仍完好（已使用 25 年），而修改过的区域已发生严重腐蚀。这些区域严重生锈，许多螺栓需要更换。主要问题是新的钢螺栓和焊缝在涂漆前未进行喷砂和打底漆，即腐蚀是由于涂层施工不良造成，而施工不良又是因为设计不好。因为修改的区域被建在结构里面，根本不可能进行喷砂除锈，也难于维护，很多结合部位形成水液凝聚。

分析　前面已指出，在结构设计中就要考虑采用何种防护技术，并为实施这些技术创造条件。因此设备的几何结构应方便清洗、维修和防腐蚀施工。对于使用覆盖层保护（油漆、喷砂、衬里）的设备和结构，施工前的表面处理对保护效果影响很大，各种施工规范中对表面处理要达到的等级都有规定。表面处理不好，锈蚀、污物、旧漆膜没有除尽，将使覆盖层与基体的结合力很差，容易剥离、脱落，完全失去保护效果。

在考虑设备结构和相互位置时就应当为进行表面处理（特别是在生产现场进行表面处理）提供必不可少的施工条件，如各部件之间要有适当距离，使喷砂除锈和涂漆能正常进行，要留有供施工人员进出的通道和进行工作的位置，才能使施工质量得到保证。

此外，焊接也是使用十分普遍的加工技术，同样需要提供良好的施工条件，在设计时就应考虑将焊缝放在合适的位置，使焊工能正常进行操作。

3. 施工不当

[事例 7]　某厂生产仲钨酸胺，生产中的分解工序原用搪瓷反应釜作酸分解槽，原料为钨精矿时可用 3 年以上。原料改为沉白钨矿（含 5% HF）后使用不到 1 周，发现严重爆瓷，因为搪瓷不耐氢氟酸腐蚀。后改为耐蚀抗静电龟甲衬里。将龟甲网和金属拉筋焊接在钢容器壳体内表面上，形成骨架。然后将改性聚乙烯塑料粉末投入设备内腔，封闭后进行旋转、加热、熔融、冷却、定型等工序，使改性聚乙烯塑料与拉筋、龟甲网交织融为一体，牢固结合在被衬设备内表面。

但投入使用不到 8 个月，衬里大面积脱层和鼓泡。鼓泡太大碰到搅拌叶片，不得不停用。经检查，破坏是由于施工质量差，没有喷砂除锈，龟甲网和拉筋没有焊牢，而且太靠近基体。

分析　聚乙烯塑料的耐蚀性能与聚氯乙烯差不多，对氢氟酸很稳定，改性聚乙烯塑料在该工艺介质中的耐蚀性是没有问题的。缺点是线胀系数大（比聚氯乙烯大 1 倍）、刚性小，不适宜制作大型整体设备，主要用于设备衬里和粉末喷涂。本事例中酸分解槽碳钢壳体的覆盖层设计思想是不错的，将龟甲网焊在壳体上，其间填充聚乙烯塑料。不仅可以得到较厚的塑料衬里层，而且大大增加了衬里层与壳体的结合。可惜的是施工质量太差，使设计思想完全没有实现，仅仅 8 个月衬里层就发生大面积破坏。

在施工前容器未进行喷砂除锈，器壁表面不清洁。聚乙烯塑料的黏结性能本来就差，加上表面质量不合要求，导致结合力不好，塑料脱层和鼓泡。对于表面覆盖层（包括镀层、热喷涂层、油漆涂层、衬里层等）这种防腐蚀技术，覆层与基体的良好结合是一个基本要求。结合力差是许多覆盖层达不到预期保护效果的主要原因。而结合力要好，就必须对基体表面进行彻底的清洁处理，除去油污、锈蚀、氧化皮、旧漆膜等。对于非金属覆盖层，还要求钢基体表面有一定的粗糙度，以利于提高结合力。喷砂是一种常用的表面预处理方法，对非金属覆盖层是很适合的。不进行喷砂，或者喷砂质量达不到要求，要获得良好的结合力是不可能的。

更有甚者，龟甲网和拉筋没有焊牢，而且太靠近基体，使龟甲网没有嵌入衬里层中，造成龟甲网和拉筋脱离基体，衬里层脱离龟甲网和拉筋，没有形成一个牢固附着在壳体上的整体衬里层。

4. 操作不当

[事例 8]　某化工厂有一批储罐，内存对硝基氯化苯，原储存温度为 60℃，防腐工艺采用热喷涂不锈钢加改性环氧呋喃树脂封闭，第一批储罐使用一年后检查，防护层完好。一年后第二批储罐采用同样的工艺，同一个施工队伍，但开车后不到 48h，刚存储进来的对硝基氯化苯颜色由无色变成黄褐色，开罐检查，表面封闭层起皮、脱落、鼓泡。检查后发现，进罐原料的温度未经冷却，将 130℃的原料直接投入罐内，导致封闭层破坏，厂方要追究施工人员的责任，施工方找出合同，允许的工况为物料温度不超过 60℃。

分析　改性环氧呋喃树脂的使用温度为 90℃，在 130℃温度下，封闭层不能抵抗热破坏，产生变形、起壳、鼓泡，这是典型的由于操作不当导致防腐层失效的案例，厂方操作人员（包括领导在内）将工况搞错了，想当然地认为可以存放，结果铸成了大错，造成物料报废。在化工操作过程中，对操作参数的控制应当引起足够重视。

5. 环境改变

[事例 9]　美国海军和空军使用的一种战斗机涂了包括各种颜色的伪装漆。大约 2 年后发现深绿色区出现大量的小黑点。检查结果是漆下面腐蚀产物造成。因为直接的日光照射造成深色区高温，引起涂料热震产生裂缝，暴露出的基体发生点蚀。而当初的腐蚀试验用涂漆试板是在恒定温度下进行的。

分析　温度对耐蚀性具有重要的影响，在试验设计中要予以充分考虑。因为涂料主要用于防止机器设备的大气腐蚀，而大气温度不可能恒定，不仅一年四季有很大变化，而且白天黑夜也不一样，所以，涂料的耐候性是一个重要的性能指标。日照是影响涂层性能的一个重要因素，长期处于阳光照射下的涂料，特别是深色涂料，因吸热而使温度升高，就可能造成涂层性能劣化。看来，如果当初试验时考虑这一因素，不是在恒温下进行试验，而是将涂漆试板进行大气暴晒试验，就可避免本事例中发生的腐蚀问题。

涂层的耐大气腐蚀性能评定，除在试验室进行加速试验，一般还要进行大气暴晒试验。专门进行大气暴晒试验的部门叫"大气腐蚀试验站"，由于不同区域的大气腐蚀性有很大差异，所以在各种气候区域都要设立大气腐蚀试验站。根据涂漆设备将服役地域的大气特征，选择相应的大气腐蚀试验站，将样板（如本事例中的涂漆样板）挂在试样架上，让其在实际大气条件下经受风吹、日晒、雨淋，经过一定的暴露周期，再对其腐蚀情况和对基体金属的保护性能进行评定，如果进行了这样的现场试验，就不会发生本事例中的腐蚀破坏问题了。

第 九 章

腐蚀试验方法

前面几章已对材料破坏的形式、腐蚀机理、材料的性能及防腐蚀方法作了较系统的介绍。然而，实际的腐蚀情况是相当复杂的，材料的耐蚀性能既受材料因素的影响，又受介质因素的影响。此外，还受温度、系统的几何形状和尺寸及材料与介质的相对运动等诸多因素的影响。这些因素的组合与变化，构成了错综复杂的腐蚀条件和表现形式。因此，为有效地控制腐蚀，必须借助一套科学的腐蚀试验方法，通过试验不仅可以指出某种材料在某一环境中是否耐腐蚀，而且能够发现腐蚀的规律，验证和找出材料发生腐蚀的原因，为寻找解决方法提供可靠的依据，同时也是进行腐蚀研究的重要手段。腐蚀试验方法本身也是腐蚀工程中最重要的内容之一，只有正确的试验方法，周密的试验计划，严格的试验操作过程，才能得到可靠的、重现性好的试验结果。

本章简要介绍一些常用的腐蚀试验方法。

第一节　腐蚀试验的目的及分类

一、目的

任何一项腐蚀研究和腐蚀控制施工，几乎都包括腐蚀试验、检测以及监控。一般说来，腐蚀试验有如下主要目的。

① 是管理生产工艺、控制产品质量的检验性试验。这些试验通常是检验材料质量的例行试验。

② 选择适合于在特定腐蚀介质中使用的材料。

③ 针对指定的金属/介质体系选择合适的缓蚀剂及其最佳使用量。

④ 对已确定的材料/介质体系，估计材料的使用寿命。

⑤ 确定由于腐蚀对产品造成污染的可能性或污染程度。

⑥ 在发生事故时，追查原因和寻找解决问题的方法。

⑦ 选择有效的防腐措施，并评估其效果和效益如何。

⑧ 研制和发展新型耐蚀材料。

⑨ 对工厂设备的腐蚀状态进行间断的或连续的监视性检测，进而控制腐蚀的发生和发展。

⑩ 进行腐蚀机理与腐蚀规律的研究。

二、分类

根据试验目的和要求，有许多不同类型的试验方法。通常可将腐蚀试验分为三大类，即试验室试验、现场试验和实物试验。

1. 试验室试验

试验室试验是指在试验室内有目的地将专门制备的小型试样在人工配制的、受控制的环境介质条件下进行的腐蚀试验。

试验室试验的优点是：可充分利用试验室测验仪器、控制设备的严格精确性及试验条件和试验时间的灵活性；可自由选择试样的大小及形状；可严格地控制有关的影响因素；试验时间较短、试验结果的重现性较好等。这是腐蚀工作者广泛应用的主要腐蚀试验方法。试验室试验一般可分为模拟试验和加速试验两类。

模拟试验是一种不加速的长期试验，在试验室的小型模拟装置中，尽可能精确地模拟自然界或工业生产中所遇到的介质及条件，虽然介质和环境条件的严格重现是困难的，但主要影响因素要充分考虑。这种试验周期长，费用大，但试验数据较可靠，重现性也高。

加速试验是一种强化的腐蚀试验方法。把对材料腐蚀有影响的因素（如介质浓度、化学成分、温度、流速等）加以改变，使之强化腐蚀作用，从而加速整个试验过程的进行。这种方法可在较短时间内确定材料发生某种腐蚀的倾向，或若干种材料在指定条件下的相对耐蚀顺序。在进行加速试验时应注意，只能强化一个或少数几个控制因素。除特殊腐蚀试验外，一般不应引入实际条件下并不存在的因素，也不能因引入了加速因素而改变实际条件下原来的腐蚀行为和特征。

2. 现场试验

现场试验是指把专门制备的试样置于现场的实际环境中进行的腐蚀试验。这种试验的最大特点是环境条件的真实性，它的试验结果比较可靠，试验本身也比较简单，但现场试验中的环境因素无法控制，结果的重现性较差，试验周期较长，且试验用的试样与实物状态之间存在较大的差异。

3. 实物试验

实物试验是指将试验材料制成实物部件、设备或小型试验性装置，在现场的实际应用下进行的腐蚀试验。这种试验不仅解决了试验室试验和现场试验中难以全面模拟的问题，而且包括了结构件在加工过程中所受的影响，能够较全面正确地反映材料在使用条件下的耐蚀性。但实物试验费用较大，试验周期长，且不能对几种材料同时进行对比试验。因此，实物试验应在试验室试验和现场试验的基础上进行。

以上三种试验方法、目的各不相同，各有利弊，应根据不同要求和条件加以选择应用。

第二节　腐蚀试验条件

一、试样的准备

1. 试样材料

对所用试样的各种原始资料应尽可能详细了解，其中包括材料的牌号、化学成分等，对于金属还应包括试样的冶金和加工工艺特征、热处理及金相组织等。这些资料，对于腐蚀结果的分析有重要的参考作用。

2. 试样的形状与尺寸

试样的形状和尺寸取决于试验的目的、试验的方法、材料的性质、试验的时间和试验的装置等。试样的外形要求简单，以便于精确测量表面积、清除腐蚀产物和进行加工。为了消除边界效应的影响，试样表面积对边缘面积之比要尽量大些，试样表面积对试样重量之比也要尽量大些。通常采用矩形薄片、圆形薄片及圆柱形等。通常试验室所用的试样尺寸如下。

矩形薄片：$50mm \times 25mm \times (2\sim3)mm$；

圆形薄片：$\phi(30\sim40)mm \times (2\sim3)mm$；

圆柱形：$\phi10mm \times 20mm$。

3. 试样的表面处理

试样表面的粗糙度、均一性和洁净程度是影响腐蚀试验结果的重现性和可比性的重要因素，因此在试验前应经过严格表面处理。通常从原材料上切取，经适当的机械加工和必要的研磨抛光制成试样，再经统一的清洗使之具有接近的表面状态。

4. 平行试样的数量

为提高试验结果的准确性，每次试验时必须用一定数量的平行试样。平行试样越多，结果的准确性就越高。通常一般试验的平行试样为 $3\sim12$ 个，常用 5 个。加载应力试验，试样为 $5\sim20$ 个，常用 10 个。

在同一试验容器中只可进行一个或几个同一材质的平行试样的腐蚀试验。

二、腐蚀的暴露条件

1. 腐蚀介质

腐蚀介质可直接取自生产现场，或按现场介质成分人工配制，在自行配制腐蚀介质时，应当用蒸馏水和化学纯试剂精确地配制试验溶液，以严格控制其成分。在试验过程中，还必须防止由于溶液蒸发及其他原因引起介质浓度、成分和体积的变化，以免影响介质的腐蚀性能和结果的可靠性。

2. 试验温度

腐蚀试验温度应尽量模拟实际腐蚀介质的温度。试验室试验常在能控制温度的水浴、油浴或空气恒温箱中进行。控制的温度应是整个试样的表面温度，但为简便起见，往往以试液（试验溶液）温度为控制对象。

3. 试验时间

材料的腐蚀速度很少是恒定不变的，经常随时间而不断变化，因此试验的时间一般取决于材料的腐蚀速度。一般材料的腐蚀速度低，试验时间长；材料的腐蚀速度大，试验时间可短些。在试验室里一个周期的试验时间通常为 $24\sim168h$，也就是 $1\sim7$ 天。如果腐蚀速度是中等或略低的，则可由式（9-1）粗略地估计试验时间，即

$$试验时间(h) = \frac{50}{腐蚀速度(mm/a)} \tag{9-1}$$

这个式子只能确定有初测结果的试验时间。

在进行教学试验时，由于教学时间限制，需压缩试验时间，只进行基本方法的训练。

4. 试样暴露的条件

在试验室试验中，根据试验目的的不同，试样可全部（全浸）、部分（半浸）或间断地暴露于腐蚀介质中，以模拟实际应用中可能遇到的各种情况。如图 9-1 所示。

5. 试样安放与涂封

试样的安放应保证试样与试样之间、试样与容器之间、试样与支架之间电绝缘，且不产生缝隙；使试样表面与介质充分接触。同时，要求试样装取方便、牢固可靠；支架本身耐蚀等。图 9-2 所示为安放试样的两种常用方法。

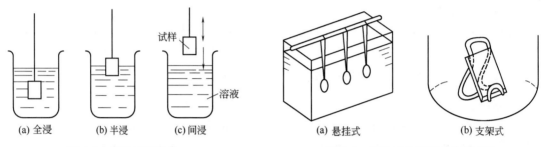

图 9-1　试样暴露条件　　　　图 9-2　安放试样的两种常用方法

为了保证试样有恒定的暴露面积，防止可能发生的水线腐蚀，往往用绝缘材料将试样部分表面涂封遮蔽。在进行电化学测试时，必须在试样上引出导线，导线和试样的结点必须涂封，以防电偶腐蚀的干扰。涂封要求绝缘好、牢固、简便。常用的绝缘材料有环氧树脂、清漆、聚四氟乙烯和石蜡松香等。图 9-3 所示为几种常用的涂封方法。

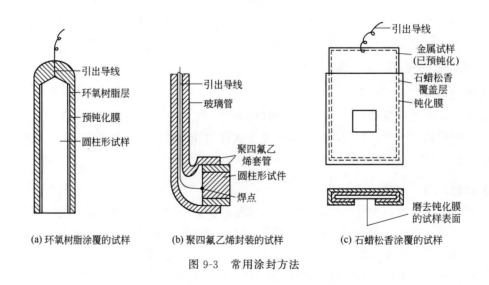

图 9-3　常用涂封方法

第三节　金属腐蚀试验方法

一、表面观察法

表面观察法通常可分为宏观检查和显微观测两种。

宏观检查就是对金属材料在腐蚀前后及去除腐蚀产物前后的形态进行肉眼观察，还应注意腐蚀产物的形态、分布以及它们的颜色、厚度、致密度和附着性；同时也应注意腐蚀介质中的变化，包括溶液的颜色，腐蚀产物在溶液中的形态、颜色、类型和数量等，虽然这种观察是很粗略的，但任何精细的腐蚀研究都辅之以这种方法。

显微观测就是对受腐蚀的试样进行金相检查或断口分析，或者用扫描电镜、透射电镜、电子探针、俄歇能谱仪等进行微观组织结构和相成分的分析，据此可研究微细的腐蚀特征和腐蚀过程动力学。

表面观测法主要是定性的，腐蚀形态的记述显著地受到人为因素的影响，不同的腐蚀工作者之间较难加以比较。为此，有人提出应有统一的标准，用规定的标准术语描述腐蚀特征和程度。

二、重量法

1. 基本原理

金属由于腐蚀，其重量要发生变化，重量法就是利用金属试样腐蚀前后重量的变化来表征腐蚀速度的。

重量法分失重法和增重法两种。当金属表面上的腐蚀产物较易除净且不会因为清除腐蚀产物而损坏金属基体时常用失重法，计算方法见式(1-36)；当腐蚀产物牢固地附着在试样表面时则采用增重法，计算方法见式(1-37)。因为增重法是在腐蚀试验后连同全部腐蚀产物一起称重的，所以增重法的数据具有间接性，需要经过换算才能知道金属的腐蚀速度。由于腐蚀产物成分复杂，这种换算显然也是复杂的。失重法则是清除全部腐蚀产物后将试样称重的，因此能直接表示由于腐蚀而损失的金属量，不需进行换算，故失重法较为直观。

用单位时间内、单位面积上的重量变化来表示的腐蚀速度即为重量（质量）指标，常用 $g/(m^2 \cdot h)$ 表示。

2. 腐蚀产物的清除

应用失重法测腐蚀速度的关键操作之一是试验结束后腐蚀产物的清除。清除腐蚀产物要求能最大限度地除去试样表面的腐蚀产物而又尽可能避免损伤试样的基体，如果操作不当，将会产生错误的结果。常用的清除腐蚀产物的方法有机械法、化学法和电化学法。

① 机械法：用毛刷或软橡皮、滤纸等擦洗，这种方法可在腐蚀产物疏松的情况下应用。

② 化学法：选择适宜的去膜剂及去膜条件，要力求腐蚀产物溶解快，空白失重小，操作简便。表 9-1 介绍了几种化学去膜剂的配方及使用条件。在浸洗后用橡皮、刷子擦除腐蚀产物。

表 9-1　几种化学去膜剂的配方及使用条件

材　料	去 膜 剂 配 方	使 用 条 件
铜和铜合金	5%～10%硫酸溶液或 15%～20%盐酸溶液	室温,几分钟,橡皮擦,刷子刷
铁和钢	20%盐酸溶液或硫酸溶液＋有机缓蚀剂	30～40℃,擦除
	20%氢氧化钠＋10%锌粉	沸腾
	浓盐酸＋50g/L 氯化锡＋20g/L 三氯化锑	室温,擦除
锡和锡合金	15%磷酸溶液	沸腾,10min,擦除
铅和铅合金	10%醋酸溶液	沸腾,10min,擦除
	5%醋酸铵溶液	加热,5min,擦除
铝和铝合金	70%硝酸溶液	室温,3min,擦除
	2%氧化铬的磷酸溶液	78～85℃,10min,擦除
不锈钢	10%硝酸溶液	60℃至洗净为止,忌带氯离子
镁和镁合金	15%氧化铬＋1%铬酸银溶液	沸腾,15min,擦除

③ 电化学法:电化学法是将试样作为阴极,接在直流电源的负极,选择一适当的辅助阳极(常用石墨),在适当的去膜液中通电。介质中的氢离子在阴极还原析出氢气,产生机械作用使腐蚀产物剥落,残留的疏松产物用机械方法即可除净。其去膜条件如表 9-2 所示。

表 9-2　电化学去膜法的去膜条件

溶液	5%硫酸	阴极电流密度	0.2A/cm²
缓蚀剂	有机缓蚀剂(如若丁)2mL/L(饱和溶液)	温度	74℃
阳极	石墨	去膜时间	3min
阴极	试样		

电化学去膜装置如图 9-4 所示。

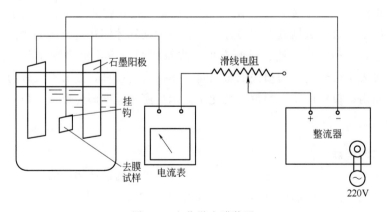

图 9-4　电化学去膜装置

电化学法去除腐蚀产物效果好,空白失重小,见表 9-3,适用范围广,因此用得较多。操作时应注意,试样要带电入槽,带电取出。某一去膜液中只能连续处理同一种材质的试样,试样的挂钩或夹具必须与试件的材质相近。

表 9-3　电化学去膜的空白失重

金　属	空白失重/(mg/cm²)	金　属	空白失重/(mg/cm²)
铝	0.0155	钢	0.00791
海军黄铜	0.00202	18-8 型不锈钢	0.00
黄铜	0.00403	化学铅	0.0605
5%锡的青铜	0.00	锡	0.00217
铜	0.00202	锌	太大
蒙乃尔合金	0.00	镍	0.0217

3. 结果评定

根据重量法测量的腐蚀速度可以对金属耐全面腐蚀的性能作出评级。表 9-4 和表 1-4 列出了均匀腐蚀的十级标准和三级标准。

表 9-4　均匀腐蚀十级标准

耐蚀性评定	耐蚀性等级	腐蚀深度/(mm/a)	耐蚀性评定	耐蚀性等级	腐蚀深度/(mm/a)
Ⅰ 完全耐蚀	1	<0.001	Ⅳ 尚耐蚀	6	0.1~0.5
Ⅱ 很耐蚀	2	0.001~0.005		7	0.5~1.0
	3	0.005~0.01	Ⅴ 欠耐蚀	8	1.0~5.0
Ⅲ 耐蚀	4	0.01~0.05		9	5.0~10.0
	5	0.05~0.1	Ⅵ 不耐蚀	10	>10.0

从这两个表看来，十级标准分得太细，也过于烦琐，并且腐蚀深度也并不都是与时间呈线性关系的。因此，按试验数据或用手册上查得数据的计算结果难以十分精确地反映出实际情况。三级标准比较简明，但它在一些要求严格的场合，又往往过于粗略。如一些精密部件不容许有微小的尺寸变化，腐蚀速度即使小于 1mm/a 的材料也不见得"可用"。对高压、易燃、易爆的设备，选择材料时更应慎重。

重量法测量的只是某一时间内金属的平均腐蚀速度，掩盖了因环境介质的变化、操作程序的改变、金属表面状态的变化及其他因素的影响所导致的腐蚀速度的各种变化。另外，试验周期在某些情况下较长，腐蚀产物的清除以及称量的误差等都会影响试验结果的精确性。但由于这种方法简单，可靠，作为一种最基本的定量评级方法，其仍是许多电化学的、物理的和化学的现代评定方法鉴定比较的基础。

三、电化学试验方法

近年来用电化学方法来研究金属腐蚀有了迅速发展，已成为腐蚀测试与腐蚀机理研究的重要手段。不仅可用来研究探讨电极过程的动力学、腐蚀机理和防腐措施，还可快速连续测定腐蚀速度。目前常用的电化学试验方法有极化曲线法和线性极化法，本书只介绍极化曲线法。

1. 极化曲线的测量原理

金属的理论极化曲线是无法测出的，实际测得的只是实测极化曲线。测量极化曲线首先测出体系的腐蚀电位，然后用一外加恒定的电流输入体系，使之极化。把外加电流密度和极化电位的数值一一对应作图，就得到极化曲线图。

测量极化曲线主要有恒电流法和恒电位法两种。

恒电流法是以电流为自变量，测量电极电位与电流的函数关系，即 $E=f(I)$，在测量时，使电极上通以一定大小的恒定电流，测定相应的电极电位，然后改变电流值，再测出相应的电极电位，如此逐点或连续测量所得到的电极电位-电流关系称为恒电流极化曲线。

恒电位法则是以电位为自变量，测量电流与电极电位的函数关系，即 $I=f(E)$，在测量时，用一定方法使电位恒定在某一数值，测定相应的电流值，然后改变电位值，再测出相应的电流值，如此逐点或连续测量所得到的电极电位-电流关系称为恒电位极化曲线。

在进行恒电流或恒电位测试中均可采用稳态测量法、准稳态测量法和连续扫描法，这里只介绍稳态测量法。

稳态测量法是指在给定自变量的作用下，相应的响应信号完全达到稳定不变的状态。在测量技术上要求其参数完全不变是不可能的，因此考虑到仪器精度和试验要求，可规定响应信号在一定的时间内变化不超过一定的范围即可视为稳定。稳态极化曲线均是逐点测量获得的，这种逐点测量法也称为步进法。

2. 测量仪器及装置

测量极化曲线一般采用三电极系统，见图 9-5。三电极即研究电极（图中"研"）、辅助电极（图中"辅"）和参比电极（图中"参"）。

研究电极又称工作电极，由试样制成，一般要求经一定的表面处理，并有确定的暴露面积。因此，在测试前需封装试样。

辅助电极的作用是与研究电极构成电流通路，因此辅助电极通常由惰性材料制成，以免与电解质发生反应。常采用铂或石墨作为辅助电极。

参比电极的作用是与研究电极组成测量电池，作为电极电位测量的参考比较标准。良好的参比电极应能满足下列要求，即交换电流密度大，不易极化；测量时即使有少量电流流入电极，其数值仍能保持恒定；稳定性好，温度系数小，使用方便等。常用的参比电极有饱和甘汞电极、氯化银电极、硫酸铜电极等。

当被测溶液与参比电极的溶液不同时，常用盐桥把参比电极与研究电极连接起来，其主要作用：防止参比溶液和测试溶液互相污染；防止液体的液界电位。盐桥常用三通玻璃开关，一端插入参比溶液中，一端插入腐蚀介质中。为减少溶液的欧姆降，可将插入腐蚀介质中的一端制成直径小于 1mm 的毛细管，并尽量接近工作电极，但不能与工作电极接触。

除上述三电极外，还需极化电源和若干测量仪器才构成一个完整的测试回路。图 9-5 和图 9-6 所示分别为经典恒电流装置工作原理和经典恒电位装置工作原理。

现在，随着电子技术的发展，已普遍使用电子恒电位仪。现代电子恒电位仪具有结构简单、体积小、输出电流大、输入阻抗高、响应速度快和控制精度高等优点，它具有自动控制恒电位的能力，先进的恒电位仪还具有自动补偿溶液电阻和自动跟随腐蚀电位的功能，并可配上微机实现全自动测量。恒电位仪既可进行恒电位测量，也可进行恒电流测量，使用十分方便。图 9-7 所示为恒电位仪测量极化曲线的线路图。

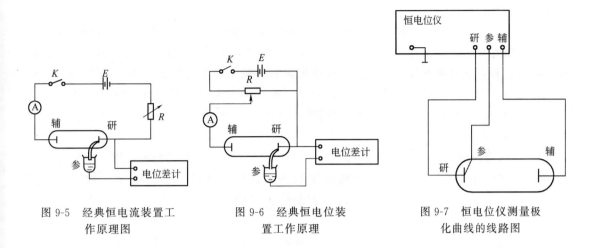

图 9-5 经典恒电流装置工
作原理图

图 9-6 经典恒电位装
置工作原理

图 9-7 恒电位仪测量极
化曲线的线路图

3. 极化曲线的应用

① 求出金属的腐蚀速度：对于电化学腐蚀过程，根据法拉第定律，见式(1-39)，其腐蚀速度与电流密度之间关系为 $v^- = \dfrac{A}{nF} i_a \times 10^4$。

因此，可用金属的阳极电流密度表示金属电化学腐蚀速度。

对于电化学极化控制的腐蚀体系，极化电流与极化电位之间服从塔菲尔关系，所以可将测得的阴、阳极极化曲线在半对数坐标上的直线部分（塔菲尔区）外延相交，则交点所对应的电流密度即为金属的腐蚀电流密度，如图 9-8 所示。

对于阳极极化曲线不易测得的体系，常常只由阴极极化曲线的直线部分外延与自腐蚀电位的水平线相交以求得腐蚀电流密度，如图 9-9 所示。

这种利用极化曲线的塔菲尔直线外延以求得腐蚀电流密度的方法有许多局限性，它只限于活化控制的腐蚀体系，且在外延作用时，会带来较大的误差。

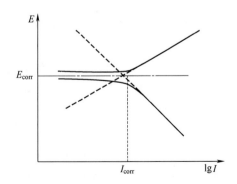

图 9-8 根据阴-阳极化曲线求解腐蚀速率

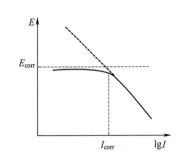

图 9-9 根据阴极极化曲线求解腐蚀速率

② 判断介质中添加剂的作用机理：根据加或不加添加剂时的极化曲线的分析，可以判

断这种添加剂是否有缓蚀作用，也可研究其缓蚀机理，图 9-10 为几种添加剂对电极过程作用的示意图。其中曲线 4-4′是未加添加剂时的极化曲线，其他三种情况表示加入不同种类添加剂时的极化曲线。

从图中可看出这几种添加剂加入后都使腐蚀电流密度有不同程度降低，所以这几种添加剂都是缓蚀剂。但是这几种缓蚀剂的缓蚀作用机理不同。图 9-10 曲线 1-1′所示的添加剂阻滞了阳极过程，使腐蚀电位正移，故这种添加剂是一种阳极型缓蚀剂。图 9-10 曲线 2-2′所示的添加剂阻滞了阴极过程，使腐蚀电位负移，故这种添加剂为阴极型缓蚀剂。图 9-10 曲线 3-3′所示的添加剂同时阻滞了阴极过程和阳极过程。腐蚀电位变化不大，所以这种添加剂是一种混合型缓蚀剂。

③ 评选缓蚀剂：到目前为止，选择缓蚀剂还没有一个完整的理论依据，因此要从数百种缓蚀剂中选出高效、低毒和价廉的缓蚀剂来，是一项很复杂的工作。对此，目前没有更好的方法，主要靠大量的试验工作来筛选完成。筛选的目的主要有两个：一是鉴别与比较各种缓蚀剂的缓蚀效果；二是了解缓蚀剂的加入量对缓蚀效果的影响，找出最佳加入量。筛选缓蚀剂的方法很多，测定极化曲线是筛选水溶液中缓蚀剂的重要方法。图 9-11 所示为不同缓蚀剂的极化曲线，从图中可以看出，缓蚀剂 1 的缓蚀效果明显，比缓蚀剂 2 要好。

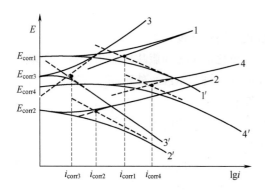

图 9-10 利用极化曲线研究缓蚀机理

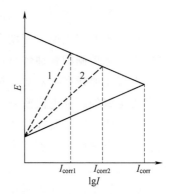

图 9-11 不同缓蚀剂的极化曲线
1,2—缓蚀剂

图 9-12 所示为低碳钢在碳化塔生产液中阳极极化曲线。由曲线可看出，缓蚀剂的效率明显地随钼酸铵的浓度的变化而变化。

④ 研制和发展新型耐蚀合金：为了发展新的耐蚀合金，采用恒电位法研究合金的钝化行为比用其他腐蚀试验方法简便。因为合金钝化曲线中的临界电位越负，临界电流和维钝电流越小，则合金越易钝化，耐蚀性越好。因此通过测量合金的钝化曲线可以比较合金的钝化性能和耐蚀性。图 9-13 所示为加钼、加铜、不加钼和铜的铬锰氮不锈钢在 $1mol/L\ H_2SO_4$ 溶液中的阳极极化曲线，从图中可以看出在铬锰氮不锈钢中加入钼后，钢的钝化倾向和耐蚀性均能提高，而加铜后，只能使钢的钝化倾向略有提高，但对钢的耐蚀性没什么影响。

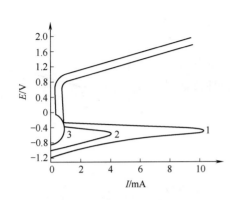

图 9-12 低碳钢在碳化塔生产液
中阳极极化曲线

1—浓氨水；2—浓氨水+0.5g/L 钼酸铵；
3—浓氨水+1g/L 钼酸铵

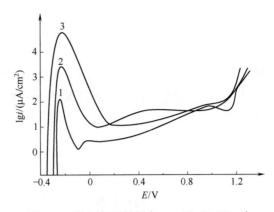

图 9-13 铬锰氮不锈钢在 1mol/L H_2SO_4 中
的阳极极化曲线（25℃）

1—加钼的铬锰氮不锈钢；2—加铜的铬锰氮不锈钢；
3—不加铜、钼的铬锰氮不锈钢

四、局部腐蚀试验方法

1. 点蚀试验方法

材料点蚀敏感性的试验评定方法主要有化学浸泡法、电化学测试方法两种。

（1）化学浸泡法

这种方法一般是将试片全部浸没在作为点蚀促进剂的 $FeCl_3$ 水溶液中进行。试验用
$10\%FeCl_3 \cdot 6H_2O$ 溶液，其中稍许加入 $0.05mol/L$ 盐酸溶液进行酸化。试验温度根据美国
材料试验学会（ASTM）规定为 22℃±2℃ 或 50℃±2℃，中国一般采用 30℃±2℃ 或
50℃+2℃，试验时间一般为 72h，或根据需要确定。试验后用失重法计算腐蚀速度，并观
察，记录试样表面蚀孔的分布、密度、尺寸和深度等特征。

点蚀倾向的评定可采用下列几种方法。

① 点蚀系数表示法：

$$点蚀系数 = \frac{最深蚀孔的深度}{全面腐蚀深度} \tag{9-2}$$

点蚀系数越大，表明点蚀程度越严重。如点蚀系数为 1，则表明腐蚀为全面腐蚀。

② 平均点蚀深度表示法：这一方法是选取 10 个最深的腐蚀小孔，取其深度平均值表示
这一体系的点蚀深度。平均点蚀深度越大，表明点蚀程度越严重。

③ 综合表示法：这一方法是用最大蚀孔深度、单位面积上的蚀孔数以及最大腐蚀深度
数据综合表示。

④ 统计方法：金属表面上发生点蚀的概率与金属的点蚀倾向、溶液的腐蚀性、试样面
积及腐蚀时间等因素有关。若干试件在特定条件下的点蚀概率 P（%）可用式（9-3）表
示，即

$$P = \frac{N_P}{N} \times 100\% \tag{9-3}$$

式中 N_P——发生点蚀的试样数；

N——试样总数。

点蚀概率 P 可表示金属在该特定条件下发生点蚀的敏感性，但不能说明点蚀的发展速度。

另外，极值概率统计已成功应用于根据小面积试验的最大点蚀深度，估计材料的大面积上的最大点蚀深度，具体方法可参阅有关文献。

（2）电化学方法

目前评定点蚀的电化学方法主要有恒电位静态法和恒电位动态法两种，常采用恒电位动态法。

恒电位动态法又称动态电位法，这种方法采取恒电位正反扫描测得环状阳极极化曲线以确定临界点蚀电位 E_b 及保护电位 E_p，如图 9-14 所示。

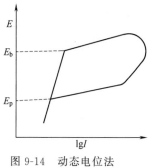

图 9-14 动态电位法测定的极化曲线

E_b 反映了钝化膜被破坏的难易程度，是评价钝化膜的保护和稳定性的特征电位。E_b 越高，表明合金耐点蚀性能越好。而 E_p 则反映了蚀孔重新钝化的难易，是评价钝化膜是否容易修复的特征电位。E_p 越高，钝化膜自修复能力越强，即再钝化能力越强。因此，可根据这两个特征参数来共同评价合金的耐点蚀性能。

这里应注意的是，测定临界点蚀电位 E_b 与保护电位 E_p 的方法不同，所得数据也不尽相同。因此在不同的条件下，用不同的试验方法测出的数据不具备可比性。

2. 晶间腐蚀试验方法

晶间腐蚀试验方法很多，下面仅介绍关于不锈钢的晶间腐蚀试验方法，对于其他材料的晶间腐蚀试验可参考有关文献资料。

不锈钢晶间腐蚀试验方法，许多国家都已标准化。中国的国家标准为 GB 1223—75。试验方法列于表 9-5，其中较为常用的为 T 法（即硫酸-硫酸铜-铜屑法）、X 法（即65％沸腾硝酸法）和 C 法（即草酸电解浸蚀法）。其中 C 法是一种筛选试验方法，但若对材料的晶间腐蚀倾向进行仲裁，则应以 T 法、X 法试验结果为准。

表 9-5 不锈钢晶间腐蚀试验方法（GB 1223—75）

试验方法	试验溶液	试验条件	备注
T 法（硫酸-硫酸铜-铜屑法）	100mL H_2SO_4（密度 1.84g/mL）+100g $CuSO_4 \cdot 5H_2O$+1000mL 蒸馏水+铜屑	沸腾24h	
X 法（65％沸腾硝酸法）	65％±0.5％HNO_3	沸腾 3 周期。每周期48h，每一周期更换溶液一次	
C 法（草酸电解浸蚀法）	100g $H_2C_2O_4 \cdot 2H_2O$+900mL 蒸馏水	20～50℃；电流密度 1A/cm^2，1.5min	
L 法（硫酸-硫酸铜法）	100mL H_2SO_4（密度 1.84g/mL）+100g $CuSO_4 \cdot 5H_2O$+1000mL 蒸馏水	沸腾24h	
F 法（硝酸-氟化物法）	277mL 65％HNO_3（密度 1.39g/mL）+20g NaF+593mL 蒸馏水	70℃±1℃，3h	氟化钠在 70℃时加入

草酸电解浸蚀试验的评定方法采用金相法观察试样的浸蚀部位，放大倍率为 $150\sim500$ 倍，浸蚀后的组织分为 3 级，见表 9-6。1 级和 2 级可视为无晶间腐蚀倾向，3 级为有晶间腐蚀倾向。

表 9-6　草酸电解浸蚀后的组织特征和级别评定

评 定 级 别	金 相 组 织 特 征
1	晶界无腐蚀沟槽,晶粒间呈台阶状
2	晶界有腐蚀沟槽,但没有一个晶粒被腐蚀沟槽所包围
3	晶界有腐蚀沟槽,个别或大部分晶粒已被腐蚀沟槽所包围

65％沸腾硝酸法试验评定方法采用失重法，可分为 4 级标准，1 级的腐蚀速度为小于等于 $0.60\mathrm{mm/a}$；2 级为 $0.60\sim1.00\mathrm{mm/a}$；3 级为 $1.00\sim2.00\mathrm{mm/a}$；4 级为大于 $2.00\mathrm{mm/a}$。

硫酸-硫酸铜-铜屑法试验评定方法一般采用弯曲法和金相法评定。弯曲的角度及弯曲的内侧半径视试样的厚度而定。弯曲后的试样，用 $8\sim10$ 倍的放大镜观察有无裂纹，如试样不能进行弯曲评定，或弯曲后裂纹性质可疑时，则用金相法进行评定，试样经浸蚀后用 $150\sim500$ 倍金相显微镜观察，如发现晶间腐蚀，即判定具有晶间腐蚀倾向。

不锈钢晶间腐蚀倾向也可用电化学方法进行评定，但目前应用还不广泛，具体方法可参考有关文献。

3. 应力腐蚀破裂试验方法

应力腐蚀破裂试验是将试样造成一定残余内应力后放入某种特定的腐蚀介质中，或试样在腐蚀介质中施以拉应力。观察试样断裂情况，以此评定材料的抗应力腐蚀破裂的能力。

（1）试验方法

应力腐蚀破裂的试验方法有很多种，下面简单介绍几种常用的方法。

① 恒应变法：恒应变法的原理是使试件变形，从而产生一定的应力。图 9-15 所示为恒应变法加力方式示意图。恒应变法多用于轻金属和薄片状试样。优点是装置简单、操作方便；缺点是不易精确测定所加的应力值，且应力的大小常随时间的延长而下降。试验时，试样的夹具既要有良好的耐蚀性，又要有足够的机械强度，且夹具与试样间要有良好的绝缘。

② 恒应力法：恒应力法是试样受外载荷的作用，而产生拉应力。图 9-16 所示为恒应力法加力方式示意图。

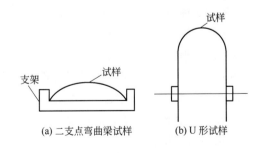

(a) 二支点弯曲梁试样　　(b) U 形试样

图 9-15　恒应变法加力方式示意图

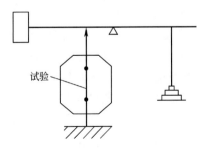

图 9-16　恒应力法加力方式示意图

恒应力法是试验室最常用方法之一，其优点为可以精确地测定试样的外加应力，缺点是仪器较复杂，且试样加工要求较高。

③ 恒应变速率法：恒应变速率法也是一种拉伸试验法，但其在试验中保持试样的瞬时变形速度为常数。这是一种加速的应力腐蚀试验方法，必须在恒应变速率试验机上进行试验，试样的应变速率对试验结果有较大影响。要求应变速率保持恒定且不能太大。当试样的应变速率大于其溶解速率时，试样的破坏变为纯机械断裂。应变速率太小，则试验时间太长，试验条件不易稳定。在大多数的应力腐蚀体系中应变速率为 $10^{-3}\sim10^{-7}\,mm/s$。

（2）结果评定

关于应力腐蚀破裂的评定大致有以下几种方法。

① 宏观检查：试验后，用肉眼或放大镜观察应力腐蚀破裂的裂纹及表面情况。

② 材料断裂的时间：材料的断裂时间越长，表明耐应力腐蚀性能越好。

③ 对比试验前后试样的力学性能：如塑性指标下降的百分数越大，应力腐蚀破裂的倾向越大等。

④ 金相观察与分析：在试验过程中，用金相显微镜和电镜观察试样上应力腐蚀裂纹的产生、发展、破裂情况及裂纹类型（穿晶型、晶间型、混合型）。

在试验室中，通常将上述四种方法同时进行，借以判断材料的开裂类型、发展规律和敏感性程度等。

第四节 非金属材料腐蚀试验方法

一、塑料腐蚀试验方法

常用的塑料腐蚀试验方法分重量法和力学性能比较法两种。

1. 重量法

塑料在腐蚀介质作用下，其中某些组分被分解、溶解，而同时又吸收了一部分腐蚀介质，使试样发生溶胀，故其经腐蚀后会表现出重量的减少或增加，因此可以根据试样腐蚀前后的重量变化率来评定塑料的耐蚀性能。

由于试样所用材料的运输、储存等条件不同，使试样的初始状态不一样。为了试验比较精确，应在相同的温度和湿度条件下进行预处理。国际标准化组织(ISO)推荐三种处理方法：

① 一般地区：20℃±2℃，相对湿度 65%±5%，处理时间 88～94h；

② 美国：23℃±2℃，相对湿度 50%±5%，处理时间 48h；

③ 热带地区：27℃±2℃，相对湿度 65%±5%，处理时间 88～94h。

试验所用介质，应尽量接近材料使用时所接触的条件。有时还可直接采用生产系统中的介质。试验过程中因蒸发或其他原因使介质的组成有较大变化时，应定期更换介质。

试验结束先观察试样有无起泡、分层、裂纹、分解、溶解等现象，最后评定以重量变化率或单位表面积的重量变化为依据，也可用体积变化率为依据。

腐蚀前后试样的重量变化率 K_m，单位表面积的重量变化 W，体积变化率 K_V 表示如下

$$K_m = \frac{m_1 - m_2}{m_1} \times 100\%$$

(9-4)

$$W = \frac{m_1 - m_2}{S} \tag{9-5}$$

$$K_V = \frac{V_2 - V_1}{V_1} \times 100\% \tag{9-6}$$

式中　m_1——试样预处理后未经腐蚀的重量（质量），g；

　　　m_2——试样腐蚀后的重量（质量），g；

　　　S——试样的表面积，m^2；

　　　V_1——试样预处理后未经腐蚀时的体积，m^3；

　　　V_2——试样经腐蚀后的体积，m^3。

2. 力学性能比较法

塑料在腐蚀介质作用下，其力学性能将发生变化，因此，可根据试样腐蚀前后力学性能的变化率来评定其耐蚀性能。

测定塑料腐蚀前后试样的力学性能的变化，一般测量抗拉强度、抗弯强度等。同重量法一样，试验前后对试样进行预处理。

塑料试样腐蚀前后力学性能变化率 K_σ、伸长率的变化 K_ε 分别为

$$K_\sigma = \frac{\sigma_1 - \sigma_2}{\sigma_1} \times 100\% \tag{9-7}$$

$$K_\varepsilon = \frac{\varepsilon_1 - \varepsilon_2}{\varepsilon_1} \times 100\% \tag{9-8}$$

式中　σ_1——试样预处理后未经腐蚀时的强度，Pa；

　　　σ_2——试样腐蚀后的强度，Pa；

　　　ε_1——试样预处理后未经腐蚀时的伸长率，%；

　　　ε_2——试样腐蚀后的伸长率，%。

试验结束后，按塑料腐蚀前后的重量变化和强度变化评定其耐蚀性能。通常重量变化和强度变化越小，表示其耐蚀性能越好，目前各国标准均不统一。表 9-7 是有机材料耐蚀性评定标准，可供参考。

表 9-7　有机材料耐蚀性评定标准

耐蚀性评定	质量(为原来量的) /%	强度(为原强度的) /%	耐蚀性评定	质量(为原来量的) /%	强度(为原强度的) /%
十分耐蚀	100～102	95～100	尚耐蚀	110～115	80～85
耐蚀	102～110	85～95	不耐蚀	≥115 或≤95	80

还可通过应力条件下的腐蚀试验，以评定其在一定条件下某一使用时间内破坏的强度值，作为选取许用应力的基础。

二、玻璃钢腐蚀试验方法

通常采用静态浸泡法，即在自由状态下将试样浸泡于一定温度的腐蚀介质中，于规定时间取样测定重量变化和力学性能变化率，然后按变化率的大小评定材料的耐蚀性能。由于玻璃的耐蚀性与树脂-玻璃纤维间的黏合情况有很大关系，因而其耐蚀性能主要以抗弯强度的

变化来确定。

三、涂料腐蚀试验方法

通常是在经过表面处理的试样（如金属棒、金属片等）上按要求涂上待测涂料，并按规定的干燥时间进行烘干，然后将试样暴露于大气中或浸入特定的腐蚀介质中，试验过程中，对浸入试液中的金属试样要求每昼夜观察 2 次，在有强侵蚀作用的试液中，对被测定的漆膜须进行多次检验，详细记录漆膜所发生的任何变化（如光泽的损失，斑点及气泡的出现，漆膜剥落的开始等），试验结束后，根据产品标准中规定的指标，评定该涂料在特定腐蚀介质中的耐蚀性能。

四、硅酸盐材料腐蚀试验方法

由于硅酸盐材料在腐蚀介质作用下，其中某些组分会浸析出来，使试样重量减少。因此它的耐腐蚀性能通常用腐蚀前后的重量变化率来表示。其经酸腐蚀后的重量变化率称为耐酸度；经碱腐蚀后的重量变化率称为耐碱度。

硅酸盐材料耐酸度、耐碱度的测定，可用磨细了的颗粒状试样（颗粒大小应能通过 16 目筛而留于 60 目筛上）或用整块试样经处理，称重后置于指定的介质中，腐蚀一定时间后取出、处理、称重，按下式计算耐酸度 K 和耐碱度 R

$$K = \frac{m_2}{m_1} \times 100\% \tag{9-9}$$

$$R = \frac{m_3}{m_1} \times 100\% \tag{9-10}$$

式中　K——耐酸度；

R——耐碱度；

m_1——试样腐蚀前的重量（质量），g；

m_2——试样经酸腐蚀后的重量（质量），g；

m_3——试样经碱腐蚀后的重量（质量），g。

实践证明，在多数条件下，耐酸度和耐碱度只经过一次测定是不可靠的，特别是对于耐酸度低于 95％的材料，更应进行多次试验。

第五节　工业腐蚀监测方法简介

一、腐蚀监测的意义

由于意外的和过量的腐蚀常使工厂设备发生各种事故，造成停车停产、设备效率降低、产品污染、甚至发生火灾爆炸，危害人身安全，并导致严重的经济损失。为有效地防止这类事故的发生，就要求能对工厂设备在连续运转的条件下，监视设备内部腐蚀状态，掌握腐蚀发展速度，以便提供及时有效的数据，及早地发现和较好地控制设备的腐蚀。此外腐蚀监测在环境保护、节约资源和能源等方面也有重要意义。

腐蚀监测可作为判断腐蚀破坏，提供相应解决措施的工具；监测解决措施的有效性，提供生产工艺或管理方面的数据资料，构成自动控制系统的一部分，也可直接成为管理系统的一个组成部分。

二、常用腐蚀监测方法

1. 表面检查

一般是指用肉眼或低倍放大镜观察设备的受腐蚀表面，这种检查必须停车和打开设备。主要目的是检查设备是否受到严重腐蚀破坏，确定腐蚀类型，破坏位置和方向分布，进而分析破坏原因，还要进一步确定是否需要进行进一步考察研究，确定研究的范围，指出应采用哪些研究技术，为防止或减轻腐蚀，应采取哪些措施等。

2. 挂片

一般是指将与设备材料相同的试片固定在试片支架上，然后将装有试片的支架固定在设备内，在生产过程中经受一定时间的腐蚀后，取出支架和试片，进行表观检查和失重测定，以确定挂片腐蚀量和计算腐蚀速度。

挂片试验的试验周期只能由生产条件和维修计划所限定，而且挂片只能反映两次停车之间的总腐蚀量，反映不出重要意义的介质变化及相应的腐蚀变化，也检测不出短期内的腐蚀量或偶发的局部严重腐蚀状态。尽管如此，作为一种经典的腐蚀监测方法，挂片试验仍是工厂设备腐蚀监测中用得最多的一种方法。

3. 电阻探针

这是电阻法在工业腐蚀监测中的具体应用，在运转的设备中插入一个装有金属试片的探针即电阻探针，金属试片在腐蚀介质中受腐蚀减薄，从而使其电阻增大，周期性地精确测量这种增加电阻，实际测量的是被测试片与不受腐蚀的参考试片之间电阻比的变化量。由此便可计算腐蚀速度。这种探针可用于液相或气相介质中对设备金属材料进行腐蚀监测，测定介质的腐蚀性和介质中所含物质（缓蚀剂）的作用。

只有当腐蚀量积累到一定程度时，金属试片的电阻增大达到了仪器的灵敏度，仪表或记录系统才会作出适当响应。因此，电阻探针所测量的是某个很短时间间隔内的积累腐蚀量，减小金属试片的横截面积，可以提高测量灵敏度，用于测量的金属片，多用于与被监测设备相同的材料制成。

电阻探针以其简单、灵敏、适用性强以及可在设备运转条件下定量监测腐蚀率等特点已在许多工业部门获得了广泛应用。

4. 腐蚀电位监测

这种方法的原理是，设备金属的腐蚀电位与它的腐蚀状态之间存在着某种特定的相互关系，例如，根据金属材料在某介质中的极化曲线，则可由其腐蚀电位鉴别该材料在该介质中的腐蚀状态。这种方法也只适用于电解质体系。

腐蚀电位监测是一种不扰乱生产体系和不改变金属表面状态的理想监视方法，测量装置简单，只要用一个高阻抗伏特计，测量设备金属材料相对于某参比电极的电位即可。操作和维护都很容易，并且是非破坏性的，可长期连续监测。但是，这种方法仅仅给出定性的指示，而不能得到定量的腐蚀速度。

除上述几种方法外，也可利用一些无损探伤方法来进行运行设备的监测。

附　　录

附录一　试验指导书

试验一　重量法测定金属腐蚀速度（必做）

一、目的要求

① 掌握重量法测定金属腐蚀速度的原理和方法。

② 用重量法测定碳钢在稀硫酸中的腐蚀速度。

二、基本原理

金属受到全面腐蚀时的腐蚀速度，其表示方法有三种：重量指标、深度指标和电流指标。

测定金属全面腐蚀速度的方法很多，有重量法、容量法、极化曲线法、线性极化法、电阻法等等。重量法是一种较经典的方法，适用于试验室和现场试验，是测定金属腐蚀速度最可靠的方法之一。也常用重量法来检验其他方法，重量法是其他测定金属腐蚀速度的方法的基础。

重量法是根据腐蚀前后金属试件重量的变化来测定其腐蚀速度的，通常分为失重法和增重法两种。当金属表面上的腐蚀产物较容易除净，在清除腐蚀产物时不会损坏金属本体时用失重法；当腐蚀产物牢固地附着在试件表面时则采用增重法。

把待测定的金属制作成一定形状和大小的试件，放在测试环境中（如化工产品、大气、海水、试验介质等），经过一定时间后，取出并测量其重量和尺寸的变化，计算其腐蚀速度。对于失重法，可由式(1-36)计算腐蚀速度。

$$v^- = \frac{m_0 - m_1}{St} \tag{1-36}$$

对于增重法（指质量增加），即当金属表面的腐蚀产物全部附着在上面，或者腐蚀产物脱落下来可以全部被收集起来时，可由式(1-37)计算腐蚀速度。

$$v^+ = \frac{m_2 - m_0}{St} \tag{1-37}$$

对于密度相同的金属，可以用上述方法比较其耐蚀性能。对于密度不同的金属，尽管质量指标相同，其腐蚀深度却不一样，对此，用腐蚀深度表示更为合适。其换算公式见式(1-38)。

$$v_{\mathrm{L}} = 8.76 \frac{\overline{v}}{\rho} \tag{1-38}$$

三、仪器、药品和试验装置

仪器、药品见表附-1。

表附-1　重量法测定金属腐蚀速度的仪器、药品

碳钢试件(ϕ20mm×5mm)	1个	滤纸或吸纸	若干
烧杯(1000mL)	1个	分析天平、温度计、气压表	公用
稀硫酸(5%)	800mL	10%硫酸＋1%甲醛	1000mL
金相砂纸(320目)	若干张	玻璃棒	1根
细尼龙丝	20cm长		

四、操作步骤

① 试件经机械加工，表面粗糙度为 6.3μm。在边缘处钻一 ϕ3mm 小孔，以利于悬挂用。试验前用金相砂纸（320目）打磨，以除去表面氧化膜。有时可在试验前浸入稀硫酸几分钟，以溶解其氧化膜。也可用 50μA/cm² 左右的微小阴极电流活化 1～2min。

② 在分析天平上称重，精确到 0.1mg。用游标卡尺或千分尺测量其暴露的全部表面积(包括系尼龙丝的小孔表面积)，精确到 0.02mm。

③ 在烧杯中注入 5%硫酸水溶液；将试件系于细尼龙丝线的一端，尼龙丝的另一端拴在玻璃棒上，玻璃棒横担于烧杯上，使试件处于溶液的中上部，按图附-1所示，观察现象。

④ 记录时间，从试件浸入溶液时起，到试样取出时止，试验时间为 2～3h。

⑤ 试验结束后及时取出试样，用自来水冲洗。

⑥ 去除腐蚀产物。将清洗后的试样放入 10%硫酸＋1%甲醛溶液中，用毛刷或橡皮在其表面反复依次擦动。

⑦ 试件干燥后（可用冷风吹），称重，再去除腐蚀产物，再干燥称重，如此反复几次，直至两次去膜后的重量（质量）差不大于 0.5mg，即视为腐蚀产物完全清除，记录。要求学生去除腐蚀产物1～2次即可。

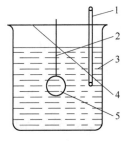

图附-1　重量法
试验装置
1—温度计；2—尼龙丝；
3—烧杯；4—玻璃
棒；5—试样

五、数据记录

数据记录见表附-2。

表附-2　重量法测定金属腐蚀速度的数据记录

室　　温＿＿＿＿＿　　气　　压＿＿＿＿＿

浸入时间＿＿＿＿＿　　取出时间＿＿＿＿＿

试　件　编　号			1	2	3
试　件　材　质					
试件尺寸 /cm	直径				
	厚度				
	小孔直径				
	表面积				
	介质成分				
试件重量(质量) /g	腐蚀前 w_1				
	腐蚀后 w_2	第一次去膜			
		第二次去膜			
腐蚀速度	重量(质量)指标	$g/(m^2 \cdot h)$			
	深度指标	mm/a			

六、结果处理

在腐蚀试验中，腐蚀介质和试件的表面往往存在不均匀性，所得数据分散性较大，通常要采用 2～5 个平行试验。本试验采用三个小组的三个平行试验，取其中两组相近数据的平均值计算腐蚀速度。

试验二　恒电位法测定极化曲线（必做）

一、目的要求

① 通过试验，掌握恒电位法测定阴、阳极极化曲线的基本原理和测量方法。

② 根据测得的阴、阳极极化曲线求其自腐蚀电位 E_{corr}、自腐蚀电流 I_{corr} 及自腐蚀速度 i_{corr}。

③ 通过阳极极化曲线的测定，判定实施阳极保护的可能性，初步选取阳极保护的技术参数。

④ 掌握恒电位仪的使用方法。

二、基本原理

极化电位与极化电流（或极化电流密度）间的关系曲线称为极化曲线。通过试验可以测定出极化电位与极化电流两个变量之间的对应数据，根据这些数据就可以绘出需要的极化曲线。

测定极化曲线的方法通常有两种，即恒电位法和恒电流法，除了钝化型金属的阳极极化曲线两种方法测得的曲线不同外，其他金属由两种方法测得的阴、阳极极化曲线都是一致的。

本试验采用恒电位法测定活性-钝性金属的阴、阳极极化曲线。

对于构成腐蚀体系的金属电极，在外加电位的强制极化作用下，其电流作相应的变化。在未极化之前，测得的电位为自腐蚀电位。从自腐蚀电位开始，使电位向正方向移动，则为阳极极化，对应的电流为阳极电流；使电位向负方向移动，为阴极极化，对应的电流为阴极电流，其曲线如图附-2所示，这是一条钝化型金属完整的阴-阳极极化曲线。$E_{corr}AB$ 为阴极极化曲线，$E_{corr}HDEFG$ 为阳极极化曲线，阳极极化曲线具有"S"形状。两条曲线直线部分的交点为 C 点，即在自腐蚀电位下的点。所以 C 点为金属在未有强制极化条件下的稳定点，所对应的电流为自腐蚀电流。因为在自腐蚀状态下，腐蚀电池为短路状态，所以自腐蚀电流 i_{corr} 无法直接测得。阴、阳极极化曲线在 AB 段和 HD 段在 E-$\lg i$ 坐标中为直线区，即塔菲尔区，通过测定它的阴、阳极极化曲线外推可以求得。

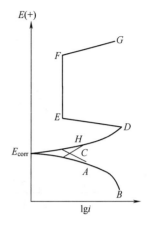

图附-2 活性-钝性金属的阴、阳极极化曲线

极化曲线在金属腐蚀研究中有着重要意义。它除了可以求得腐蚀速度外，还可以用来揭示腐蚀的控制因素及缓蚀剂的作用机理，了解金属的电偶腐蚀情况，研究局部腐蚀、筛选鉴定比较金属材料及缓蚀剂。通过测量极化曲线还可以获得阴极保护和阳极保护的主要参数。

三、仪器、药品和试验装置

恒电位仪(HDV-7型或JH2C型)	1台	碳钢试样[长×宽×厚为50mm×25mm×(2~5)mm]	1个
鲁金毛细管	1个	环氧树脂	若干
参比电极(饱和甘汞电极)	1个	金相砂纸(320目)	若干
辅助电极(铂电极)	1个	烘箱	公用
试样支架(见图附-3)	1个	吸球	1个
饱和碳酸氢铵溶液	800mL	吸纸	若干
蒸馏水	若干	万用表	1个
烧杯(或电解池)1000mL	1个	南大704胶	1个
饱和氯化钾溶液	若干	铁架台、铁夹、乙醇、丙酮	若干

四、操作步骤

① 将试样的一面加工至镜面，棱角全部倒钝，在试样一端焊上铜丝，以便接电用。

② 用环氧树脂封样。在镜面表面留下 1cm×1cm 的正方形，其余所有表面（包括反面和侧面）全部用环氧树脂涂封，如果铜丝有可能浸入介质中，则铜丝也要涂封。涂封后放入试样支架（见图附-3），放进烘箱中加温固化。升温速率为 5℃/min，直至 120℃，关掉电源，自然冷却至室温。

③ 检查涂封情况。用万用表检查，将万用表的两个尖针，一个与未涂封的 $1cm^2$ 待测面接触，另一个在涂封面上依次移动，万用表应无电流通过（指针不动），若指针转动，说明此处没有涂封好，可用南大704胶涂封，直至完全涂封为止，重点是棱角（两面交界）处。

④ 在电解池中按图附-4接好参比电极、辅助电极、研究电极（试样为研究电极）。用金相砂纸（320目）打磨未涂封表面后，测量其尺寸，分别用丙酮和乙醇擦洗脱脂，安装到夹具上。鲁金毛细管的尖嘴与研究电极之间的距离约 2mm，尖端应正对未涂封表面的中央。

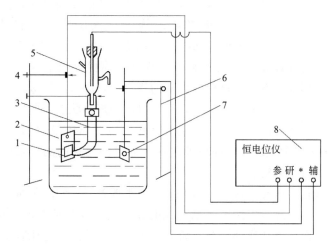

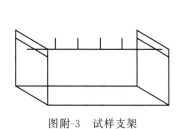

图附-3　试样支架

图附-4　极化曲线测试装置

1—试样；2—电解池；3—鲁金毛细管；4—铁架台；5—饱和甘汞电极
（参比电极）；6—铁架台；7—铂电极（辅助电极）；8—恒电位仪

⑤ 测定自腐蚀电位。

⑥ 将电位恒定在−1.5V，以20mV/min的步进速率向正方向极化，直至＋2V，记下每次所对应的电位、电流值。

⑦ 注意观察试验现象，记下析氢电位、临界钝化电位、稳定钝化电位、过钝化电位。

五、数据记录

试件材质＿＿＿＿＿　尺寸＿＿＿＿＿＿　暴露面积＿＿＿＿＿＿　介质成分＿＿＿＿＿＿

介质温度＿＿＿＿＿　参比电极＿＿＿＿＿＿　辅助电极＿＿＿＿＿＿　自腐蚀电位＿＿＿＿＿

时　间	电极电位 E	电流强度 I	电流密度 i	lg$i$	现　象

六、结果处理

在直角坐标纸上绘出 E-lg$i$ 极化曲线，运用极化曲线初步判定施行阳极保护的可能性。

试验三 手糊法制玻璃钢（必做）

一、目的要求

① 了解玻璃钢手糊法工艺。

② 了解玻璃钢组成及其作用。

二、基本原理

玻璃钢又称玻璃纤维增强塑料，是一种以合成树脂为黏结剂，玻璃纤维及其制品为增强材料制成的新型复合材料。作为防腐工程用的玻璃钢有环氧玻璃钢、酚醛玻璃钢、呋喃玻璃钢、聚酯玻璃钢等。其成型方法有手糊、缠绕、模压等。其中手糊法成型在现场设备或构筑物防腐中仍占有主导地位。本试验为手糊成型法。

手糊工艺过程就是在将要防护的设备表面上，涂一层按一定配比配合的胶料（即由合成树脂、固化剂及其他助剂组成），铺放一层玻璃纤维制品，并排出气泡。按此重复糊制多层直至所需厚度。

三、仪器、药品及试验装置

手糊法制玻璃钢试验仪器、药品及试验装置见表附-3。

表附-3　手糊法制玻璃钢试验仪器、药品及试验装置

电烘箱	共用	环氧树脂(6101)	100g
台式天平	1 台	邻苯二甲酸二丁酯(增塑剂)	10～15g
拌料盆	1 个	石英粉(填料)	25g
漆刷	3 把	固化剂(T31)	25g
模子(玻璃板 500mm×500mm×5mm)	2 块	玻璃布(中碱无捻玻璃布，幅宽 900mm，厚度 0.20mm)	若干
脱膜剂(甲基硅油)	若干		

上述配方也可自行确定。

四、操作步骤

① 按要求选取玻璃纤维制品，裁成 300mm×450mm。

② 配制黏结剂，先准确称量各树脂、填料，搅拌均匀，临用前再加入固化剂。

③ 先在平板上均匀地刷上一层胶料，铺上一层玻璃布，用漆刷蘸取胶料在玻璃布上再均匀刷上一层，按此方法多层糊制，直至所需厚度（3mm±0.5mm）。在每糊一层时都要赶走气泡。赶走气泡要从布的一端向另一端或由中间向两边有秩序排除，以免牵动玻璃布而引起皱褶。每层树脂一定要均匀连续地刷周到，不能有空白遗漏处，也不能局部胶液过多。

④ 手糊后，进行固化。采用 T31 固化剂，室温就可固化，所以胶料应以现配现用为原则，30min 用完，每次不得超过 500g，配多了一次用不完就浪费了。

试验四 在碳钢表面用火焰喷涂方法制备铝涂层——热喷涂（选做）

一、目的要求

① 了解热喷涂工艺。

② 了解火焰喷涂的操作要领。

③ 实际制备铝涂层，涂层厚度不小于 $100\mu m$。

二、基本原理

金属热喷涂制备涂层是利用热源将金属材料熔化、半熔化或半软化，并以一定速度喷射到基体表面而形成涂层。它经历加热熔化、熔滴雾化、雾滴飞行及强烈碰撞四个阶段。喷涂的金属雾滴到达工件后产生碰撞、变形、凝固和收缩，使变形颗粒与工件表面之间以及颗粒与颗粒之间互相交错地黏结在一起，从而形成热喷涂涂层。

三、试验设备工具及材料

火焰喷涂方法制备铝涂层试验设备、材料清单见表附-4。

表附-4 火焰喷涂方法制备铝涂层试验设备、材料清单

空气压缩机(带油水分离装置,0.6MPa,≥2m³)	1 台	记录纸	1 本
QX-1 型射吸式喷枪(见图附-5)	1 把	活动扳手(300mm)	2 把
氧气管(一头与喷枪相连,一头与氧气瓶出口相连)	20m	手提磨光机	1 台
乙炔气管(一头与喷枪相连,一头与乙炔气瓶出口相连)	20m	ϕ3mm 铝丝	10kg
空气管(一头与喷枪相连,一头与压缩机出口相连)	20m	乙炔气瓶	1 个
打火枪	1 个	氧气瓶	1 个
磁性测厚仪	1 把	试块(300mm×300mm×5mm)	1 块

四、操作步骤

1. 说明

试验时必须有指导老师在场，穿戴好墨镜和手套，严格按操作规程点火和灭火，以防烧伤皮肤和发生火灾，现场要配制灭火器材。特别不能忘记试验结束时应检查乙炔气瓶和氧气瓶的阀门，保持关闭状态。

2. 准备工作

① 表面清理。将试块表面用磨光机除去锈层（要求无油、无锈，达到 Sa $2\frac{1}{2}$ 标准）。

② 开动空压机，让它空运转几分钟，随后放掉滤清器及气包底部的油水废液，关闭放水阀，使空气压力保持在 $0.5\sim0.6MPa$。

③ 将准备好的氧气接在喷枪手柄（见图附-5）底部的氧气接头上，用手拧紧空气帽座，将阀杆手柄扳到全关位置，随后开启氧气瓶阀（氧气压力调节到 $0.4\sim0.5MPa$），将阀杆手

柄扳到全开位置，用手指置于手柄底部乙炔接头进气口，测试是否有吸力，感觉有吸力表示喷枪系统正常，如无吸力感觉或倒吹，说明射吸系统不正常，应排除后重新调试，正常后将阀杆手柄扳回全关位置。

④ 将空气管和乙炔管分别接到手柄下面的接管上，开启滤清器上的空气阀及乙炔钢瓶气阀，将乙炔压力调节到 0.07～0.1MPa。

⑤ 点火前，将支撑螺杆扳手顺转，使一对送丝滚轮分开到一根金属丝通得过为止，随后将铝丝从后导管塞入，通过喷嘴，最后在空气帽前伸出 6～8mm 左右，逆转支撑螺杆扳手使一对送丝滚轮夹紧线材，夹紧力的大小靠齿轮箱左右一个弹簧壳来调节，弹簧壳越往内旋，夹紧力越大，反之越小，其夹紧力的大小视喷涂线材硬度而定，一般夹紧到金属丝能顺利均匀地进给为好。

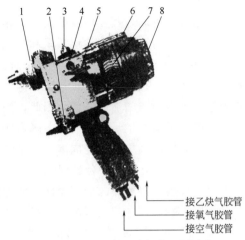

图附-5　QX-1 型射吸式气体金属喷枪
1—空气帽座；2—阀杆手槽；3—送丝滚轮；
4—弹簧壳；5—支撑螺杆；6—后导轮；
7—气轮；8—调速旋盘

接乙炔气胶管
接氧气胶管
接空气胶管

3. 点火（见图附-6）

① 将阀杆手柄顺时针旋转 180°，三路气全开后即刻将阀杆手柄倒转至 90°，此时阀杆壳内的一个钢珠落入阀杆的 V 形槽内（能听到或手感觉到），打火枪或其他安全火种在喷枪前点火，点着火后即慢慢将阀杆手柄顺转到 180°（即全开位），这时喷枪前就出现熔化了的金属火花。

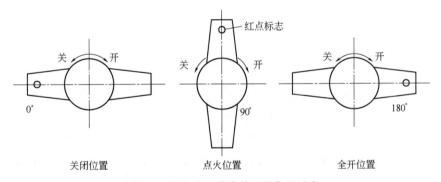

图附-6　阀杆手柄喷涂前后的位置示意

② 调节火花的密集度。为了达到理想的涂层及最佳喷涂效率和充分利用燃气热能，就必须进行送丝速度及气体流量的调节。如果乙炔表压稳定在 0.08MPa 左右，空气压力不低于 0.5MPa 的话，一般不需要再进行调节，只需调节氧气压力和送丝速度。以喷钢为例，钢丝在正常融化时，其熔化端头应与空气帽出口平面相平，如果熔化端超过空气帽，说明送丝速度太快，如果熔化端在空气帽里面，说明送丝速度太慢。这时应由调速旋盘调节到正常送丝速度。此时如果火花束不浓或火花较散，则应调节氧气压力调节器，达到火花束浓而密集。但喷锌、铝丝时，其熔化交点可伸出空气帽外。其长度按涂层粒子粗细而定。

4. 操作参数

喷涂方法不同，其操作参数是大致相同的。对操作参数虽不是十分严格，但必须控制在一定范围内，否则会影响涂层质量和沉积效率。喷涂操作参数见图附-7。

① 喷涂距离：喷涂距离指喷嘴端面到基材表面的喷涂射流轴线距离，也即是喷涂的颗粒飞行的距离，在行程中，其速度和温度都要发生变化。颗粒飞行速度先是加速而后减速。颗粒温度随着距离增加而降低。因此，当喷涂距离过大时，由于颗粒打击基材表面的温度和动能不够，不能产生足够的变形，降低涂层结合强度，还会造成更多的颗粒反弹散失而降低沉积效率，同时因更多地受周围大气影响，氧化趋于严重，造成涂层氧化物夹渣增多。喷涂距离过小，颗粒在热源中停留时间过短而未能受到充分加热或加速，也影响到涂层质量，而且基材表面会因接触热源的高温区域而过热。因此，喷涂距离要根据喷涂热源、喷涂材料等具体情况，控制在一定范围内，一般为 $100\sim150mm$。

② 喷涂角度：喷涂角度是指喷涂射流轴线与基材表面切线之间的夹角。控制喷涂角度是喷涂工艺方向性所要求的。喷涂角度不能小于 $45°$，一般为 $60°\sim90°$。当喷涂角度小于 $45°$ 时，会产生"遮蔽效应"（如图附-8 所示），即当喷涂颗粒黏在基材表面上时，这些颗粒阻碍继续喷上去的颗粒，结果在其后面形成一种"掩体"，使涂层结构发生急剧变化，形成有许多不规则空穴的多孔涂层，大大降低了涂层的结合强度，并使氧化物夹渣的含量增加。

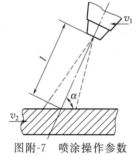

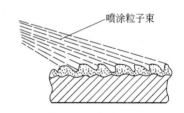

图附-7　喷涂操作参数
l—喷涂距离；α—喷涂角度；v_1—喷枪移动速度；v_2—工件移动速度

图附-8　遮蔽效应示意

③ 喷枪和工件移动速度：喷枪移动速度是指在喷涂过程中喷枪沿基材表面移动的速度。通过喷枪和工件的相对运动，在基材表面沉积涂层。

在喷涂速率和沉积效率确定的情况下，喷枪和工件的相对移动速度决定了一次喷涂过去的涂层厚度。为获得均匀的涂层组织结构，该厚度应控制在一定范围之内，根据喷涂方法和喷涂材料而定。火焰喷涂每遍喷涂厚度为 $0.05\sim0.1mm$，等离子喷涂每遍喷涂厚度一般小于 $0.05mm$。根据每遍喷涂厚度的要求，选择正确的喷枪和工件相对移动速度，一般为 $7\sim18m/min$。应特别注意的是，不要因喷枪移动速度太慢而造成基材表面局部过热。为了得到厚的涂层，应进行多次喷涂。

5. 涂层重叠宽度

首先喷枪自上顶边开始，自左向右喷涂，当到达最右边时，喷枪向下移动约 $100mm$，然后自右向左移动，保持与上次涂层重叠宽度为 $20\sim40mm$，火焰喷涂每遍厚度为 $50\sim100\mu m$。当第一遍完成时，第二遍喷枪移动方向应与第一遍移动方向垂直，且重叠宽度仍为 $20\sim40mm$，直至达到设计的涂层厚度。

五、涂层质量检验

① 在喷涂表面均匀地选十个点并做上记号。

② 在记录本上画成图，并标上十个点的位置，并编上与试块对应的号。

③ 用磁性测厚仪测出十个点，数据记录在记录本上。

④ 找出最大厚度点、最小厚度点及计算出平均厚度。

⑤ 目测喷涂层质量，做到无漏涂，涂层基本平整一致，无未熔化的成段的铝丝。

试验五　砖板衬里（选做）

一、目的要求

① 了解砖板衬里的工艺。

② 了解钠水玻璃衬砌耐酸板的操作要领。

③ 在 600mm×600mm×5mm 的碳钢试件上用钠水玻璃胶泥衬砌耐酸瓷板一层。

二、试验工具及材料

试验工具、材料见表附-5。

表附-5　砖板衬里试验工具、材料

开刀(油漆工批腻子用)	1 把	石英粉(200 目,水分<0.3％,SiO_2>98％)	12kg
灰桶(瓦工装水泥砂浆用)	1 个	150mm×150mm×15mm 耐酸瓷板(釉面,瓷板表面应平整干净,无灰尘,无裂纹)	12 块
塑料盆	2 个	150mm×75mm×15mm 耐酸瓷板(釉面,瓷板表面应平整干净,无灰尘,无裂纹)	10 块
手提磨光机	1 个		
钠水玻璃(模数 2.6～2.9,密度 1.38～1.45g/mL)	5kg	600mm×600mm×5mm 碳钢试块	1 块
氟硅酸钠(纯度>95％,含水量<1％,0.15mm 筛孔全部通过)	750g		

三、操作步骤（按挤缝形式衬砌，衬砌温度≥6℃）

1. 说明

酸化时必须有指导老师在场，应戴好防护镜和耐酸橡胶手套，小心操作，以防烧坏眼睛或裸露的皮肤。

2. 表面清理

用手提磨光机将试块表面锈层去除（要求无油、无锈，达到 Sa $2\frac{1}{2}$ 标准）。

3. 排列耐酸瓷板

按图附-9 将瓷板排列在铁板试块上，偶数行用 150mm×

75mm×15mm 的瓷板错缝，排列好后将瓷板取下按每排一堆依次堆放。

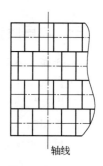

图附-9　砖板的排列

4. 调拌胶泥（以 30min 内用完为原则）

① 称取 1kg 钠水玻璃放入灰桶。

② 再称取 150g 氟硅酸钠。

③ 称取 2500g 石英粉。

④ 将 150g 氟硅酸钠缓慢加入水玻璃中，边加边搅拌。

⑤ 将石英粉的 2/3 倒入加有氟硅酸钠的水玻璃中，并用开刀快速搅拌，全部搅匀后，其黏度应与油漆工批的腻子相当，若黏度不够可再加入石英粉直至调到与油漆腻子相当为止。

5. 铺砌瓷板

将胶泥批在铁板试块上，厚度约 3～4mm，然后在瓷板底部（有沟槽的一面）及三个侧面（第一块瓷板不要）批上 3～4mm 胶泥，中部胶泥涂量应高于边缘处，然后将砖板按压在衬砌的位置，用力揉挤，使砖板间及砖板与钢铁试块间充满胶泥，挤出的多余胶泥及时用刀刮去，并保证结合层的厚度（7～8mm）与瓷板间的缝宽（2～3mm）。每铺砌一块，应用瓷板压在上面，防止瓷板滑动，使胶泥稍干后，再进行下一行铺砌，直至全部砌满为止。

6. 养护

① 室温下养护期为 15 天（不低于 10 天）。

② 10 天后用 40％硫酸或 20％～25％盐酸涂刷在胶泥缝上进行酸化处理，每间隔 8h 涂刷一次，涂刷次数应不少于 4 次。

7. 质量检查

① 目测瓷板的平整度、灰缝饱满度及有无孔隙。

② 胶泥缝是否符合横向砖缝为连续缝、纵向（轴向）砖缝应错开的原则。

附录二　HDV-7 型恒电位仪操作规程

1. 准备工作

① 按仪器面板所示把"研"与"＊"接线柱分别用两根硬导线与研究电极连接，把参比电极和辅助电极接到对应接线柱。应使研究电极与"研"接线柱的接线截面积不小于 1mm²，参见图附-10。

② 若需外接精密电流表，应接在辅助电极与"辅"接线柱之间。

③ 置电位量程于"－3～＋3V"挡，"补偿衰减"置于"0"，"补偿增益"置于"1"，才可通电。

2. 无补偿恒电位极化测量

① 置"工作选择"于"恒电位"，"电源开关"于"自然"，指示灯亮表示接通了电源，

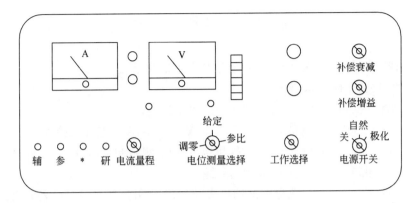

图附-10 HDV-7 型恒电位仪面板结构

预热 15min。

②"电位测量选择"置于"调零"，旋"调零"电位器，使电位表指针指"0"。

③置"电位测量选择"于"参比"，读下自腐蚀电位值。注意选择适当的"电位量程"。

④把"电位测量选择"置于"给定"，旋动恒电位粗调及细调，使给定电位等于自腐蚀电位。

⑤把"电位测量选择"置于"给定"，"电源开关"置于"极化"，仪器即处于恒电位极化工作状态。

⑥调节"恒电位粗调"与"细调"，进行无补偿阴极极化和阳极极化试验。

⑦试验完毕后，置"电位量程"于"-3～+3V"，"电位测量选择"置于"调零"，"电流量程"置于"1A"，再关机。

3. 恒电流极化测量

①置"工作选择"于"恒电流"，"电源开关"于"自然"，"电位测量选择"于"参比"，则电位表指示出"研究电极"相对于"参比电极"的自腐蚀电位。

②按实际要求选择"电流量程"。置"电源开关"于"极化"，仪器即处于恒电流极化工作状态，用恒电流"粗调"和"细调"调节极化电流，读取相应的极化电位。

③试验完毕，和恒电位法一样关机。

4. 注意事项

①要改变"工作选择"时，应先把"电源开关"置于"自然"，待"工作选择"选定后再拨到"极化"。

②进行恒电位测量前，"电流量程"应置于最大。极化电流值不得大于"电流量程"所示值。

③试验过程中要严防测量系统断路，包括参比电极、盐桥、接线头等。

附录三 常用标准号

GB/T 10123—2001 金属和合金的腐蚀 基本术语和定义

GB 11372—1989 防锈术语

HG/T 20679—2014 化工设备、管道外防腐设计规范

GB/T 13913—2008 金属覆盖层 化学镀镍-磷合金镀层 规范和试验方法

GB/T 15519—2002 化学转化膜 钢铁黑色氧化膜 规范和试验方法

JB/T 9188—1999 高压无气喷涂典型工艺

GB/T 13288.1—2008 涂覆涂料前钢材表面处理 喷射清理后的钢材表面粗糙度特性 第1部分：用于评定喷射清理后钢材表面粗糙度的 ISO 表面粗糙度比较样块的技术要求和定义

GB/T 8923.1—2011 涂覆涂料前钢材表面处理 表面清洁度的目视评定 第1部分：未涂覆过的钢材表面和全面清除原有涂层后的钢材表面的锈蚀等级和处理等级

GB/T 11373—2017 热喷涂 金属零部件表面的预处理

GB/T 9793—2012 热喷涂 金属和其他无机覆盖层 锌、铝及其合金

JB/T 6974—1993 线材喷涂碳钢及不锈钢

GB/T 11374—2012 热喷涂涂层厚度的无损测量方法

GB/T 11375—1999 金属和其他无机覆盖层 热喷涂 操作安全

HG/T 20229—2017 化工设备、管道防腐蚀工程施工及验收规范

GB/T 37590—2019 腐蚀控制工程全生命周期 管理工作指南

注："GB"为国家标准；"JB"为机械工业部部颁标准；"HG"为化学工业部部颁标准。

附录四 符 号 表

a——平均活度	E——电极电位
C——物质的量的浓度	E_e——平衡电极电位
e——电子	E^0——标准电极电位
i——电流密度	E_{corr}——自腐蚀电位
i_a——阳极电流密度	$E_过$——过钝化电位
i_c——阴极电流密度	$E_临$——临界钝化电位
i_{corr}——自腐蚀电流密度	F——法拉第常数
i_L——极限扩散电流密度	I——电流强度
$i_临$——临界钝化电流密度	R——电阻；气体常数
$i_维$——维钝电流密度	S——电极表面积
i^0——交换电流密度	T——绝对温度
n——化合价；反应电子数	m——质量

续表

p——气体分压	M——金属单质
t——时间	M^{n+}——n 价金属离子
v——流速	PVC——聚氯乙烯塑料
V——全面腐蚀速度的重量(质量)指标	PE——聚乙烯塑料
v^{-}——失重时的重量(质量)指标	PTEF——聚四氟乙烯塑料
v^{+}——增重时的重量(质量)指标	PCTEF——聚三氟氯乙烯塑料
v_{L}——全面腐蚀速度的深度指标	FEP——聚全氟乙丙烯塑料
ρ——密度	CPE——氯化聚醚塑料
β——半自然对数极化曲线斜率	PPS——聚苯硫醚塑料
η——过电位	m_0——腐蚀前试样重量(质量)
A——相对原子质量	m_1——腐蚀后金属试样重量(质量)
D——去极剂	m_2——腐蚀后带有腐蚀产物的金属重量(质量)
$D \cdot ne$——去极剂夺得电子后生成的物质	

参考文献

［1］ 杨永炎.化工腐蚀与防护.北京：中国化工防腐蚀技术协会，1989.

［2］ 魏宝明.金属腐蚀理论及应用.北京：化学工业出版社，1984.

［3］ 杨永炎.化工防腐蚀与科学管理.全面腐蚀控制，1988，2（4）：1-5.

［4］ 方坦纳，M G，格林 N D.腐蚀工程.第 2 版.左景尹译.北京：化学工业出版社，1982.

［5］ 叶康民.金属腐蚀与防护概论.北京：人民教育出版社，1981.

［6］ 张德康.不锈钢局部腐蚀.北京：科学出版社，1982.

［7］ 肖纪美.不锈钢的金属学问题.北京：冶金工业出版社，1983.

［8］ 左景伊.腐蚀数据手册.北京：化学工业出版社，1982.

［9］ 中国腐蚀与防护学会.金属腐蚀手册.上海：上海科技出版社，1987.

［10］ 张志宇.气动除锈方法及气动除锈器.材料保护，1995，28（6）：35-36.

［11］ 段林峰.锈转化剂在防腐工程中的应用.全面腐蚀控制，1997，11（4）：44-46.

［12］ 华南工学院等.耐蚀非金属材料及应用.北京：化学工业出版社，1987.

［13］ 张远声.腐蚀破坏事故 100 例.北京：化学工业出版社，2000.

［14］ 中国就业培训技术指导中心.防腐蚀工（基础知识）.第 2 版.北京：中国劳动社会保障出版社，2012.

［15］ 中国就业培训技术指导中心.防腐蚀工（初级）.第 2 版.北京：中国劳动社会保障出版社，2013.

［16］ 中国就业培训技术指导中心.防腐蚀工（中级）.第 2 版.北京：中国劳动社会保障出版社，2013.

［17］ 中国就业培训技术指导中心.防腐蚀工（高级）.第 2 版.北京：中国劳动社会保障出版社，2014.

［18］ 中国就业培训技术指导中心.防腐蚀工（技师 高级技师）.第 2 版.北京：中国劳动社会保障出版社，2015.

［19］ 穆颖等.水性防腐蚀涂料现状与存在问题.上海涂料，2010，48（8）：27-30.